本项目由北京市"高精尖学科建设（市级）——工商管理"项目（项目

国家社科基金项目"网络创新社区中知识重混的影响因素和作用机制

网络创新社区 用户知识重混创新研究

谭娟 ◎ 著

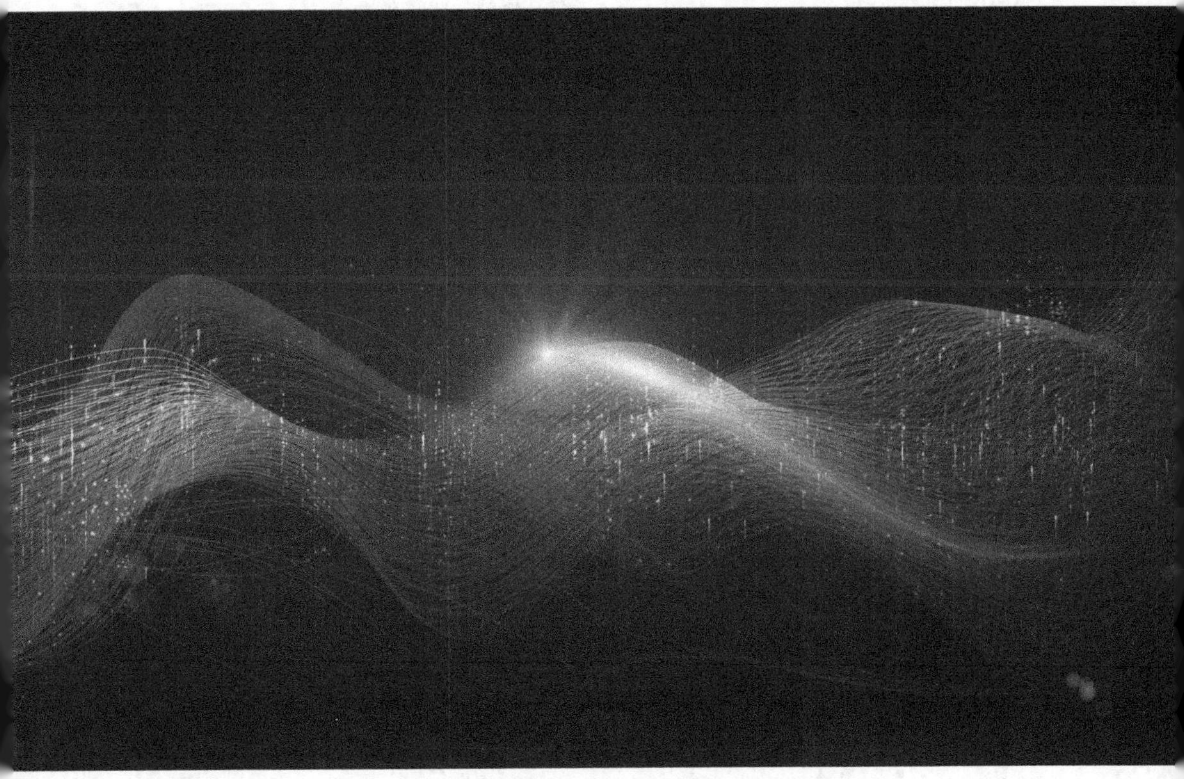

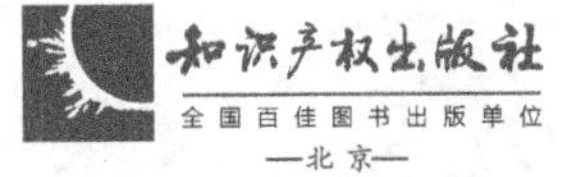

知识产权出版社
全国百佳图书出版单位
—北京—

图书在版编目（CIP）数据

网络创新社区用户知识重混创新研究/谭娟著．—北京：知识产权出版社，2021.7
ISBN 978－7－5130－7588－6

Ⅰ．①网… Ⅱ．①谭… Ⅲ．①互联网络—用户—知识创新—研究 Ⅳ．①G302

中国版本图书馆 CIP 数据核字（2021）第 130721 号

责任编辑：荆成恭　　**责任校对**：谷　洋
封面设计：臧　磊　　**责任印制**：孙婷婷

网络创新社区用户知识重混创新研究
谭　娟　著

出版发行：知识产权出版社有限责任公司	**网　　址**：http://www.ipph.cn
社　　址：北京市海淀区气象路 50 号院	**邮　　编**：100081
责编电话：010－82000860 转 8341	**责编邮箱**：jcggxj219@163.com
发行电话：010－82000860 转 8101/8102	**发行传真**：010－82000893/82005070/82000270
印　　刷：北京虎彩文化传播有限公司	**经　　销**：各大网上书店、新华书店及相关专业书店
开　　本：720mm×1000mm　1/16	**印　　张**：15.75
版　　次：2021 年 7 月第 1 版	**印　　次**：2021 年 7 月第 1 次印刷
字　　数：249 千字	**定　　价**：79.00 元

ISBN 978－7－5130－7588－6

目 录

1 导 论

党的十八大明确提出“科技创新是提高社会生产力和综合国力的战略支撑，必须摆在国家发展全局的核心位置，并进一步明确了企业为创新主体，市场为导向，产学研协同的创新发展模式”。党的十九大报告强调，“创新是引领发展的第一动力，是建设现代化经济体系的战略支撑”。党的十八大以来，无论是主持召开重要会议还是深入地方考察调研，习近平总书记都十分重视创新，在不同场合反复强调创新的重要性，“大众创业，万众创新”的态势，在全国各地如火如荼地传播开来。2019 年，李克强总理在做政府工作报告时强调，大力优化创新生态、调动各类创新主体的积极性。党的十九届五中全会再一次强调“坚持创新在我国现代化建设全局中的核心地位”。“创新是多方面的”，在习近平眼里，作为引领发展的第一动力，就要“让创新在全社会蔚然成风”。人类的智慧和创造力是无穷无限的，应积极鼓励和引导广大群众参与创新创业，通过分享与协作方式来提高科技创新的效率。科研硬件共享化、劳动力资源知识化，尤其是互联网广泛化和数字经济的兴起，我国日趋完备的网络基础设施、庞大的网民规模和丰富且全面的互联网应用将为我国进入大众创新时代提供磅礴动力。如图 1 - 1 所示，党的十八大以来，在习近平总书记关于网络强国的重要思想指引下，我国信息化工作取得跨越式发展。5G、工业互联网等新型基础设施建设全面铺开，城乡宽带接入水平持续提升，互联网应用不断丰富并完善。2020 年上半年，尽管受到新冠肺炎疫情等不利因素的影响，我国网络基础设施建设、网民规模、互联网普及率等仍创新高。截至 2020 年 6 月底，全国互联网宽带接入端口数量达 9.31 亿个，同比增长 3.1%；网民规模达 9.40 亿，较 2020 年 3 月新增网民 3625 万；互联网普及率达 67.0%。近年来，随着互联网的进一步普及和渗透、数字经济的快速发展，基于互联网的开放式创新模式纷纷涌现。

从最近十几年的科技创新实践来看，网络创新社区已经成为构建原创性、突破性，甚至颠覆性知识创新的“温床”，并日益显示出强大的生命力，其“用户参与创新”“大众创新”的理念正在变为现实。众所周知的社区有：Dell 公司的 Dell IdeaStorm，餐饮业巨头 StarBuck 公司的 myStarbucksIdeas，汽车产业 BMW 公司的 MPow-ercommunity，体育产品 Nike 公司的 Niketalk，3D 打印公司 MakerBot 的 thingiverse，等等，中国的海尔、腾讯、美的、小米等企业也正在着力打造网络创新社区。作为互联网时代具有社会系统特征的新生事物，网络创新社区是一个技术与社会交融的“场域”。这类社区之所以引起越来越多的关注，其核心要素是它借助社区集体智慧和创新能力，包括整个社会不同行业以及不同阶层的社会成员的共同参与，推动知识通过在社会系统中的传播、共享、整合以获得创新。网络创新社区的迅猛发展，极大地促进了以公共价值为基础的社会生产，“任何人都可以重混任何东西，并在全球范围内迅速分享”（Ferguson，2010），形成了生产新知识的一种新模式，即通过持续的“知识重混”（remix）创新知识，使得过去个体的孤立知识在网络社区中不断融入他人的新思想、新创意，经过社区参与者的反复再加工后，发展成为完全意料之外的新知识。这种以开放为基础的同伴生产方式（Benkler，2002），标志着创新知识的形态发展和交互关系已经进入一个重大的变革阶段，体现了文化经济生产方式的重大转变，具有深远而持久的影响。

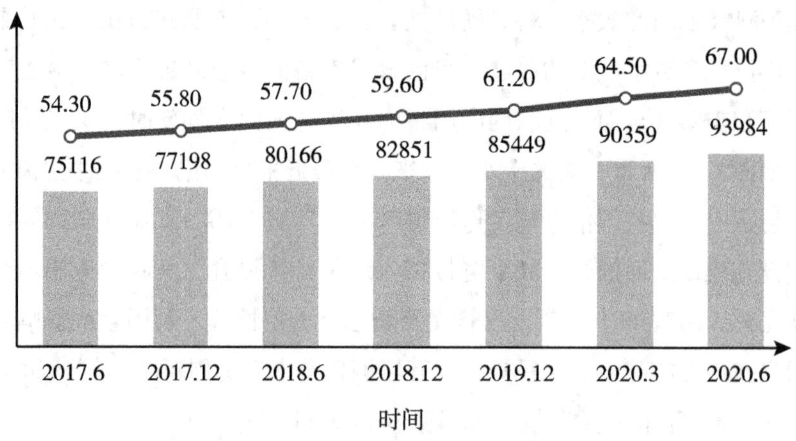

图 1－1　网民规模和互联网普及率

来源：CNNIC 中国互联网络发展状况统计调查，2020 年 6 月。

1.1 网络创新社区

网络创新社区（Online Innovation Communities，OIC）也被称为虚拟创新社区，是一种以信息技术为基础的网络虚拟平台，是在信息技术高速发展的背景下对传统开放式创新模式的升级，是组织和个体为获取内外部资源并用于创新过程，将参与开放式创新的各方成员紧密联系，用于支持用户和其他外部创新源参与企业创新活动，并包含各种知识要素和信息的传递回路的网络系统。它的出现拓展了企业与用户之间、用户与用户之间的交互方式，为创新导向的企业提供了一种网罗创意、创新产品的有效途径，使用户参与创新由理念变为现实。与传统环境中的用户参与创新不同，用户在网络社区中的创新行为具有网络化和社区化的特征[1]，具体区别如表 1－1 所示。

表 1－1 用户创新的实体环境与虚拟环境的主要区别

项目	传统视角——用户在物理环境下的参与	合作创新视角——用户在虚拟环境下的参与
创新角度	以企业为中心	以用户为中心
用户角色	被动——用户的声音作为产品创新和测试的输入	主动——用户是所谓创新过程的合作者
互动方向	单向——从公司到用户	双向——与用户对话
互动密度	基于偶然性的基础	持续性的通过对话交流
互动丰富度	聚焦个人知识	聚焦社交和体验知识
听众范围	与现有用户直接交流	直接或者通过中介方式与潜在的用户进行交流

从社会发展层面来看，创新始终是推动人类社会进步的重要力量。无论是从纵向来看，500 年来世界经济中心几度迁移的重要驱动力就是创新；还是从横向来看，20 世纪以来，世界各国争相寻找科技创新的突破口，抢占新一轮科技革命和产业变革发展先机。可见，创新在社会发展中的重要地位，是国家竞争优势的来源。同时，创新是对现状的重新思考，对命运的重新选择，鼓励创新就是谋新篇开新路，就是培养未来的发展动力，还

意味着颠覆、意味着社会公平正义的回归。只有将创新意识渗透到每一个社会阶层，让每个公民都积极思考“我”之于国家富裕的意义，才能让“大众创业、万众创新”形成潮流，最终实现社会的全面发展和繁荣。而网络创新社区正是在互联网背景下，企业为适应社会发展需要而创建的一种大众创新平台，其应用与发展已经备受社会各界的广泛关注。

从国家层面来看，中国建立创新型国家需要构建全社会的创新机制和氛围。然而，随着改革的深入，我国经济发展中的弊端日益凸显，其形成的结构性矛盾和增长方式粗放问题突出。改革开放以来的经济的高速增长在很大程度上由资源密集型产业和劳动密集型产业支撑，技术密集型产业的发展远未达到产业结构调整的需要，经济增长方式转变所需的科技支撑能力不够成熟和强大，科技产业化、社会化时滞过长，具有自主知识产权的高新技术成果不足，自主创新直接掣肘了我国经济的快速可持续发展。开放式创新模式的出现，网络创新社区的兴起，为解决我国发展中的结构性矛盾，提高自主创新能力、增强发展后劲和改善发展质量提供了一条重要路径，是实现“双创”的必然选择。自中国国务院办公厅 2015 年发布《关于发展众创空间推进大众创新创业的指导意见》以来，受益于国家政策的鼓励引导，各地众创空间数量和规模在短时期内均呈现爆发式增长，对科技创新创业产生了积极影响，已成为中国经济新常态热词。一般认为众创空间源自国外创客空间（hackerspace 或 makerspace），作为一种社区化的创意实践基地，向创客提供开放的物理空间和原型加工设备等硬件设施[2]，同时组织相关的聚会和工作坊促进知识分享、跨界协作，仅限于一个技术概念。但在 Troxler[3] 提出创客运动是基于大众生产（peer - production）的创新模式后，Chris[4] 预言创客将引起新的工业革命。于是，经引入我国后，众创空间即演变成为一个经济学概念，更多地在于实现资金与知识的转化对接，关注项目的商业价值实现，具备“创客空间 + 创业孵化”双重功能，带动或扩大就业，打造新常态下经济发展新引擎[5]，其核心特征是开放、交流和共享。而网络创新社区，特别是第三方运营的开放式创新网络平台实际是众创空间的一种实现方式，是适应时代需求、推动数字经济发展战略实现的重要动力。

从企业层面来看，网络创新社区作为开放式创新的一种具体形式，为引入外部创新能力提供了平台，变革了企业传统封闭式的创新模式。一直以来，企业创新的传统观点是：企业创新（包括研发、设计、制造等环节）过程是不可见的，至少是企业内部的独自活动。企业将创新看作其最宝贵的文化资产，最终面向市场的产品/服务是其封闭式创新的检验标杆。但面对残酷的市场竞争规则和快速变化的顾客需求，封闭式的创新思路难以将充分的用户需求信息和企业创新生产连接，因此企业开始转为开放式的创新实践。尽管让顾客参与产品的创新活动得到企业的一致认可，但用户参与封闭的内部研发体系中仍然难以实现。一方面，用户是分散的参与者，在时间和空间上不能和企业的研发行为保持一致；另一方面，企业无法有效管理作为消费者的用户的创新行为，无法将其与企业的研创体系融为一体。用户在互相的交流、模仿、学习中萌生更多创新的想法，这些想法产生在企业之外，不能像获取员工知识那样便捷快速，找到一个搜罗分布式创意、在时空上保证创新实效性的治理机制具有重要的意义。在这种情况下，网络虚拟环境为此问题提供了解决方案。网络虚拟环境不仅具备空前的互动性，而且可以显著提升用户参与的速度和持久性，这可以有效解决用户参与创新的时空限制、用户参与数量的限制和用户创意易逝的限制。所以，在网络虚拟环境的基础上，网络创新社区应运而生并逐渐运用到有关用户创新的多个领域，而不仅仅局限于企业创新中。

在开放式创新下，企业在期望发展技术和产品时，能够也应该像使用内部研究能力一样借用外部的研究能力，能够也应该使用自身渠道和外部渠道来共同拓展市场的创新方式。企业应把外部创意和外部市场化渠道的作用上升到和封闭式创新模式下的内部创意以及内部市场化渠道同样重要的地位，均衡协调内部和外部的资源进行创新，不仅把创新的目标寄托在传统的产品经营上，还积极寻找外部的合资、技术特许、委外研究、技术合伙、战略联盟或者风险投资等合适的商业模式来尽快地把创新思想变为现实产品与利润。

综上所述，网络创新社区的出现为更好地开展开放式创新活动提供了一条行之有效的实践路径。借助新一代信息技术构建的网络创新社区，企业与用户、供应商、科研机构、中介机构等的互动越发便利，能够随时了解到客户的个性化需求。同时，许多用户通过网络创新社区也可以成为产品或服务的创造者，甚至可以因此获取收益。

1.2 知识重混创新

数字经济时代是以知识为基础的时代，知识成为社会发展的重要资源和核心生产要素。组织和个体提高创新水平、形成优势竞争力的关键在于获取、创造、整合、应用知识的能力。从外界获取大量的知识资源是创新活动的基本需要，而与此同时，随着信息技术的发展，知识的获取日益简单，企业越来越难以通过内部自身的资源进行创新活动，企业在发展新技术时，应同时利用内部知识和外部知识来产生创新思想，通过开放式创新的模式实现商业价值的最大化。

知识是推动企业开放式创新的关键，正是信息技术的发展使知识的高流动性和无边界特征更加明显，使创新主体呈现从独立向协同的转变趋势。随着以网络为载体的数字社会的到来，虚拟社区种类越来越多，虚拟的用户生成内容也越来越丰富，其中不乏有创意、有价值的知识资源。相关企业也把握机遇，充分适应“大众创新”的时代特征，建立围绕企业产品或服务探讨的知识交流或知识创造平台，即网络创新社区，为企业提供了大量稳定优质的外部创新力量。

与一般在线虚拟社区不同，网络创新社区在知识主体、知识和知识发现过程上具有特殊性[6]。具体体现：第一，网络创新社区知识主体是外部用户。根据知识创造理论，在新产品、新设计等的创新过程中网络创新社区内的知识主体是企业或平台外部用户，在参与社区活动时所创造的用户生成内容是企业或平台重要的资源输入。创新社区中用户专业背景广泛，不少用户是相关领域的专家，拥有丰富的隐性创新知识，所提供的创意，具有较强的创新性和专业性。第二，知识具有内隐性、原创性、专业性和多维性。内隐性体现为基于长期经验高度个人化的社区知识难以编码、储存和表达；原创性体现为用户通过公开方式进行独立思考后真实地发布分享创新观点，因而具有较强的原创性；专业性指用户拥有专业知识背景，在认知和技术层面拥有专业知识表达能力；多维性指网络创新社区知识具有多种类型。第三，知识发现具有复杂性，体现在两个方面，一方面是识别高价值有创新能力用户的过程具有复杂性，随着用户数量剧增，其知识储备不同，涉及领域多样，导致创新能力的差距较大；另一方面表现为由于用户生成内容具有海量、碎片化、高度非结构化特征，增加了挖掘企业创新需求和解决方案的知识发现难度。

数十年来，管理研究始终将创新的源头作为核心主题。这一探索方向的主要目标是进一步了解创新过程及其决定因素，以推动现实社会组织中创新思想的诞生，并借此最终催生理想的产品和服务。在此背景下，现有课题“创新在激发新创新方面的作用”引发了学术界和从业者的兴趣。传统观念一直认为创新属于“福至心灵”，也即无意识的顿悟，正如艾萨克·牛顿因苹果掉落而提出万有引力概念这一著名典故一样。然而与这种直观而简单的创新理解相反，学者们普遍认为，创新并不是孤立产生的，而是或多或少地涉及对已有的“元素”进行重组。

随着网络创新社区的迅猛发展，极大促进了以公共价值为基础的社会生产，重组创新的概念进一步引起关注。网络创新社区中公开开放内容和数据，使各类用户创意分享和访问越来越普及。创新者可以将已有创意应用于新的环境、将其重组或汲取其中的一部分并将其纳入自己的创新中。有的研究将这一过程的理论概念命名为“知识重混”（remix）（Markus，2001；Majchrzak et al，2004）。作为生产新知识的一种新模式，即通过持续的“知识重混”创新知识，使过去个体的孤立知识在网络社区中不断融入他人的新思想、新创意，经过社区参与者的反复再加工后，发展成为完全意料之外的新知识。毫无疑问，数字技术的发展使“重混”无处不在、更加明显、更具衍生性，同时这一过程也代表了数字再利用的概念，具有深远而持久的影响。

知识创新是知识管理的一个高级阶段，同时知识创新是一个“重混”问题，并非一个瞬间状态，而是持续不断的演化过程，伴随在知识管理生命周期的全过程。随着企业越来越开放式创新的策略实施，创新的过程已不再是企业所独立承担；从知识的搜索、组织、生产创造、互动评论到交流的每一个阶段，每一项步骤均有不同的创新主体参与其中。不同创新主体的共同参与在知识创新活动中将承担越来越重要的作用，而知识也正是在用户间不同的知识重混行为下实现量变到质变、隐性化到显性化的转换。这一过程不仅是用户间所施加的知识重混互动，同时也是在系统内其他要素重新组合的互动，即知识创新是一组要素间重混创新的过程。

正是根据以上背景，提出网络创新社区知识重混创新的课题，符合当前时代特征，紧抓社会热点，对于如何实现企业、社会深化创新，聚集创新资源有重要的指导参考价值。

2 文献综述

由于我们所探讨知识重混创新的载体是网络创新社区，因而有必要厘清网络创新社区的定义、内涵、类型及其他相关研究，以便更好理解知识重混创新的形成、演化机制及环境。进而，通过对文献主要结构的分析显示了与知识重混创新研究相关的三大类因素：用户、平台、产品，以此建立整合性框架，并考量因素之间的关系。

2.1 网络创新社区定义及内涵

自从网络创新社区出现以来，众多学者从不同的角度给出定义、阐释其内涵。在此，我们首先从关系网络角度、知识协作角度和共创角度概述学者们所阐释的网络创新社区的内涵。

从关系网络角度，当有足够多的人围绕某一种创造性活动进行足够长时间的社交讨论、有足够的人情，并逐渐形成人际关系网时，虚拟创新社区就建立起来了。如根据 Lee 等（2003）、Wirtz 等（2013）的观点，网络创新社区是以计算机为基础、以信息技术为依托的网络空间，主要体现为以社区用户的交互行为和主动创造行为为中心的一种社会关系。Fichter（2009）认为网络创新社区是一个由具有共识的个体组成的非正式网络，这些个体作为普通的或者是特殊的创新促进者，来自不同的企业或者是组织，共同推动一个专门的创新项目。陈晓君[7]认为众包网络创新社区为社区成员的知识共享、信息交流提供便利互动条件，在虚拟社区中，所有用户构成一种知识网络，每个用户都是该网络的一个节点，用户间的互动形成知识流，从而形成一张巨大而复杂的关系网络。李立峰[8]认为网络创新社区中的用户通过帖子之间的回复建立了连接；顾客创新社区具有交互性强、高度流动性和隐匿性、自由开放性、信息海量性、庞杂性和欠规范性、公共性强等特点；社区网络具有网络衰减和非匀速增长的特性。王姝文[9]认为网络创新社区首先是一个创新者组成的非正式个体网络；其次是一个创新促进者网络。钟炜、夏恩君等[10-11]认为网络创新社区是企业创新过程中为获取内外部资源所形成的信息共享与研发合作、信任和互利互惠关系，将参与开放式创新的各方成员连接成一个复杂的网络系统，这个网络系统包含了各种知识要素和信息的传递回路，形成了众多线性和非线性的作用过程。王永贵等[12]认为顾客在网络社区中的创新行为具有网络化和社区化的特征。

从知识协作角度，创新社区用户为他人提供自身知识或整合他人所贡献的知识，是为了围绕某个创新性难题提供多样的解决方案，整个过程在虚拟网络社区中完成并为创新性问题进行整体协作时，网络创新社区也就出现了。如根据 Faraj 等（2011）的描述，网络创新社区使知识创新与传统组织中不同，它跨越时空限制，是知识协作创新的即时生成空间。任亮[13]认为开放式创新社区就是知识资源集聚的平台，主要手段是吸引外部消费者用户同企业内部创新团队进行知识协同交互，以形成丰富的用户生成内容；更好地将企业的生产设计方向对标用户的需求，引导消费者深度参与企业产品的设计及创新过程，充分坚持市场为导向，形成大众创新的氛围，有效地支撑着企业产品以及服务的创新。杨磊等[14]认为网络创新社区是包含各种知识要素和信息的传递回路的网络系统，知识共享是网络创新社区的重要活动之一，具有主体多元化、模式多样化和过程网络化等特点。谭娟等[15]把网络创新社区定义为生产者（社区用户）自由发布知识产品提供的开放空间。知识产品在社区中被广泛分享、转移过程中通过复制、融合、重组等作用方式实现产品创新。刘静岩等[16]认为网络创新社区作为用户创新知识交流平台，已经成为许多企业获取和挖掘用户创新资源的有效途径，是一种低成本、高效率获取用户信息和创新资源的有效载体。

从共创角度，创新活动的利益相关者集结在一个环境下，为了利益共同点努力，利用网络创新社区这个平台将创新活动进行有效的集成。如学者 Porter 等（2008）、Schau 等（2009）认为网络创新社区是指社区参与者和来访者通过共同的努力，为双方或组织创造和共创价值的一种空间环境。唐洪婷[17]聚焦于以企业品牌创新社区为代表的协同创新社区，将其定义为：在互联网平台上，由企业针对某一特定产品或服务所创立、由自组织的群体智慧所推动，通过共享知识、经验和成果以实现产品或服务的协同创新的企业在线社区。王莉等[18]认为企业借助网络创新社区将大量匿名用户整合到产品创新中，不同用户在社区中的能力和动力不同，对产品创新的价值也不同。刘德文[19]认为网络创新社区的形成有两种不同的方式，第一种是以共同利益为基础所形成的社区，第二种是有某种力量驱动而形成的。共同利益为基础所形成的社区往往受限于参与个体的兴趣、爱好和热情，是一种自发性组织；而驱动型社区网络往往有一定的目的性，会将其顾客和其他相关主体包容在其网络社区中。詹湘东[20]认为信息和通信技术为用户创新社区的构建提供了可能，使组织和终端用户之间的联系不受地理边界、时间差异和组织类别的影响，也为个人提供了分享思想以及与创新组织进行创新合作的交流机制。赵晓煜、孙福权[21]认为从组织的角度来看，一方面，基于用户参与动机而设计的激励机制有助于提高用户参与创新的积极性；另一方面，建立与网络创新社区相适应的组织机制有助于使用户更好地融合到企业的研发过程中，使用户的创新活动与企业的内部研发活动紧密集成，从而使合作创新绩效最大化。从技术的角度来看，社区平台应该为用户提供丰富而有效的创新工具，使用户能够便捷地参与创新活动，并获得良好的创新体验。

根据以上综合梳理，本书给出网络创新社区的概念：网络创新社区（online innovation community）亦可称为虚拟创新社区，是依托网络信息技术，将社会知识与组织创造活动有效集成，以社区用户和其他外部创新源的持续交互行为和主动创新行为为运作方式，由用户、企业或第三方机构构建的开放式创新空间。网络创新社区既是一种社区空间，也是一个技术系统，参与其中的用户交互和创新行为具有网络化和社会化的特征。对社会组织而言，网络创新社区是一次充满商机的历史性创新迁移，具有前瞻性的机构和组织可以通过创建网络创新社区来获取忠诚的用户参与和可观的经济回报（Rosenoer et al. 1999），如宝洁公司、MakerBot 公司、MIT“终生幼儿园”团队、海尔公司等组织均已投入网络创新社区的实践当中。

2.2 网络创新社区类型

网络创新社区依据不同的标准有不同类型的存在形式。目前的分类有以下几种：按照时间标准，有短期创新社区和长期创新社区；按照实时性标准，有即时性社区和非即时性社区；按照归属主体标准，有自主创新社区和企业资助的创新社区；按照社区内容标准，有学术创新社区、游戏开发社区、汽车改装社区、企业创新社区等。学者们往往根据自身的研究需要采取不同的分类标准。

任亮[13]按照归属主体标准，把网络创新社区分为企业独立运营和众包型开放式创新社区。企业独立运营开放式创新社区由企业独立制作并运营维护，吸纳广大互联网用户群体聚焦于本公司的产品或服务的创新平台，企业作为建立者，同时也作为管理者，是知识创新资源的需求方，企业外部的互联网用户作为社区参与者，既是知识资源的需求者，也是知识资源的创作者，如小米科技创办的“小米社区”、华为公司创办的“花粉俱乐部”、海尔的“众创意”平台等。众包型开放式创新社区主要是针对中小微企业而言。一般情况下，中小微企业没有充裕的资金、人才去专门经营一家社区论坛，而众包型开放式创新社区平台作为一种第三方的社区盈利平台，专门针对企业的创新需求设计，它既面向众多中小企业，为其提供相应的内容板块，收取一定的服务费，又对接广大创客用户，吸纳其知识生成内容，并提供相应的报酬奖励，为科创型中小企业以及创客用户提供了实现双赢的渠道。目前比较有代表性的该类社区有：时间财富、众包知识、亿智蘑菇、猪八戒网等平台。

按照社区内容标准，着重考察用户的参与度和应用的广泛性，将网络创新社区划分为开发社区、用户内容社区、企业开放式创新平台三种类型。第一，开发社区。以开源软件社区为主，并包括其他开发人员社区，是专门用于开源项目开发的网络创新社区，开发社区中的成员多是由拥有共同兴趣的开发者和爱好者组成，按照规定的开源许可协议将软件源代码免费发布在网络平台上。在这些开发社区中，参与者形成了异构的协作团队，讨论、提交解决方案，目的是共同开发和改进开源软件产品，如

Linux、Apache 和 Firefox。开发社区同时也为参与者提供了一个自由交流和学习的空间。由于开放源代码软件的开发者来自世界各地，开发社区也就成为他们沟通和协作的必要途径。需要使用软件程序代码的参与者，可以在开发社区中找到有关的原始开发代码；需要发起开源项目的组织，可以在开发社区内发布开发项目，并在全球内招募有兴趣、有能力的开发者一起完成项目开发任务。开发社区是在网络环境下衍生出的具有黑客精神的开源现象，进而孵化出的具有典型黑客特征的虚拟社区[22]，因此，在开发社区的平台下，开源项目的作用和商机可以被最大化地挖掘出来，虽然某些开源项目脱离了成立的初衷，但仍然得到广泛的应用。

第二，用户内容社区。也可称为“用户生产社区”，主要以协作方式进行内容生产行为，指的是用户在一个共同的虚拟社区内，共同制作内容以供他人查看和使用的网络创新社区，如谷歌地图、YouTube、Wikipedia、ccMixter 等。用户内容社区的参与者基于共同的创新兴趣加入进来，没有任何明显的差异，他们的协作完全建立在自愿的努力之上。参与者可以自由地按照自己的意愿和要求通过用户内容社区上传文字、图像、视频和音频等，在这个过程中，资源是完全共享的。用户通过制作内容、评价他人的内容来贡献和共同创造创新，因此，他们不创造创新本身，但这些创新没有用户的输入就不能成功（Stahlbrost，2011）。

用户协作内容生产过程体现的用户多样性、内容更新快、系统开放性特点，使这一群体协作创新活动变得更加复杂。用户内容社区具备两个典型的开放性特征：一是协作创新内容的开放性，用户可以在社区内参与内容创造的全部过程，包括编辑、发布、修改、整合、重混等操作；二是协作创新社群的开放性，参与内容协作和创造的社群成员没有用户数量、地位等限制，也不需要对社区用户的进入资格做出审查，更甚的是某些匿名用户也可以在一定权限内参与协作创造活动。

第三，企业开放式创新平台。指由创新型企业自主建立并负责运营和维护，将外部顾客的主动创造活动结合到企业内部生产研发和商业推广过程的在线式创新平台。外部创新源与企业创新活动有机融合在一条创意生产线中，无疑提升了企业产品或服务的潜在价值，增强企业创新行为的成功比例。企业开放式创新平台的参与成员包括企业内部员工、来自企业外部的核心用户以及社区一般用户等，他们都是基于兴趣创意、创新分享等方面的共识形成的非正式组织。其中核心用户是出于兴趣与爱好，通过创造和分享，把各种创意转变为现实的人，是供给企业创新知识资源的主要群体。核心用户包括创意者、设计者和实施者 3 种类型。社区一般用户是指除核心用户之外的其他在企业开放式创新平台上发挥重要作用的一类人，主要包括消费者以及关注企业创新发展的用户。

企业开放式创新平台主要由用户的贡献行为和用户能力来驱动，在线用户可以是专业人员也可以是业余者，主要是通过在线交流沟通的方式进行（Cheliotis, 2009）。Fleming 等（2007）认为开放式创新平台是一组无报酬的自愿者以非正式的形式来进行工作，工作过程公开，同时任何有资格的贡献者都可以加入创新活动中，无偿地接受工作任务的分配。

唐洪婷[17]按照社区内容标准，从协同创新视角把网络创新社区分为创新竞赛社区、开源软件开发社区、开放内容创建社区和企业品牌创新社区（见表 2－1）。

表 2－1　协同创新视角的分类及相关表述

社区形式	特征描述	表述方式	定义	相关文献
创新竞赛社区	企业发起的线上限时比赛，参与者为获得奖品贡献创意解决方案，社区中可能存在竞争和协作：如 Swarovski	创新竞赛社区 Innovation－contest Community	社区合作与奖品竞争相结合的混合型机构 参与者可以同时协作和竞争；通过讨论自己的创意进行互动，并通过提交创意来赢得比赛	Fuller et al.，2014 Kathan et al.，2015
开源软件开发社区	自主或由企业发起的在线开源社区，致力于生产或共享公共免费软件：如 Source Forge	开源软件开发社区 Open Source Software Development Community	将消费者和其他利益相关者聚集在一起，为新产品/服务提供创意，为改进现有产品/服务提供建议	Zhang et al.，2013

续表

社区形式	特征描述	表述方式	定义	相关文献
开源软件社区		开源软件社区 Open Source Software Community	实现软件代码的模块化和通过增量贡献进行协作的 IT 平台	Lindberg et al., 2016
开放内容创建社区	基于互联网的平台，参与者公开创建或编辑网页内容：如维基百科	开放式在线协同生产社区 Open Online Coproduction Community	弱连接的贡献者通过基于互联网的平台公开编辑网页内容，生成共同开发的信息成果	Kane et al., 2014
		开放协作社区 Open Collaboration Community	一个目标导向但关系松散的参与者组成的创新或生产系统 参与者相互作用，创造具有经济价值的产品/服务，供贡献者和非贡献者适用	Kane & Ransbotham, 2016
企业品牌创新社区	企业发起和托管的在线社区，参与者自愿、持续地分享和评估新产品开发的想法：如 MIUI 社区	在线用户创新社区 Online User Innovation Community	企业赞助的、旨在与企业外部的产品用户共同创造价值的社区	Yan et al., 2018
		虚拟领先用户社区 Virtual Lead User Community	由企业托管的虚拟社区，其领先性成员通过交互以创建与新产品/服务相关的知识 企业与社区成员进行周期性的交流，以了解用户需求及潜在解决方案等知识	Mahr & Lievens, 2012

本书按照社区内容标准，重点强调社区用户知识分享与创新行为，从社区用户知识创新方式的视角，将网络创新社区划分为用户价值共创社区（企业产品或服务社区）、用户技能开发社区（开源软件、开放协作）和用户知识协作社区（内容社区：在线协同生产社区）。

用户价值共创社区主要指由企业赞助或托管的、旨在与企业外部的产品用户共同创造价值的社区，用户在社区中自愿、持续地分享和评估新产品或服务开发的想法，其领先性成员通过交互以创建与新产品或服务相关的知识，企业与社区成员进行周期性的交流，以了解用户需求及潜在解决方案等知识。目前比较典型的有小米科技创办的“小米社区”、海尔的“众创意”平台、美的的“美创平台”、华为的“花粉俱乐部”，等等。

用户技能开发社区主要指自主或由企业发起的在线开源社区，致力于生产或共享公共产品或服务，将消费者和其他利益相关者聚集在一起，为新产品或服务提供创意，为改进现有产品或服务提供建议。还包括通过模块化和增量贡献进行协作的在线网络平台，参与者相互作用，创造具有经济价值的产品或服务，供贡献者和非贡献者使用。前者比较典型的有 Linux、Apache、Firefox、OSCHINA 等软件开源代码社区，后者目前有 3D 打印社区 Thingivers、在线教育社区 Scratch、阿尔法营社区等。

用户知识协作社区主要指具有弱连接的贡献者特征的用户，在一个共同的虚拟社区内，主要以协作方式进行内容生产行为，共同编辑、制作内容，生成全面开放的信息成果，以供他人查看和使用的网络创新社区。如谷歌地图、百度百科、YouTube、Wikipedia、ccMixter 等。

2.3 网络创新社区研究视角

自从网络创新社区的概念提出后，如何利用网络创新社区创造实践价值、如何维持网络创新社区良性运营成为学术研究者和管理实践者共同关注的焦点。目前学术研究者对网络创新社区的研究进程做出了部分贡献，集中于关注社区中人、信息和技术三者的作用机制及其交互作用机制。因而，以下将从网络创新社区的用户（人视角）、知识（信息视角）和平台管理（技术视角）进行综述。

2.3.1 用户视角

从用户视角展开的研究主要集中于用户属性及行为两个方面，关于用户属性的探讨侧重根据用户在社区中的地位进行分层；有关用户行为的研究集中于对用户行为背后的动机、行为表现特征及影响行为的因素三个方面的探讨。

2.3.1.1 用户属性

大多数的研究根据用户在社区中所处的地位，对用户进行分类，例如，刘梦婷等[23]依据 MIUI 社区用户在社区中的贡献价值和参与程度，将用户分为普通用户、实力用户、潜力用户、核心用户四类；李英姿等[24]将开源设计社区成员类型划分为核心成员、活跃成员和次要成员，进而探讨了不同成员类型的评价数量、正面评价和负面评价对社区成员创新绩效的影响。Martinez - Torres[25]利用演化计算技术对用户进行了分类，通过收集 IdeaStorm 平台用户特征信息，区分用户中的创新者和非创新者。Huang 等[26]将 Dell 平台用户按潜力高低进行划分，并认为随着时间的推移，高潜力用户在平台中的活跃度保持不变，而低潜力用户的活跃度则会降低。

很多研究重点关注了网络创新社区中的领先用户或者核心用户的特征属性，如 Jeppesen 和 Frederiksen[27]发现网络社区中具备相关专业知识的用户往往会表现更高水平的知识贡献意愿。Yuan 等[28]研究验证了网络社区中领先用户具有更高的价值，在推动社区贡献行为的产生方面具有较高影响力。林杰等[29]通过实证结果表明专业知识水平高的用户在网络中具有在社交网络中的中心度很高、回帖频次高、帖子的平均长度很长、粉丝量大并且该用户会同时活跃在多个小团体中等特征。Dharmasena 等[30]的研究发现，积极为公司运营的网络创新社区做贡献的用户，具有出于兴趣爱好和对公司认可的特征属性。

也有的研究通过分析个体用户间互动关系发现网络创新社区用户特征，Wiertz 和 deRuyter[31]研究发现在线社区中个体用户的在线互动倾向与其知识贡献量之间存在着直接正相关关系。Dahlander 和 Frederiksen[32]通过不同的用户属性来解释个人在社区中的地位（用户间的关系）如何影响其创新行为，对来自社区成员互动的互动数据库中的数据进行网络和内容分析，使用嵌入领域的“适当观察者”对个人的创新进行排名，发现社区内部核心和外围结构中的位置与个人的创新程度之间存在倒 U 形关系。

2.3.1.2 用户行为

有关用户行为的研究集中于对用户行为背后的动机，行为表现特征及影响行为的因素三个方面的探讨。关于这部分研究成果的总结将在后文3.1.3～3.1.5中呈现。

2.3.2 知识视角

已有关于网络创新社区知识的研究，大多围绕知识生产、知识分享、知识应用以及知识创新这四种知识过程活动，以及为了取得这四种活动之间平衡而进行的知识管理进行探讨。知识生产过程指对现有知识进行收集、分类和存储的过程，如李奕莹等[33]结合资源基础观和动态能力观理论，从创新价值链视角运用系统动力学方法分析，得出企业网络创新社区用户生成内容过程包含创意产生、创意转化、创意扩散三个阶段，具体包含创意收集、筛选、吸收、转换、实施和商业化六种关键活动，并且研究结果表明企业的感知能力、吸收能力和创新能力在用户生成内容管理过程中发挥着重要作用。陶晓波等[34]具体探讨了新产品开发人员如何有效地从创新社区中采纳信息。

知识分享过程指通过知识交流而扩展组织整体知识储备的过程，如陈小卉等[35]探讨了知乎问答社区回答者知识贡献行为受同伴效应的影响过程，研究发现，回答者的知识贡献行为会受到直接和间接连接同伴效应的正向影响，但是间接连接同伴效应会随着回答者网络密度的增加而逐渐减弱甚至消失，聚类系数对回答者的知识贡献行为有负向影响。张洁等[36]基于顾客参与理论，结合虚拟社区特性，将虚拟社区中顾客参与划分为交互式信息提供和在线参与创造两个维度，研究了不同维度对新产品开发绩效的影响，以及知识共享在其中所起的中介作用，研究结果表明知识共享在交互式信息提供、在线参与创造和新颖性之间具有部分中介作用，在交互式信息提供和上市速度之间具有部分中介作用，而在在线参与创造和上市速度之间具有完全中介作用。

知识应用过程主要是指利用知识生产过程而得到的显性知识去解决问题的过程，陈国青等[37]基于“需求—可供性—功能特征”的视角，从自我决定理论与心理占有理论出发，分析游戏化竞争元素对在线学习用户行为的影响，揭示了自愿参与的在线学习场景中游戏化设计的作用机制。Riedl 和 Seidel[38]的研究发现，网络社区用户通过观察学习、合成其他用户的作品进行创新具有阶段性特征，在社区产品投资初期，这种合成学习绩效并不明显；但是用户会对其他用户的好的产品设计进行持续改进，是否改进其他用户不好的产品设计则取决于用户的能力水平。

知识创新过程是指产生各类新知识的过程，如刘征驰等[39]利用计算实验方法，研究知识社交机制、社群关系结构和社群知识协作之间的关系，研究发现，知识社交机制决定社群关系结构，进而影响社群知识协作。Faraj 等[40]提出了在线社区知识协作存在的理论依据，认为在线社区的资源流动性，如热情、时间、身份、思想自由、模糊的社会身份和临时性聚集是知识协作的基础性特征，而每一种流动性资源都同时对知识协作有积极和消极的影响。

知识管理是对知识、知识创造过程和知识的应用进行规划和管理的活动，如王余行等[41]基于网络论坛数据，首先选取文本特征，识别出用户体验中涉及汽车质量问题的文本，然后依据质量问题对应汽车部件与问题类型间的关系，提出了一种汽车质量问题的提取方法。Liu 等[42]运用知识采纳模型的核心理论，提出了在线知识社区如何有效管理知识库的方案。

2.3.3 平台视角

已有关于平台的研究主要集中在平台绩效（平台为所属企业绩效改善提供的支持）和平台管理两个方面进行。

2.3.3.1 关于平台绩效的研究

从网络创新社区的实际应用价值出发，学者们关注如何利用网络创新社区增加企业绩效。用户主动的参与和融入新产品或服务项目的开发中所创造的绩效远高于原有开发者创造的绩效（Hienerth，2013）；将用户生产社区中的知识信息集成到企业的价值共创活动中加快了企业创新步伐。如 Poetz（2012）从创新性、用户收益、可行性三个方面对社区成员和专业人员参与创意开发活动进行比较，研究发现，网络创新社区是有效收集新产品创意并提升企业创新能力的重要方式。Bayus（2013）研究了 Dell 风暴创意社区中非专家群体开发创意的行为，结果显示非专家群体比 Dell 专家创意产出绩效更高，但已有经验人员的后续创意产生随着时间推移不断降低。Fisher[43]应用社会资本理论和利益相关者理论从企业利润、战略和企业属性等方面检验了企业运营的在线社区对企业绩效的积极影响，并且提出了一个在线社区优势的理论，该理论考虑了公司运营在线社区的信息、影响和相互支持等方面的利益，并强调公司战略和属性与这些产生利益的关系。Seidel 等[44]提出了一个在线产品评论社区中用户是如何形成技术框架的观测模型，认为在线产品评论社区不仅在产品发布时，而且可能更早影响产品市场的演进。张洁等[36]基于顾客参与理论，结合虚拟社区特性，将虚拟社区中顾客参与划分为交互式信息提供和在线参与创造两个维度，研究了不同维度对新产品开发绩效的影响，以及知识共享在其中所起到的中介作用。

2.3.3.2 关于平台管理的研究

学者们聚焦于网络创新社区综合管理研究。丁志慧等（2016）基于知识创新的完整过程，结合虚拟环境下创意用户知识管理特征，以 MIUI 社区开发过程中的用户知识管理案例进行研究，提出了具体的管理措施，为新产品开发过程中的客户知识管理提供了新的研究视角。郭梁等（2016）将平衡计分卡工具引入网络创新社区的综合管理过程中，构建了动态的网络创新社区平衡计分卡分析模型，并由此分析出网络创新社区运行过程中的关键管理要素为社区成员数量、创意提交与实现数量、创新收益。阮平南等（2017）提炼了 13 个网络创新社区管理绩效的影响因素，以结构解释模型分析各影响因素间的逻辑层次关系并得出实现创新社区管理绩效的六层次两路径机理模型，旨在促进综合提升创新社区管理绩效。迟铭等[45]从关系质量视角出发，探索移动虚拟社区治理对组织公民行为的影响机理，结合移动虚拟社区的特点，提出移动虚拟社区治理的内涵和构成要素。Vivianna 等（2018）[46]以 Github 作为研究情境，强调群体过程和群体属性是社区纠纷治理需要考虑的、不可或缺的两个方面。Levine 等[47]提出了促进企业开放式创新（研究对象包括线上和线下开放式创新）的四条原则，并验证企业实施开放式创新会获得更好的绩效。Vivianna 等[46]从 GitHub 社区收集数据，应用混合归纳法、围绕软件许可证的启动和更改进行讨论，进而提出解决网络社区治理纠纷的路径。Jing 等[48]的研究发现，平台的身份披露制度是一把“双刃剑”，一方面激励被披露身份的用户在每一个内容上更加严谨；另一方面也会造成未被披露身份的用户降低认真程度。

张庆强等[49]以小米社区为研究对象，剖析了推动众包社区与用户协同演化的协同激励机制，研究发现众包社区从成立初期到持续成长期的过程中利用不同的激励措施构建稳定的协同激励机制，目的是促进众包社区能力的开发与拓展。李永立等[50]从众筹模式的特征分析出发，以其网络外部性特征和完全垄断的市场结构为切入点，建立众筹平台网络外部性的价值度量模型，并将模型的理论结果应用于推荐网络这一特殊的网络结构中，并设计出具有推荐功能的众筹平台。史达等[51]以双重过程理论的启发式—系统式（HSM）模型为理论基础，基于 TripAdvisor 的酒店评论，采用 Word2Vec、LDA 和机器学习等方法量化变量，通过多元回归对评论有用性的影响因素进行分析，更加准确地解释了顾客酒店体验的真实感受，对评论平台和酒店未来需提升的维度和发展方向有一定的借鉴意义。范钧等[52]借鉴心理所有权和组织支持理论，构建虚拟品牌社区支持、顾客和知识心理所有权与顾客—企业外向型知识共创的关系模型，研究发现：社区情感性和工具性支持对外向型知识共创有显著的正向影响；知识心理所有权在情感性、工具性支持与外向型知识共创关系中起部分中介作用；顾客领先性在情感性、工具性支持与知识心理所有权，及知识心理所有权与外向型知识共创的负向影响关系中起正向调节作用。付轼辉等[53]针对社区氛围的内涵结构、形成前因和影响结果进行探索性研究。研究发现，开放创新社区氛围包括互动氛围、创新氛围和控制氛围三个构面，它们通过影响用户对创新的准备状态，即用户就绪，进一步影响用户创新质量。Mollick[54]的研究发现网络创新社区平台的用户创新思想和产品在商业化的过程中，几乎不受社区成立之初的反商业态度的影响，而受企业家个人身份认同的影响很大。Guo 等[55]通过分析 WAZE 社区的内容创建，把虚拟拥挤定义为特定地理空间位置的 WAZE 用户密度，并研究了它在鼓励用户贡献方面的作用，为平台建设者提供了通过测量用户可视化使用密度、改进社交功能设计，以鼓励用户对移动虚拟社区做出贡献的建议。

2.4 知识重混创新研究

近年来各种网络创新社区获得了快速发展，知识产品重混作为适用于互联网协作情境下的重要创新模式而受到关注。Stanko 等（2016）提出重混是开放式环境下信息交换、知识分享和扩散的自然结果，应从动态扩散和静态属性两个层面挖掘其内在动力。Hill 等（2016）则从知识贡献的原创性（Originality）和生成性（Generativity）辩证分析了重混行为，并提出作品复杂性、创作者声誉、知识积累对重混作品创新贡献影响显著。除此之外，网络社区的创新研究工作也为理解知识产品重混提供了理论和实践依据。这些文献主要关注网络社区创新过程中的用户参与动机、知识共享、在线交互等内容。有学者指出，求知动机、互惠动机、兴趣动机、易用性感知是影响网络创新社区用户不断参与产品创新的主要因素，并提出用户行为和创新绩效密切相关，而知识共享的持续性、共享意愿、共享知识水平对开放式创新的贡献度有着显著影响。另有学者提出成员间的在线互动能够增强网络创新社区中用户的亲近度和信任感并促进知识产品创新。

互联网时代，重混已经成为创新发展的新常态，知识的创新过程也是如此，需要在一系列因素重组交互的作用下实现，因此将这一过程称为知识重混创新。针对知识重混创新的定义，首先要确定“知识”在本研究中指的是什么？然后解析知识创新的概念，最后引申出重混的概念，即知识创新是要素间重新组合创新的过程。下文将根据该思路回顾和总结有关网络创新社区中的知识重混创新的研究。

2.4.1 文献计量分析

本研究采用文献数据库检索的方式，文献检索来源分为国内外两大板块，国内即中国知网，国外来源于 Web of Science（WOS）数据库；检索方式为主题并含。知网检索中输入的检索词为“网络创新社区”“虚拟社区”“开放式创新社区”“开放式创新”和“知识重混”“知识重组”“知识重用”。为了保证时效性和提高准确性，本书检索近十年相关文献（2010—2020 年），截止到 2020 年 12 月 9 日，共检索出 747 篇，进行筛选去重处理后，最后获得 445 篇文献。国外文献 WOS 检索中输入英文表达式为：“Online innovation Community”“Online Community”“open innovation Community”“open innovation” and “knowledge remix”“Knowledge combination”“knowledge reorganization”“knowledge reuse”进行检索，截止到 2020 年 12 月 9 日，检索出 2010—2020 年的 2311 篇相关文献，同样进行筛选去重处理后，最后获得文献 1467 篇。将上述文献的检索结果进行特殊格式的数据导出，利用 Citespace、Excel 等软件进行图谱可视化处理，主要展示的内容包括文献年代分布、热点关键词分布图谱、主题 Timeline 视图，如图 2 - 1 所示。

2.4.1.1 主题发文量统计

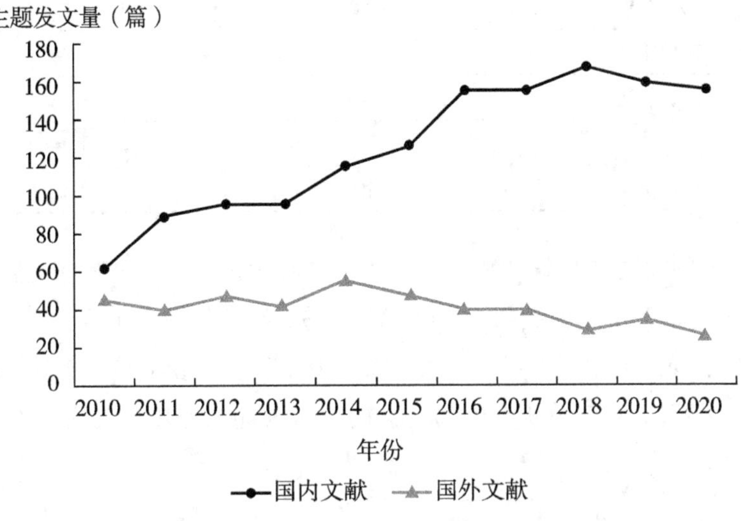

图2-1 国内外文献发文量年代分布

2.4.1.2 主题关键词分析

（1）主题研究热点分布

分析国内外文献中高频关键词共现的问题，展示出关键词的研究热点分布。首先分析国内的关键词图谱，如图2-2所示。中心度大于0.1的重要节点包括知识重用（0.49）、知识管理（0.21）、本体（0.14）、知识重组（0.12）。其次将上述国内热点关键词统计在表2-2中。

图2-2 国内研究热点分布图谱

表 2-2　国内热点关键词统计

关键词	频数	中介中心度
知识重用	177	0.49
知识管理	40	0.21
本体	32	0.14
知识重组	20	0.12

国外的关键词图谱如图 2-3 所示。中心度大于 0.1 的重要节点包括网络社区（0.36）、在线社区（0.29）、社交媒体（0.19）、实践影响（0.19）、知识重用（0.1）、社交网络（0.16）、社会支持（0.14）、社区成员（0.15）、内容分析（0.1）。同时，将上述国外热点关键词统计在表 2-3 中。

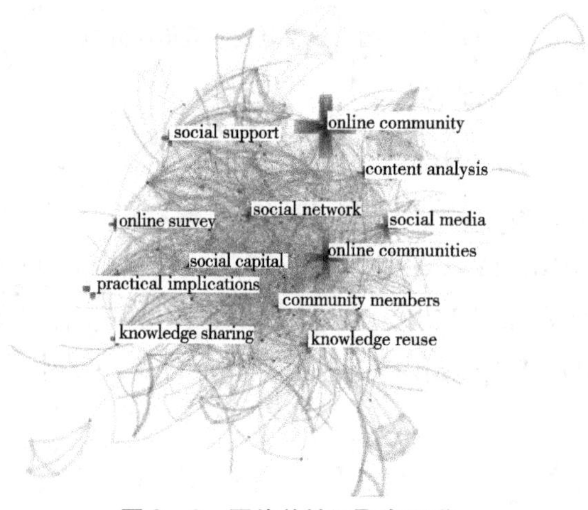

图 2-3　国外关键词聚类图谱

表 2-3　国外热点关键词统计

关键词	频数	中介中心度
网络社区	563	0.36
在线社区	294	0.29
社交媒体	88	0.19
实践影响	73	0.19
知识重用	65	0.1
社交网络	61	0.16

续表

关键词	频数	中介中心度
社会支持	52	0.14
社区成员	48	0.15
内容分析	42	0.1

（2）主题研究发展脉络

利用 Citespace 绘制 Timeline 视图，分析当前学术界关于该主题的研究态势和发展脉络。国内发展脉络情况如图2－4 所示，首先对主题文献进行关键词聚类，分为 12 个小主题。分析整体的聚类效果，Modularity 值为 0.7037，大于 0.3，本次聚类得到的网络社团结构是显著的，本次聚类效果很好；另外，Mean Silhouette 值为 0.5917，大于 0.5，本次聚类网络同质性效果尚可。对比国外研究脉络，如图 2－5 所示。国外关键词聚类为 13 个小主题。Modularity 值为 0.4728，大于 0.3，网络社团结构是显著的，本次聚类效果尚可；另外，Mean Silhouette 值为 0.6122，大于 0.5，本次聚类网络同质性效果尚可。

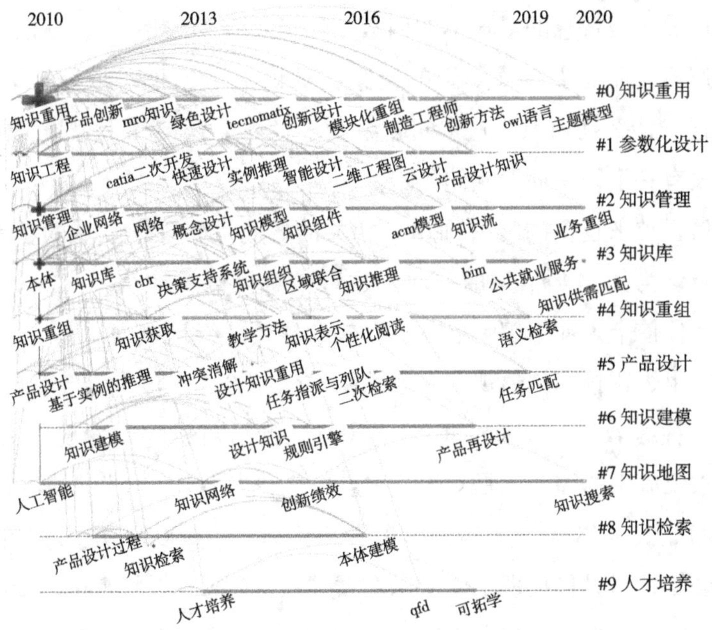

图2－4　国内热点 Timeline 视图

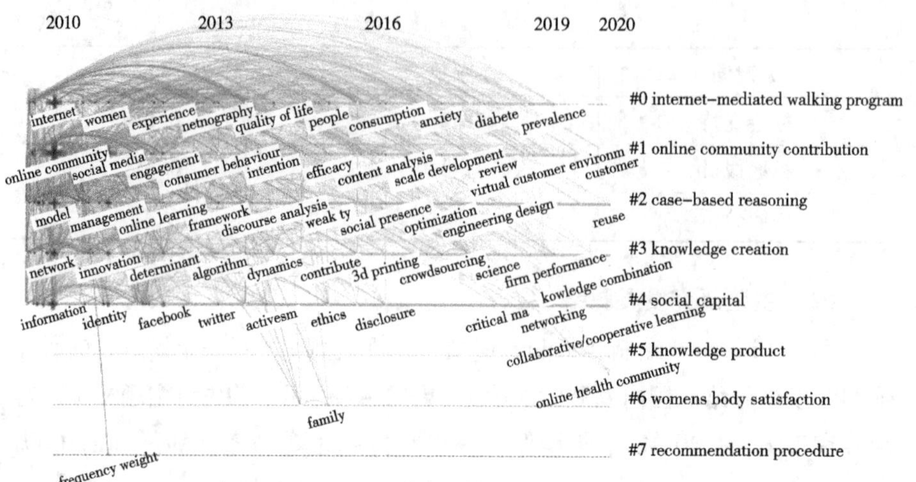

图 2－5　国外热点 Timeline 视图

2.4.2　知识

2.4.2.1　知识的概念[56]

对于知识的界定，起源于哲学领域。在哲学中，关于知识的研究叫作认识论，知识的获取涉及许多复杂的过程：感觉、交流、推理。知识也可以看成构成人类智慧的最根本的因素，知识具有一致性、公允性，判断真伪要以逻辑，而非立场。知识的定义在认识论中仍是一个争论不休的问题，尽管“什么是知识”这个问题激发了世界上众多伟大思想家的兴趣，至今也没有一个统一而明确的界定。

而后，越来越多的与“知识”相关的研究被管理学领域的学者重视。有的学者认为知识是信息的一种，这种信息可以被改变，成为行动的基础，从而促使个人或组织具备更加有效和异质的行动能力。有的学者指出知识是在组织背景、价值观、专家的结构化经验、个体直觉等基础上共同形成的一种综合体。Majchrzak 等（2004）指出对事物的发现、认识、学习、探索及应用的综合就是知识，重点包括“信息性知识”“诀窍性知识”“人才性知识”，以及“原因性知识”。Tywoniak（2007）认为，知识是矛盾的综合体，同时包括理论体质和实践体质。Camisón 和 Forés（2010）认为，知识的储存方式复杂且广泛，不仅包括组织内部知识，同时组织规范、行为、模式等惯性资源中也包括知识。另外，还有学者认为知识是从信息提取出来的有价值的资源，而信息来源于数据（Dew & Velamuri，2004）。Elena 和 Desirée（2015）指出，知识比数据或者信息更加与行动接近，关于知识的评价，可以将知识对行为和决策的影响作为标杆。

通过对数据（Data）、信息（Information）和知识（Knowledge）的区分，可以看出在“数据—信息—知识”这一金字塔形的层级体系中，数据处于最底层，其次是信息，知识处于最顶端。具体阐述：从某一组织外部获取的最原始的、可衡量的资料便是数据，而具有分析价值的、具有结构性的数据则被称为信息，可以预测因果关系、行动或企业决策的信息集合称为知识。数据被分析之后才是信息，使用者不同，信息也因此具有特殊的意义，体现了数据与信息的最大不同。从本质上讲，数据、信息、知识之间的关系是不断螺旋变化的，知识反映的是个体判断的最大化程度，体现的是知识持有者对现实问题处理的情况，包括对知识的投入度等（Canonico et al.，2020）。数据、信息和知识三者之间的关系，如图 2－6 所示。

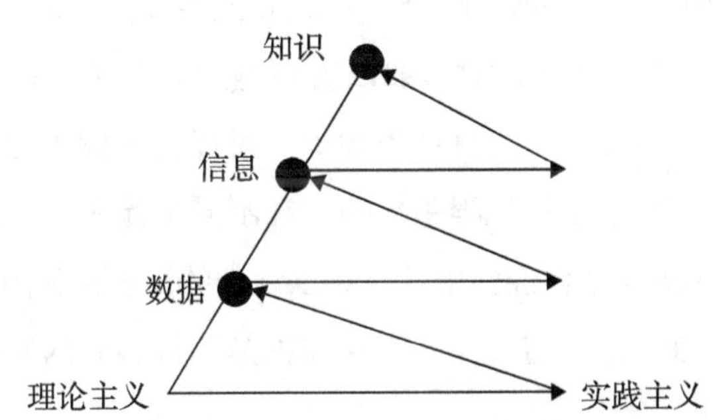

图 2－6 数据、信息与知识的层级关系

2.4.2.2 知识的分类

通过文献整理发现，知识分类具有环境依赖性，知识涉及不同的方面，是一个复杂的概念，从不同的视角来看知识具有不同的分类[57]。

（1）知识源视角

首先，如果从知识来源视角对其进行分类，个体层、团组层以及组织层的知识是最具代表性的三个方面[57]。个人层面的知识是指归属于个人的智慧和知识，个人可以对这些知识进行利用，但是难以与他人共享，如个人的感觉、创意、经验、体验和灵感等；团队层面的知识指团队中个人知识的集合，可以实现个人知识在团队层面的共享（Ajmal et al.，2010）；组织层面的知识指的是创造组织价值的知识，这类知识在与他人分享方面更加便捷，例如，组织的业务手册、设计图纸、研讨资料和客户资料等（Alavi & Leidner，2011）。另外，从更加广泛的知识源视角对其进行分类，可以将知识分为内部知识和外部知识。组织的发展宗旨、文化、过程性资产、员工、惯例等内嵌于组织其他方面的知识资源就是内部知识（Holsapple et al.，2015）。外部知识则是组织边界以外的知识，主要包括顾客、供应商等合作伙伴的知识以及竞争对手的知识等。近年来，伴随着大数据和5G 网络等技术的发展与智慧化，组织外部知识正变得越来越重要（Pellegrini et al.，2019）。

（2）知识属性视角

从知识属性来看，可以将知识分为显性知识和隐性知识、陈述性知识和程序性知识（Tsai et al.，2015）、可编码性知识和不可编码性知识（Beck et al.，2015）。Polanyi 于 1967 年最先提出显性知识和隐性知识的概念，然后 Nonaka 等（2000）对其加以妥善整合并完善，认为能够被正式语言所表达的就是显性知识，且这类知识是可以实现编码化的，如数学公式、正规合法的规则、生产流程手册等，在不同个体之间的流动简单而快捷[58]。反之，隐藏在个体经验中的、难以识别的知识称为隐性知识，主要包括个体层面的观点、价值观等。隐性知识是不可编码的知识，是企业主要竞争力的来源[59]。

（3）知识利用视角

任何组织都是一个知识资源库，其中包含了嵌入在相关组织惯例中的各种类型的知识，由于惯例存在于不同部门，并且被应用于不同的个体，因此，从知识利用视角对其进行分类也是可行的。Mc Evily 和 Chakravarthy（2002）认为管理性、技术性、市场性和操作性四类是企业的主要知识，是知识管理过程中需要重点关注的类型（Xi et al.，2020）。技术性知识是指与产品、技术或与技术有关的过程相关的知识（Burgers et al.，2008）。技术性知识嵌入组织的日常工作中。新技术知识的搜索和获取高度依赖于路径，并受到组织惯例的约束（de Luca & Atuahene - Gima，2007）。市场性知识涉及特定地区的机构知识和关于供应商、竞争对手和客户的特定知识（Akerman，2015），这类知识反映了企业对竞争对手和客户意愿的理解程度。管理性知识是指帮助企业做好各项管理工作的管理知识，通常被嵌入日常工作中，特别是在帮助公司有效运作方面。操作性知识主要包括企业的生产性知识和流程性知识（Alavi & Leidner，2011）。

（4）其他视角

除了从知识属性、知识利用以及知识源视角对知识进行分类外，学者们还从其他视角对知识进行分类，如主题知识与非主题知识、逻辑型知识与文化嵌入型知识、事实性知识与理念性知识[57]。另一个重要的分类方式是仅对组织内部的知识进行分类，将知识分为关联知识（Connected knowledge）和无关联知识（Disconnected knowledge），其中，无关联知识包括闲置知识（Slack knowledge）、不相关知识（Unrelated knowledge）、未利用知识（Unused knowledge）以及未知知识（Unknown knowledge）[57]。关联知识指的是与组织当前发展有关的知识，强调解决组织现存的问题。闲置知识指的是组织或个人拥有的，虽已经被组织利用，但未充分利用，其价值并未被完全发现，强调对其价值的挖掘。不相关知识指的是被组织或个人应用，但是没有被用来解决目前的问题，强调对其使用价值的转移。未利用知识指的是组织可以获得但没有利用的知识，强调潜在价值。未知知识指的是当环境变化时，组织或个人不拥有或者不知道确实存在的知识，强调的是组织尚未发现的知识[57]。以往知识管理领域的学者重视显性知识和隐性知识的分析，近年来关于组织内外部知识视角的研究也愈发增多，表明在当前动荡的大环境下，企业以外的知识资本对知识创新的影响逐渐得到学者们的重视。同时，关于具有不同作用或性质的知识，如管理性知识、市场性知识、技术性知识以及操作性知识等的研究也越来越深入，因此基于知识利用视角的分类也逐渐被管理界和实践界熟知。对于组织知识类型的总结，如图 2 -7 所示。

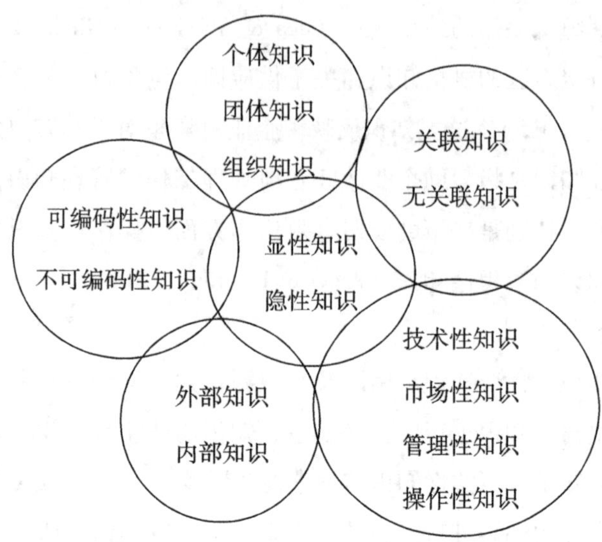

图2-7　不同视角下的知识类型

2.4.2.3　知识管理理论的形成与发展

为了研究知识资源在企业生产经营中的重要作用，学者 Grant（1996）提出了知识基础观（Knowledge - based view）。严格来说，知识管理理论的形成是由企业内生增长理论、资源基础理论和企业能力观等理论综合催化的（Penrose，2015）。同时，知识管理理论的发展过程中形成了组织学习理论、演化经济学理论以及组织行为理论，不断推动着知识管理体系的完善。企业内生增长理论是由学者 Marshall 于 1920 年率先提出的，该理论认为专业化分工是企业成长的首要条件，在分工的情况下企业可以产生更加具有专门性和独特性的新知识和新技巧。同时，新知识促进企业深入发展，如此循环往复。资源基础理论认为企业存在的基础是资源，且这些资源是异质的、有价值的，这对企业来说是不可或缺的关键因素。随后，企业能力观在资源基础理论的基础上不断出现，认为资源对企业生长来说至关重要，但企业对资源的开发、配置和应用也非常重要，因为这决定着不同企业之间的异质性。显而易见，虽然资源观和能力观已经解释了企业生存和发展的深层因素，但是其背后的决定性因素仍需要探索。因而在能力观之后，学者 Penrose 继承并发展了企业内生增长理论，并在该理论的基础上强调知识是最具有价值的资源，特别是那些隐性知识和未被利用的知识，这就需要企业不断积累知识。隐性知识一般存储于组织惯例、组织流程、员工大脑之中，如何利用这些知识尚未被发掘，因而知识的管理与应用越来越成为理论界和实践界需要探索的重大问题，知识管理理论也不断被学者们重视[58,60]。

另外，知识管理理论发展过程中并非孤立存在的，其间不断衍生出组织学习理论、组织行为理论和演化经济学理论，且这些理论被应用于知识管理领域，如组织学习理论从知识的视角探讨了企业的内生增长问题（Cyert & March，1992），重点强调组织内知识的吸收、消化、再利用，是企业利用知识解释组织行为的过程（Akiran，2009）。以学习为引导，加深企业对知识的利用深度，从而提高组织行动能力。在有限理性假设的基础上，Simonin（1999）提出并深化了组织行为理论，认为由于组织成员之间认知能力的不同，组织行为的改变会引起员工行为和认知的改变，即新知识的存在或组织员工的岗位职责发生变化时，企业应该考虑员工行为的变化（Wang et al.，2017）。演化经济学理论强调的是组织的动态演化过程，该理论衍生于生物学的进化理论，将企业看作生态系统中的“物种”。在物种进化过程中，作为一种特殊资源的知识对企业演化十分必要。

总之，企业内生增长理论、资源基础理论和企业能力理论是知识管理理论发展的基础主干，组织学习理论、演化经济理论和组织行为理论则是知识管理理论发展过程中形成的理论基点，是知识管理理论发展的动力机翼。由此，可以形成揭示知识管理理论发展进程的一体三翼进化图，如图2-8所示。

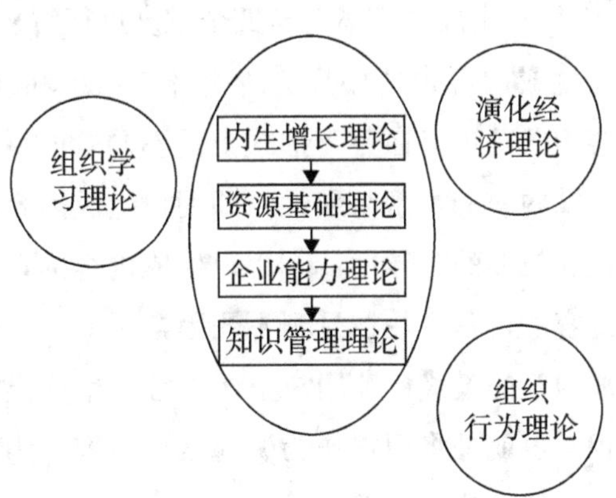

图2-8　知识管理理论一体三翼进化

2.4.2.4 用户生成内容[13,61]

用户生成内容即网络创新社区所研究知识重混创新的客体即知识本身，知识的创新是用户之间知识重混的结果，创新的知识通过用户生成内容得以表达出来，用户生成内容蕴含着用户的创意、新思想、新技术或者新方法等，通过对知识产品（文本、设计作品等）的拆解梳理，还能直观地展示出知识创新演变的发展路径及方向。本研究的知识重混创新即不断从众多用户生成内容中挖掘新想法、新创意，进而形成新知识的过程。

用户生成内容从 2005 年至今还未形成一个统一公认的定义。2007 年经济合作与发展组织（Organization for Economic Co - operation and Development，OECD）在报告中指出，用户生成内容具有三个特征：①以网络生成为前提；②内容具有创新性；③非专业人士或非权威组织所创建。从中可知，用户生成内容是用户在网络中以自愿的形式产生的，一般依托于社区、社交网站、个人微博、微信等新媒体平台存在。同时用户生成内容还具有一定程度的创新性，并非简单复制、粘贴，而是带有个人鲜明个性的观点，根据每个用户自身的知识背景的不同，所形成的用户生成内容也存在明显的差异。用户生成内容的生产还是自由的，在网络环境中，用户的现实身份将被忽略，任何人都以平等的地位、相同的机会去生成用户生成内容，用户以普通人的身份，因相同的兴趣爱好聚集在一起，自由地创造属于自己的内容信息。

赵宇翔等[62]将用户生成内容概念从四个维度进行解析：①用户的类型与角色，即将用户生成内容中的用户分为个体、组织和社会群体三大类，虽然用户生成内容中的角色存在分类形式上的不同，但用户角色间存在不停转化及演变性；②内容的类型与属性，即用户生成内容的内容类型和表现形式存在多样性和粒度的差异性；③用户生成内容的动因，即用户在创建、发布、分享内容的过程中往往受到不同因素影响，且强度和指向各不相同；④用户生成内容的模式，即用户生成内容的生成模式可以被抽象为信息内容生产过程，也就是将用户作为源元素、内容作为项元素，则生成模式被理解为两者之间的映射关系。

2004 年 Surowiecki 编写的《群体智慧》一书中提到，群体智慧往往都比个体精英分子所单独贡献的价值都要多。用户生成内容充分展示了 Web

2.0 的时代精神，即每个个体都是知识生产的贡献者，每个个人都有机会接触网络并表达自我的观点。用户生成内容更新了互联网生态的秩序，用集体智慧实现了人类社会知识内容的极大丰富，人们生活质量的极大提高，社会各阶层关系的极大融合。

2.4.3 知识创新

知识是有序化的信息组织结果，是对客观事物现象、社会经验实践的总结，如物理学理论、数学公式等均是学者从大量的实践调研，计算推演中归纳得出。因此知识作为普遍意义上的规律，往往需要重新编排、利用许多学者的认知过程，而该过程就是一种重混的概念。知识创新是在原有知识基础上，衍生出新的认知、概念等，可以是对之前成果的否定，也可以是优化。知识创新不是一个瞬时动作，不是突然间从无到有，而是一个持续性过程，在巨量知识的基础上重组再创造。知识创新的重点是整合、重组现有的知识资源，以此作为基础，衍生出新理论、新观点。此外，知识创新还必须在知识的基础上包含熊彼特创新理论的特征。

创新理论属于经济学范畴，其研究始于熊彼特，谈创新必提熊彼特。他认为创新是一种内在能力，是一种将生产要素“重新组合”以提高生产效率的能力。创新是经济社会发展的重要驱动力，也是进入工业社会以来全球财富增长的重要推动因素。生产要素是客观存在的，而企业管理者就是充分利用和配置这些生产要素，达到创新效果，实现超额利润的增长。创新是经济社会持续存在的现象，是无处不在的，没有创新，社会发展就会饱和直到停滞。创新过程中存在着一系列重要的特征或性质，也同样存在于知识创新的过程中。

熊彼特认为的创新，必须具备以下六个方面的特征。

第一，创新是生产过程中内生的。导致经济发展产生显著变化的外部因素很多，如劳动力、土地、资本等，但这种变化并不是唯一的，还有一种经济变化是内部产生的，外部因素无法全部解释，这种变化显然又是非常重要的，能够带动经济实现更高质量的发展，这种变化即创新。

第二，创新是革命性的变化，这种变化是不连续的、间断的，在平衡的基础上打破平衡、打破旧秩序，并在其基础上建立新秩序，进而再实现平衡的过程。创新的实现并不是一帆风顺的，必须经历不断的螺旋上升，必须有前期量变的积累，才能有飞跃式的质变，这种革命性的变化是创新最明显的特征。

第三，创新是新事物的产生，旧事物的毁灭。创新往往意味着新的生产方式、新的组织结构、新的商品，而旧事物在这一过程中会被淘汰；创新也是一个否定之否定的过程，如汽车作为一种新的交通工具的发明意味着对马车的否定，工业革命的兴起引发了机器生产的浪潮，替代了手工作坊，但某些特殊情况下，新事物同旧事物在长期范围内仍将共存。社会经济发展程度越高，竞争就更加激烈，生物学领域的优胜劣汰法则适用于创新的发展。

第四，创新必须要创造出新的价值。创新包含发明，创新不仅是新事物、新方法、新工具的发现或发明，还必须善于应用，在实践中发挥作用，即创造出价值。在研究创新理论的过程中，必须强调其创造价值的重要性，这价值的维度包括经济的、社会的、文化的，等等，因此在研究知识创新的过程中务必考虑价值创造的重要性。

第五，创新是经济发展的内在规定。经济增长的要素包括劳动力、资金以及土地等，不同要素的组合与改变能够影响经济发展的速度，但这种经济发展是一种自适应现象，其增长轨迹、趋势、路径均没有变化，是一种均衡状态下的重复过程。但创新是一种质变，能够改变经济增长的内在本质，也就是创造出经济发展过程中新的组合方式，是一种内在机理的改变，这种改变即形成新的经济增长方式，改变经济增长的路径，能够突破经济发展的束缚，但这种增长是有一定时效的，需要周期性地推动创新形成。

第六，创新必须有执行的主体，即“企业家”。企业是一种资源的重新配置机构，能够将劳动力、资金、土地等生产要素集中在一起，实现要素的重新“组合”，而推动并落实这种“新组合”的团体或个人即“企业家”。熊皮特认为“企业家”的主要职能是执行这种“新组合”的落实，只有实现了某种“新组合”的企业家才是合格的企业家。熊彼特强调了创新过程中“企业家”的重要性，即创新必须依赖于重新配置“新组合”的企业来实现，而这种“新组合”的实现必须由“企业家”来引导和执行。

因此，延伸到知识创新的研究中，必须考虑到熊彼特创新理论的六大特征。知识创新也是知识在汇总、共享、交流、重组等融合过程中内生的；知识的创新也是裂变式的变化，这种变化是螺旋式的、间断性的，经过知识量的积累，再完成质变的飞跃；知识创新同样是革命性的，其更新换代速度特别快，新的知识理论体系形成，旧的知识理论体系就被淘汰；知识创新必须要有价值，这种价值是通过推动企业创新的方式最终实现经济价值的产出；知识创新也是不同要素间重新组合的过程，还要经历知识隐性化到显性化的蜕变过程；知识创新也需要主体的执行，在网络创新社区内，一是消费者用户参与知识创新的过程，二是社区管理用户能够正确地引导创新的方向。

2.4.3.1 知识创新的内涵

知识创新的概念界定主要集中于广义和狭义两个角度。广义上说，知识创新处于企业或组织环境中，它是为使企业经营成功和实现利益最大化知识不断转化并应用于新产品开发和创造的过程，在这个过程中不仅具有对理论知识的创新，还具有对技术知识的革新。狭义上说，知识创新属于知识管理流程之一，是在知识收集、储存、转化、共享的基础上形成的下一流程，知识创新的形成过程主要来源于两个方面：对新问题、新想法的开发和知识源的创新。新问题、新想法的开发是指根据已有的知识库中的知识进行知识收集、加工、转化后对新问题和新想法进行探索并传播开来以诱发他人的创新兴趣；知识源的创新是指新的知识经过其他参与创新的成员不断调整、反馈和完善而形成比较复杂、丰富、有意义的创新型知识源。这里是研究网络创新社区成员的知识创新，因此采取狭义层面的知识创新概念，即将知识创新行为分为新问题与新想法的开发和知识源的创新两方面。

2.4.3.2 知识创新的特征

知识创新是在交互学习中形成的，创新结果会因主体和组织交互行为不同而不同。知识创新有许多类型，不同类型可能具有相同的特征，同一种类型的不同知识创新活动可能具有不同的特征，我们对网络创新社区的知识创新有一个准确认识的同时，有必要厘清网络创新社区知识创新都具备哪些特征，这对社区有效地开展知识创新活动很有帮助，因此，将知识创新的特征总结如下。

（1）知识创新依赖于组织结构的网络化

将组织结构网络化有助于知识创新，网络创新社区在企业中建立一种知识网络，该网络联结了与企业相关的供应商、企业联盟、竞争对手、企业用户和其他相关个人和团队，他们之间形成的交互作用有利于知识创新。

（2）知识创新区别于知识创造

知识创新、知识创造、知识共享都是知识管理的一部分，二者都强调创造新知识，但是知识创新强调的是在实践过程中产生并运用新知识从而激发新一轮的知识创造过程，而知识创造看中的是创造新知识，没有非要强调知识在实践中加以运用。

（3）知识创新以用户为导向

网络创新社区的知识创新从根本上源自用户需求，用户的某一新需求有可能成为企业的新的利润增长点。因此，社区必须时刻关注用户需求，坚持以市场为导向的产品开发，企业成功与否完全依赖于潜在用户需求、企业对市场的敏感程度以及企业对满足未来市场的开发能力。

（4）知识创新的目的是应用创新成果

虽然知识创新能够为企业带来更大的利润，但是知识创新本身并不等同于社区的发展，只有将知识创新的创新成果迅速地应用于实践过程并转化为现实的生产力才能带动企业的发展。只有当知识创新的成果最终转化为生产力，才能实现产品的更新换代，从而给企业带来经济利益，提高企业的竞争优势，知识创新的过程才最终得以实现。

此外，知识创新还具有综合性、复杂性、自组织性、开放性、层次性、动态性等特征。

2.4.4 知识进化

为了研究知识重混创新，有必要介绍知识进化的由来，知识创新与知识进化的关系，以及其衍生出来的相关知识类生物学的概念，如知识进化的承载单位、知识进化的作用机理和方式等。

2.4.4.1 知识进化

知识进化是生物学思想在知识管理领域内的应用，源自仿生学的视角，能够解释新知识产生、旧知识何去何从的问题。1859 年，达尔文提出自然选择学说，奠定了自然界生物进化的核心观点。该学说主要内涵即自然界有机协同产生新的物种，新的物种必须经历自然环境的考验，只有存活下来的物种，才能具有普遍意义上的适应性，且这种适应性及应变能力随着代代相传逐渐强化，即物竞天择，适者生存[63]。随着细胞科学的进一步发展，Weismann 通过实验对达尔文主义提出的竞争原理和遗传机制进行实例验证，进一步提出生物进化的影响因素、遗传因素特征，并形成新达尔文主义[64]。已有很多学者将这一理论纳入人文社会科学的研究体系中，尤其是知识管理领域，知识的创造和增加同生物进化的观点类似，即知识的产生、适应、检验、淘汰以及共识。

知识进化既包括量的积累，也包括质的突变，是创造基础之上的再创新，是新知识对旧知识的替代过程。借鉴 McKelvey 的观点，提出知识进化的阶段，包括知识的变异、知识的选择、知识的存储以及知识的协同竞争[65]。何云峰提出知识的进化主要体现在三个方面，即知识内容的进化、知识工具的进化以及表现形式方面的进化[66]。张凌志认为知识进化过程中的变异现象有助于知识创新，他研究知识变异的模型、来源、条件，并构建知识进化的三个阶段[67]。赵健宇从知识进化内容中解析出知识基因的概念，他认为知识基因是构成知识进化过程的最基本单位，知识的创新表现为知识基因的积累、连接、重组，形成不同的知识基因组合，知识基因层面的一系列演变过程是知识进化的研究重点。应用知识进化的思想可以解决很多知识管理研究领域的热点问题[68]。如康鑫等研究农业企业知识创新扩散机理过程中，将企业技术创新机制类比于知识进化机制，知识的有效传播、顺畅的传播渠道以及知识共享对知识进化均有显著的正向影响，进而推动企业技术创新升级[69]。此外该学者还研究了高新技术领域企业知识进化的影响作用路径，实证表明知识动员对知识的进化产生正向推动作用，知识隐匿起到负向的中介调节作用，提出了企业知识进化的最基本单元，即知识基因，对知识动员以及知识进化之间起到正向的中介调节作用[70]。王日芬以知识进化理论为基础，结合 Web 2.0 时代科学文献传播模式，构建了知识进化视角下的科学文献传播网络演化机制[71]。之后，丁玉飞运用知识进化的视角，研究科学期刊文献的传播网络，分析其演化机制，并构建文献传播网络预测模型，最终实证出知识进化视角下科学期刊文献传播网络演化和预测效果的可行性[72]。丁玉飞指出知识进化过程的本质就是知识基因的结构重组，知识基因也同时经历不同时期的演化，实质上是知识质量的结构性增长过程[73]。

肖曙光将知识创新过程同生物学进化的过程作对比，许多比较类目下存在相似特征，概念间可以相互转换，证实了生物学理论在知识创新过程中应用的适用性[74]，如表 2-4 所示。

表 2-4 生物进化与知识创新过程对比

比较类目	生物进化	知识创新
遗传要素	基因	专业知识、知识元
DNA	核苷酸	全部技术储备
遗传物质载体	染色体	用户
遗传活动	基因复制	知识共享、复制、隐性化以及显性化创新表达
变异	基因突变	新观点、新理念

由表 2-4 可以看出，知识创新的要素及演化过程都可以借鉴生物进化的视角及观点来解释，具体进化的过程以知识基因为最小单位。

网络创新社区知识的存储、传播、学习、创作均可以用知识进化的概念加以解释，知识进化过程同样具有网络演化的概念，网络以知识基因为节点，通过知识遗传及变异作用实现知识的传承、拓展及创新。此外，知识遗传以及知识变异属于知识进化同一内涵层面下的不同手段，均对知识进化过程有正向积极的引导作用。网络创新社区是企业构建并运营，以及企业技术创新研究领域的重要部分，因此同样可以应用和借鉴知识进化理论来研究。同时，网络创新社区也是情报学的研究领域，本研究可以借鉴知识进化的理论思想，如研究知识传播网络，识别知识热点等。

2.4.4.2 知识基因

(1) 内涵研究

如上文所述，曾有学者提出知识基因的观点，并界定为知识进化的主要研究内容。其实关于知识基因的研究，起源很早，首先从其内涵开始挖掘。

知识基因最早起源于“文化基因”，文化基因的含义更为广泛，其是一种文化传承的符号，随着时代的变迁，许多古代文明如古代的智慧、哲学思想并未随时间消失在历史的潮流中，而是不断传承，并烙印在现代社会的运转中，每一个民族都有其特殊的群体性特征。中华民族有五千年文明史，如《论语》中的中庸思想自古以来就是中国人的处世哲学，也是我国在国际关系中所采取的外交策略。这种思想及智慧的延续就是文化基因的传承。知识基因正是在文化基因的基础上，聚焦于某一领域科学现象内在规律的表达传承，是知识的内在关键要点。许多学者也将这一关键要点采用其他概念来表示，如知识元、关键词等，但这些词汇均无法揭示知识的传承性和表达性，而知识基因恰好能满足上述两种要求。知识的传承延续以知识基因为载体，能够表达出知识的核心性状。

知识基因的这种特性，使得许多学者将其同生物学特征比较。这是因为知识的无边界特征使知识的复制性难度非常低，知识能够迅速地从一个文本转移到另一个文本中，而其中核心要点的承载单位是知识基因，这种转移场所是在人脑中进行，转移方式是书籍学习、讲授、双方交流等。知识基因是可遗传的，知识基因在转移复制过程中，保留原有技术、观点的核心要素，能够影响新知识的内涵表达，是企业渐变式创新的基础。知识基因是自由组合的，同生物学中基因的自由组合规律类似，知识基因间的自由组合，使得不同技术或思想的知识融合在一起，新的知识内容表现出不同的性状，但都保留有原知识的内涵，这也是学科跨界、知识交叉学科的由来。知识基因同样是可以变异的，许多知识创新并非渐变式的，并非一直遵循旧有的优化思路，有些思想、技术需要变革式的创新，即必须打破陈旧的思路，如哥白尼的“日心说”就是对“地心说”的知识变异。知识基因也需要被他人认可，应用到社会实践中，如新的理论和方法能否提高生产效率，能否实现新的功能，即生物学中优胜劣汰，自然选择的机制。

李伯文提出科学理论的最小载体即知识基因，是科学思想的集中表达。Ahrweiler 等揭示了知识基因在知识进化过程中的演变特征，知识基因从原知识内容中解析剥离，经过重组、变异形成新的知识文本，之后经历自然选择的作用得以保留延续，完成了这一阶段的知识进化任务[75]。Sen 提出了情报基因的概念，同知识基因类似，是信息核心内容的载体[76]。刘植惠详细解读了何为知识基因，如何提炼知识基因，往往以关键词或者小语句来表示，最重要的是知识基因能全面表达某项知识的核心技术、要点，同时具有传承性，能够决定知识创新的方向[77]。刘植惠对于知识基因的界定，开启了我国学者对知识基因的研究和应用。

综上所述，知识基因是知识类文本中的最小化结构，是技术创新过程中最小知识组织单元，是知识创新的最小单位，是传承于旧知识，又区别于旧知识的最小逻辑或指令载体。在网络创新社区的研究框架下，知识基因衍生于用户生成内容，是其核心思想的提炼，如关键词、知识元等要素。如华为“花粉俱乐部”社区平台上，针对“手握 iPhone 想换 HUAWEI Mate30，但如何将通讯录、短信等数据导入华为手机中”这个问题，有用户创作了分享交流帖，提炼其中核心思想即通过“i 换机大师——USB 导入或 Icloud 导入”“手机克隆”实现该功能，即该用户生成内容的知识基因，该文本内容并非一成不变，需要经历其他用户的检验，即一系列交流、共享及评论的知识协同过程，在这过程中，知识基因又会发生重组，进而形成新的用户生成内容。

（2）应用研究

对于知识基因概念的相关研究年代较为久远，但随着信息化时代的到来，知识的传播、学习的渠道越来越广，企业能够以更低的成本获取到更丰富的知识内容，知识资源逐渐成为企业最重要的创新来源。

和金生是一位知识基因领域内的研究专家，他提出了知识基因未来应用研究的四个方向[78]。第一，知识基因的概念内涵研究；第二，基于知识文本的知识基因提取技术研究；第三，知识基因的传承演化研究；第四，知识基因在人脑中的映射及自由重组研究。

目前来看，很多学者聚焦于前三项内容的研究。如张红兵等运用知识类生物学的视角，研究了技术联盟之间知识转移的规律和机制，构建了知识转移的类生物机制模型[79]。刘福林等采用仿生学演绎与实证研究两种方法，以生物基因自由组合规律为原型，类比提出了知识基因自由组合规律，该规律揭示了知识创新规律，并据此建立了知识创新路线图[80]。周可等运用知识基因理论构建科技型创新企业知识转化影响因素的三维度结构模型，即转化环境、转化基因和转化潜力，实现了对科技型创新企业知识转化能力、效果的系统性评价[81]。孙晓玲等将知识基因类比于科学文献网络中的核心科技要素，科学技术的发展是渐变式传承的，知识基因的游离及自由组合特征使其成为核心技术的研究载体[82]。刘则渊认为知识基因的研究应该尽量做到可视化，其裂变、重组、变异代表了相关科学知识的创造、传播和进化，可以用知识图谱的形式展示这种作用路径[83]。逯万辉将知识基因群聚类，形成多个领域内的知识主题，加入时间因素，在可视化图谱中展示知识基因随时间演化的过程[84]。

由此可见，知识基因的研究范围非常广泛，从企业的知识管理到前沿知识发现、挖掘及可视化图谱。能够在微观层面上深入剖析知识创新的规律、转化效率，对研究网络创新社区下用户生成内容的创新演变机理的揭示有重要的借鉴意义。

（3）相关属性特征

知识基因是知识进化的微观层面，类比知识基因同生物基因的异同，在微观层面上将生物学相关理论方法借鉴到知识协同创新的研究中，进一步阐述知识基因如何进化及识别创新基因，挖掘以及预测潜在的知识爆发点，为解释网络创新社区知识的协同创新提供理论支撑。

李伯文在《论科学的“遗传”和“变异”》一文引用了和金生归纳出的知识基因四大特性：复制性、传承性、变异性以及自然选择特性[85]。赵健宇（2014）归纳了知识基因的类生物属性的五项特征，分别为可复制性、可遗传性、组合特征、变异性特征、环境检验特征，并在此基础上，引申出知识基因相对于生物基因的优势：第一，知识基因不必担心进化失败而死亡，知识基因能够随时根据主体、社会环境的需要进行自我完善；第二，知识基因能够跨学科、跨门类、跨领域的自由重组，而生物基因只能在同一物种下实施性状的遗传或变异；第三，知识基因如何演变、如何发展、路径方向的选择等是可以人为决定的，知识基因的进化包含人脑主观上的判断，能引导知识基因向着有益于经济社会发展的方向演进[86]。此外，吕文娟也提及了知识的五大类生物属性特征，知识的主体性特征、知识易传承特征、知识遗传特征、知识组合进化特征以及知识的开放性特征[87]。张红兵总结了知识的类生物属性，包括延续性、遗传性、变异性、结构重组性及催化性特征[88]。

综上所述，知识基因的重组及变异过程均离不开人脑的作用，即在用户间的知识协同作用下，推动知识基因的重组变异，进而实现知识创新，在归纳上述特征的基础上，知识基因的属性既有相同之处，又产生了一定的变化。首先是变异性特征，因为网络创新社区的知识共享、交流、创造以及创新是一项用户间交互、协同的过程，知识基因的重组必须是不同用户知识资源的集聚和组织，个体充分吸收借鉴其他不同个体的想法、知识，与自身的经验相结合，实现知识基因层面的重组，通过用户个体的学习、钻研，创新出新知识，即实现基因重组后的变异；其次是遗传性特征，网络创新社区用户的设计作品、文本内容，如评测报告、使用问题、功能介绍等相关帖子，均是建立在已有知识的积累基础上再融合，生物基因遵循严格的基因性状传承过程，知识基因也同样具有类似的特征，旧知识是新知识得以衍生的基础，新知识是对旧知识的传承与发扬，旧知识对新知识的影响也是根深蒂固的；再次是知识基因的自然选择特征，即新知识必须要经受环境的检验，放在开放式创新社区中，用户所发布的创意新理念，需要其他用户去实践、去检验，如某一软件程序的设计是否解决系统运行的问题等，知识基因的变异结果要以客观事实、以人类的检验标尺作为依据；最后是知识基因的催化性特征，类似于生物学中酶的概念，生物细胞的代谢过程背后是成千上万种化学反应，几乎所有的反应都涉及酶的参与，酶大大加速了生物体细胞层面的化学反应，提高反应效率，不断高效地产生新细胞，网络创新社区的知识创新刚好可以借助这一理念，知识基因同样具有催化性特征，用户在收集到创新知识所需的一切知识积累后，需要一定的灵感或者方向的指引，实现新知识、新概念的突破，而这种催化“酶”来源可以是外部教育指导、社区平台的引导作用机制等，通过“酶”的作用加速实现用户隐性知识的显性化表达。综上，网络创新社区环境下知识的类生物学属性包括变异性特征、遗传性特征、自然选择特征以及催化性特征，其关系如图 2 -9 所示。

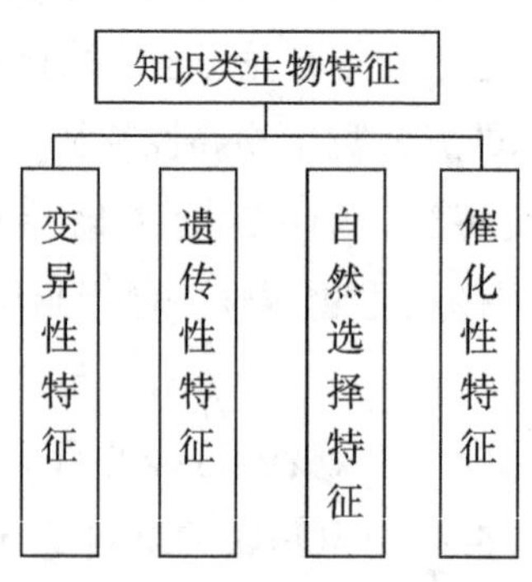

图 2 -9　知识类生物特征

2.4.4.3 知识遗传

根据对上文的归纳总结，知识基因是知识进化的最基本单位，是知识创新的微观研究基础。根据知识进化理论，遗传性特征代表知识的传承，网络创新社区内某一板块下的知识遗传现象，本质是指用户借鉴吸收前人优秀实践成果，并隐性化重组为新的创作内容的过程。知识的遗传具有选择性，因为遗传作用的施加主体是用户，用户有权选择需要借鉴的知识点、关键元素，并结合自身的知识体系，原知识基因思想依附于新的知识载体而传承下去。知识的遗传是对旧有知识的改进与传承，知识的遗传并非代表知识不能创新，知识的遗传也并非知识的复制，而是在保留原有知识基因的基础上增加、精简或优化形成新的知识内容，知识的遗传重点在于保留原适应环境、经受住检验的知识基因完整“性状”，与其他知识基因实现重组，创造新的知识内容，即传承基础上的优化再创新。

（1）知识遗传与知识创新之间的关系

知识遗传包含在知识进化的概念基础内，知识遗传同知识创新属于被包含与包含的关系。首先需要明确的是，知识遗传并非知识的复制，而是核心思想的传承、新思想的创造过程，同样能够创造出新的知识。网络创新社区内知识的存在是以知识作品、文本、评论的形式呈现在虚拟网络空间中，用户浏览、查询、学习吸收相关知识均是指上述社区的作品展示、帖子及评论。当前，绝大多数技术的创新、理论的创新都是渐变式创新，即在原有基础上的吸收再创新。正如伟大物理学家牛顿所述：“我之所以发现万有引力的定律，全都是因为站在了巨人的肩膀上”。知识遗传用中国的古语解释即“取其精华，去其糟粕”。

网络创新社区内，许多活跃性较高的用户发布了前沿性、技术含量较高的知识产品，其他用户吸收借鉴，结合自身实践经验，历经显性化到隐性化，再到显性化创作的过程。这种知识遗传过程或者说渐变式知识创新过程包含了前人的思想，前述知识产品的精华内容，是一种保留原有知识基因的基础上重新组合的过程。因此，知识遗传属于知识创新的一种形式，通过遗传作用力推动知识的创新演变。

（2）知识遗传的协同演变过程

知识的遗传是知识基因的保留、增添、删减、再组合的过程。这种遗传过程同样需要各种因素协同运作而实现。借鉴法国社会学家布迪厄提出的场域-惯习理论[89]，知识的变异及进化同样发生在一定的空间场域内；借鉴生物学基因突变的原理，制作知识变异的协同过程。知识遗传同样需要知识的创作过程，这一过程主要作用于人的大脑中，这里以用户 B 为例，一方面受到外界环境刺激；另一方面学习借鉴其他用户知识，同其他用户交流互动，在自身知识经验基础上，进一步加深对相关领域的认知，通过用户的学习能力、领悟能力，实现自身知识体系的优化重构，即知识遗传的协同过程。这一协同过程中，涉及用户间的知识交流协同，用户与外界环境的认知交互协同，知识进化场域内各要素间的分配协同，等等。

2.4.4.4 知识变异

知识变异过程每时每刻都在发生，变化较为微妙，根据知识的进化理论，变异意味着改变；知识基因同样也是知识变异的基础，然而知识变异同生物学意义上的变异仍然有所不同，生物学意义上的变异体现在生物基因层面的变异，而知识变异体现在知识层面即知识基因组合层面；一般而言，知识基因的不同组合形成知识产品，然而知识在演化过程中，新生成的知识内容同旧有的知识内容产生巨大的差异，即知识基因的新组合不同于旧有的知识基因组合或存在极少相同的知识基因，这种差异造成了知识的内涵发生巨大的改变，即称为知识变异，也称为突变式创新。

对网络创新社区而言，知识变异并非是在原有基础上的优化改善，而是指在社区板块内创新其他的解决思路、新的技术理论、新的主题演化方向。这种知识变异现象较为常见，一般为外部知识资源的涌入。知识的变异发生在不同的用户个体之间，体现出知识接收方与知识传播方之间的知识差异。知识变异在于旧知识与新知识之间缺乏关联，知识体系、知识框架的重新构建。知识变异是知识进化过程中的一个阶段，符合社会发展及经济利用价值的知识变异得以保存，与实践不符、价值性较弱的知识被淘汰。总体而言，知识变异是知识进化过程中的必然现象，是主题丰富度、多样化的直接来源，对于社区用户有较强的吸引力，同时成为知识遗传现象发生的铺垫，变异后的知识经过自然选择作用会成为知识遗传的基础，并不会导致知识无序，在这过程中不断地进化出新的知识形态，不断地生成新的价值，即知识创新。知识变异蕴藏在知识进化的过程中，是知识进化的源动力，加速了知识进化的效率。

（1）知识变异与知识创新的联系

知识变异能够产生新知识、新的知识体系，是知识协同创新过程中的必要条件，创新来自知识变异，但知识的变异不完全等同于知识的创新。知识创新是知识变异进化成熟后的一个结果，知识变异要进化为知识的创新还要经历一个知识筛选的过程。通过对知识变异及知识创新概念的比较，进一步界定知识变异的来源及条件，并诱导知识变异形成知识创新。

其一，知识变异现象存在于知识进化过程中的方方面面，知识变异是一种瞬时的改变状态，知识创新是一个过程，知识变异包含在知识创新过程中，知识变异经过一系列演变才能达到知识创新的标准。

其二，知识变异需要经历自然选择阶段，知识变异所产生新的知识基因需要被其他主体验证，必须挖掘其中的内在价值，有理论价值、实践价值的知识点才能上升到知识创新的层面。创新并不仅是渐变式，还需要突变式，正是知识变异给予了知识创新更多拓展的主题。

（2）知识变异的动因

知识变异的动因分为内因和外因。内因主要是知识基因结构在人脑中的重构、组合；外因主要是个体知识在外界刺激下以及外来知识的涌入，与个体自有知识的结合。知识变异是一种必然现象，无论是理论还是技术的发展，演变方向均不是单一的，用户的思维、观点是长期环境适应所造就的结果，但外界环境的改变同时也会影响思维观念的变化[90]。事物同样处于一个否定再否定的过程，因此，任何已存的理论及知识都有可能存在被科学证伪的现象。

其一，外因：外界条件的刺激引起知识基因的变异。该类型的知识变异重点考虑的是外界环境影响对知识基因的演变。生物学视角强调大自然对物种形状的自然选择作用，只有符合自然环境规律的性状基因才得以保留。对网络创新社区而言，技术更迭日益加快的创新环境，协同创作的用户环境能够保持较高的知识进化活性，将知识变异维持在较高的频率区间，并且加速社区外部知识资源的流入，同社区存量知识融合。

其二，内因：外因作用下的个体知识基因变异。外界环境的刺激是知识变异产生的关键，但同时也需要组织即社区环境的保障以扩大知识来源，为用户个体提供更为详尽的参考资料，扩大知识变异的“素材”，用户受到启发，采用新思路、新观点，引导用户形成新的知识内容。知识变异的作用主体是用户，用户接受外界信息受到启发，转用新思路，设计新的理论或者方法，不同于社区内其他知识，这属于知识的突变式创新，有助于转变整个社区知识演变的方向。新的知识基因也需要经过社区其他用户的研讨，要经历一个选择、成熟的过程，在这期间有可能因为知识基因库匮乏、不健全、缺少知识素材引导等而被搁置或暂时抛弃。随着外部用户加速涌入社区，携带大量知识基因，支撑形成完善的知识基因库，促进用户之间的互动交流逐渐活跃，丰富创新团队用以借鉴的素材，新的知识体系、基因结构在这个过程中加速形成。

2.4.4.5 相关概念之间的逻辑关系

知识进化同生物学中的进化过程类似，生物的进化是基因的遗传、变异以及自然选择的过程，同理，知识进化也具有生物学意义上的自然选择特征，正是知识基因的遗传以及变异过程，促进了知识基因层面的升级蜕变，即新知识不断被创新的演化过程。

知识遗传以及知识变异都是知识进化过程中的不同方式或手段。知识的遗传和变异本质上并不改变知识基因的结构，而是改变知识基因的排列及组合。主要逻辑关系如图 2 – 10 所示。

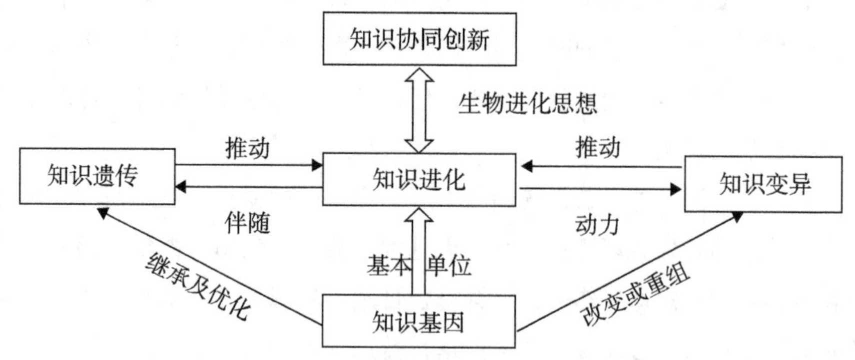

图 2 – 10 知识进化概念之间的关联关系

通过对上述概念及理论的梳理，网络创新社区知识创新过程可以类比于生物学中物种进化的过程。网络创新社区知识进化过程以知识基因为最小单位，同时社区内知识进化存在知识遗传和知识变异的现象，知识基因就是这两种现象的演化载体；知识遗传是传承并优化旧知识，而知识变异能够创造新的知识主题、创造新的知识基因结构、改变知识演化路径。此外，知识遗传同知识变异之间同样存在重要的关联关系，知识遗传现象同知识变异现象可以同时产生也可以先后铺垫，并不矛盾，知识在遗传过程中会产生知识变异的情况，而知识变异后，经过自然选择的作用以及验证过程后，可以开启知识再遗传的过程。

知识进化以知识基因为最基本的单位，知识变异是知识进化的必然过程，通过自然选择的作用，筛选符合社区共识、企业实践的知识基因，并通过知识遗传的作用，实现知识的传承和延续。

2.4.5 知识共享

2.4.5.1 知识共享的内涵

知识共享是共享个体基于理解、信任、尊重的交流过程，包括知识的交流传递、知识的自我领悟、知识的重用等。知识的交流传递是知识的分享过程，知识的自我领悟是分享追求的结果，知识的重混是知识共享达到的最终结果即知识创新。

知识共享作为知识活动中的关键环节，是知识管理体系中的重要组成部分，知识只有通过个体或组织以一定的方式和工具共享，知识才能够实现其自身价值。关于知识共享的相关研究一直以来都是国内外学者关注的热点问题，不同的学者从不同的角度对知识共享的内涵进行界定。从组织沟通的角度来说，知识共享是知识接收者在已有知识储备的基础上，通过向其他主体学习并进行知识重建的沟通过程，是知识共享双方的联系和交流过程；从知识转移的角度来说，知识共享是知识主体通过一定的技术和手段在适宜的条件下将知识进行传递共享的行为，是知识在共享主体之间传递的物理过程；从知识转化的角度来说，知识共享是显性知识和隐性知识社会化、外化、组合、内化的互动转化过程以及个体知识通过交流、吸收和应用向组织知识转化的创新增值过程；从知识交易的角度来说，知识共享可以看作知识的交易过程，共享主体通过知识共享获得收益，知识成为互换交易的商品，是连接共享主体之间关系的桥梁。

综上所述，知识共享是在特定环境下，基于知识提供者与知识需求者两个及其以上的共享主体，知识即知识共享的客体，以及共享主体的知识互动交流行为实现的。知识共享并非简单的知识流动和知识转移，而是知识在不同共享主体之间经历传递扩散、互动转化、吸收利用和整合创新的运动过程，是上述阶段融合而成的持续不断和循环往复的互动过程，通过资源的共享交流和创新应用，最终实现知识的价值增值。

网络创新社区知识共享是指企业内部员工和参与社区活动的社区用户等不同的知识共享主体借助由企业创建的社区平台进行的知识互动交流过程，企业员工和社区用户主动贡献与传递自身具备的专业知识和创意想法，供社区其他成员借鉴参考和讨论交流，为企业的研发和推广等创新活动集聚和融合更为广泛的创新知识资源。网络创新社区知识共享并非知识提供者和知识需求者之间的简单传递活动，而是在知识扩散和交流过程更加注重社区成员对共享知识的转化、吸收、利用和创新过程，通过知识共享活动将社区内部的个人智慧转变为集体智慧，形成资源互补和整合创新的开放式环境。网络创新社区知识共享不仅增加了社区整体的知识存量，还激发更多有价值的创意和方案产生，对提高企业的研发效率和提升企业的竞争能力具有重要意义。

2.4.5.2 知识共享的特征

网络创新社区知识共享是一个多要素构成且各要素之间相互联系、相互影响的复杂系统，该系统既继承了一般知识共享活动的共同特征，例如系统性、动态性和互动性，又体现出开放式创新社区自身独有的特色，具体表现为知识共享主体多元化、知识共享空间网络化、知识共享过程系统性和知识共享目的增值性等方面。

(1) 知识共享主体多元化

以往封闭式的企业创新运行模式，创新来源主要依赖于企业内部员工，知识资源和知识体系的同质性和重复性较高，设计思路和技术工具较为单一，而网络创新社区平台作为当前企业通过内外部资源共享实现知识创新的重要途径，区别于以往封闭式和单一式的研发模式，其本质是吸引与鼓励企业内部员工和外部用户共同参与创新活动的互动合作型模式，拥有不同知识背景和认知结构的共享主体纷纷通过社区平台共享与交流各种资源，例如产品的创意设计、功能改进建议、技术创新或服务评价等。知识共享主体的多元化有效地弥补了企业内部资源的单一性、滞后性和局限性，使不同的主体充分发挥各自优势，打破组织边界的同时，增加了更多有价值的异质性资源，丰富了企业创新知识的来源渠道，有助于企业知识走向多样性和多层次，通过多元主体之间的知识流动和转化，加快资源整合和创新的速度，有利于思想观点的碰撞，促进新的思维视角和思维模式的产生。

（2）知识共享空间网络化

传统的企业知识共享主要依赖于实体环境中的员工参与，或者企业邀请外来技术人员或者产品消费者进行共享活动，而网络创新社区是在互联网技术和信息技术迅猛发展的时代背景下催生的创新网络平台，其知识共享活动是在虚拟环境中开展的在线知识互动行为。知识共享空间的网络化，是顺应当前复杂多变的经济形势和研发压力日益增大环境下的产物，逐渐发展为企业实现知识共享和知识创新的重要平台。网络创新社区这一网络平台在技术上实现了知识共享时空上的延伸，突破了共享主体间的壁垒，相较于实体环境的共享活动，网络创新社区的用户由以往的被动加入转变为主动参与，用户作为创新的主要成员，其参与度和活跃度更高，知识流动速度更快、知识共享频率更高、知识交流更充分，有效地减少信息延迟，节约共享成本，缩短知识创新的周期，为企业获取创新知识资源提供了一个高质量、高效率的便利通道。

（3）知识共享过程系统性

网络创新社区知识共享作为一个由共享主体、共享客体、共享平台和共享环境等要素构成的复杂系统，各个要素相互联系、协同工作，各要素之间的工作状态和相互协作程度都会影响整个知识共享活动的效率和效果，除了构成要素之间的相互关系之外，还受到多种因素的影响作用，例如成员的知识共享意愿、关系网络、文化氛围、管理机制、政策法规都会不同程度地影响社区的整体共享水平。知识共享活动作为一个有机整体，共享要素和共享过程会因需求的不确定性、企业的研发目标和外部环境等变化不断调整，共享系统具有一定的动态演化性。此外，网络开放式创新社区知识共享活动是一个成员之间持续交互和循环运动的过程，始终伴随着知识生成、共享、传递、吸收、利用和再创新等一系列的知识活动，知识共享系统的每一个阶段切换与衔接是否顺畅、每一个阶段知识互动是否充分和高效都直接影响社区整个知识活动体系。

（4）知识共享目的增值性

网络创新社区知识共享活动最终目的是通过多个参与主体的知识转移和传递，实现资源的共享，通过知识提供者的知识外化以及知识需求者的知识吸收和内化，最终实现知识的增值与创新。网络创新社区作为连接不同参与主体的网络平台，其存在的主要意义是跨越传统的边界壁垒，不再单纯依靠企业内部员工的有限资源，而是与外部的参与主体进行有效互动，通过生成、共享、获取与整合多种资源，充分发挥内外部创新源的知识创造活动，对原有知识和资源进行重新配置，进一步提升企业的创新能力。因此，网络创新社区知识共享的核心目的是维持与保障知识共享活动的稳定和高效运行，结合企业内外部资源，集成各种创意想法，加快产品研发速度，提高企业创新绩效和综合竞争力，从而实现知识价值的增值和企业效益的最大化。

2.4.6 知识转移

随着时代的发展，知识在社会生产要素中所处的地位也不断提高，各种形态的知识传播、转移和扩散，技术创新中的知识流动等问题都已逐渐成了知识科学与管理科学领域学者们越来越重视的话题。同知识的生产、传播与扩散相同，知识的转移也是实现知识创新的重要过程与环节。任何时代，所有类型的知识自产生以来都会进行传播和转移活动，以此过程来实现知识的循环流动、共享和创新。特别是在现代社会里，科学技术作为第一生产力，知识作为推动经济增长的动力源泉，其传播与转移更有特别的价值和地位。

2.4.6.1 知识转移的内涵

知识转移的概念最早是在1977年由美国技术和创新管理学家Teece首次提出来的，此后才逐渐产生了知识创造、知识传播与扩散、知识转化等模型。知识转移是知识管理的其中一个领域，这个领域牵涉到跨边界的知识流动。迄今为止，国内外研究者们对知识转移概念的理解和界定仍未达成一致见解。但是大多数的学者并没有将知识转移过程视为一个简单的动作，而是将知识转移看作一个多阶段的过程，该过程中包括的要素主要有知识、知识发送者、知识接收者以及知识转移情境。这里将知识转移定义为知识从知识发送方传递到知识接收方，知识接收方通过知识传输途径，从知识发送方接受知识，通过学习将其转化为自身的知识，并指导其行为。

网络创新社区中知识转移系统主要包括三个组成要素，分别是网络创新社区的成员、转移的知识流以及社区的规范。网络创新社区的成员是虚拟社区知识转移的主体，而知识流则是成员之间的纽带，社区规范是用来规范社区成员行为的。网络创新社区是一个以计算机网络为基础的平台，它的重点是成员之间的互动，在这两点的配合下形成了一种具有社会性的网络社区。因此，网络创新社区知识转移是指成员之间通过对知识的吸收、分析判断、重组改造从而使知识在成员间进行转移，同时遵守社区中形成的社区规范的网络系统。

2.4.6.2 知识转移的特征

网络创新社区中发生的知识转移是以社区成员之间的互动为基础，同时以信息技术为保障，转移的核心是知识，利用网络信息技术将分布在各处的知识聚集在一起，由社区成员根据自己的需求进行转移的过程。它对知识的反馈和需求有较高的灵敏性。网络创新社区知识转移的运作有以下三个方面的特点。

（1）多样性

由于网络创新社区的知识转移与现实的知识转移不同，它不只是一种或少量的知识转移，而是广泛的、多元的、多层次的。这种知识转移易于发生融合，同时也容易发生摩擦，也正是由此导致新知识、新思想的产生。

（2）非面对面性

因为网络创新社区是基于网络技术的，所以社区中的成员并不像现实社区一样面对面地进行联系，而是通过网络。由于不是面对面地进行知识转移，所以知识的转移不够直观，并且受电脑技术和网络空间的约束。但现实中的知识转移同样受到很多方面的限制，如每个人的权力地位的不同、语言不同、时间地点不同等。现实空间中的这些限制因素在网络创新社区中都被淡化了。这就使社区成员在社区中可以更加自主地进行知识的转移和创新，而且阻碍和干扰较少，从而提高了知识创新的便捷性。

(3) 灵活性

网络创新社区中的知识转移活动是在动态的情况下发生的，并且具有很高的灵活性。在网络创新社区中进行的知识探讨和交流大多持续时间较短，并且随着自我目标和知识发展阶段的改变而改变。因此，在网络创新社区中组建的活动小组的存在和解散都是十分灵活的。社区的成员不固定存在于某一小组，可以灵活地跨越不同的领域。并且知识转移和知识创新的完成不只是知识被别的成员吸收和利用，而是存在于网络创新社区的知识库中不断地转移到其他需要的成员那里，再与原有知识相互补充从而激发出新的观点，使知识体系不断地上升和完善。

2.4.7 重混

重混（Remix 或 Remixing）指对已有事物的重新排列和再利用，作为一个舶来的文化概念，首次对“重混”给出官方定义的是美国商务部 2013 年出台的报告（《绿皮书》）。该报告将“Remixes”界定为“通过改变、组合现有作品产生一些新意或者创新性而形成的作品”。“重混”（Remix）源自牙买加，最早（19 世纪末）是 DJ 和音响工程师们在舞厅里的实验作品，他们去除雷鬼乐歌曲中的人声，加入更为复杂的回声、混响和延时等不同效果，产生的音色奇异而前所未有。相关概念是“采样”（sampling），即从乐曲中抽取出一部分，作为参考工作的样本，编曲者由此具备了化有限为无限的超能力。

重混作为一种创作手段，延伸到文化圈是很自然的事。在美术界，安迪·沃霍尔（Andy Warhol）将女明星梦露的肖像照做一系列色彩改变，造就波普艺术的代表作。在文学界，作家威廉·柏洛兹（William Burroughs）将现有文本拆散打乱，重新组合成新小说。Scary Movie 系列是对经典恐怖片《午夜凶铃》《惊声尖叫》等的精彩借鉴，而王牌喜剧秀 Saturday Night Live 则经常戏仿恶搞各知名电视节目。必须指出，重混并不是简单的抄袭或侵权，而是利用技术上的进步，对现有作品相关元素重组做二度创作，产生具备新审美价值的成果。以乐高玩具做比方，易于拆装的塑胶材质积木，让人可以将其随意组装，或方正，或奇幻，或古灵，或简洁，唯一的限制只是想象力。

事实上，在重混作为名词出现之前，人们已经在实践其精髓，即“对已有的事物重新排列及再利用”。奥斯曼土耳其帝国，政治上靠伊斯兰教的哈里发制度维持正当性，经济上靠希腊人和犹太人做国际贸易，军事上靠巴尔干青少年组成近卫军，正是重混了当时世界主要文明的要素，才扩张成横跨三大洲的大帝国。又例如，将牛角包和甜甜圈混合为“可颂甜甜圈”就是一种混制。

纽约大学经济学家保罗·罗默（Paul Romer）专门研究经济增长理论，他认为真正可持续的经济增长并非源于新资源的发现和利用，而是源于将已有的资源重新安排后使其产生更大的价值。增长来源于重混。圣塔菲研究所的经济学家布莱恩·亚瑟（Brain Arthur）专门研究技术增长的动态过程，他认为“所有的新技术都源自已有技术的组合”。现代技术是早期原始技术经过重新安排和混合而成的合成品。既然我们可以将数百种简单技术与数十万种更为复杂的技术进行组合，那么就会有无数种可能的新技术，而它们都是重混的产物。适用于经济增长和技术增长的事实，也适用于媒介增长。我们正处在一个盛产重混产品的时期。创新者将早期简单的媒介形式与后期复杂的媒介形式重新组合，产生出无数种新的媒介形式。新的媒介形式越多，我们就越能将它们重混成更多可能的更新型媒介形式。各种可能的组合以指数级增长，拓宽着文化领域和经济领域。

网络世界是重混的世界。在现代文化和经济领域，重混屡见不鲜。将重混概念正式引入商业领域，哈佛法学院教授、知识共享组织（Creative Commons）创始人劳伦斯·雷席格（Lawrence Lessig）开风气之先，认为“我们生活在一个‘剪辑、粘贴’的文化环境中”。在 2008 年出版的《重混》一书中他提出，很多好点子都是东借西抄来的；当然不能照抄，你必须能重混，不仅让人欣赏你混得漂亮，而且还会成为一笔赚钱生意。雷席格还认为，传统的受保护版权正成为扼杀创新的桎梏，在数字时代，“只读”文化必将被“可读写”文化所取代。文明和科技进步到现在的程度，越来越不可能无中生有，对已有事物的借鉴和提升将是发展的主线，甚或是全部。被誉为“互联网预言家”的 Kevin Kelly 预判（2016），在未来的 30 年里，最重要的文化作品和最有影响力的媒介将是重混现象发生最频繁的地方，在其科技三部曲收官之作《必然》中预言未来科技发展的 12 个趋势，“重混”被列为其中。

2.4.8 重混创新

近年来，管理研究始终将创新的源头作为核心主题（Rosenberg，1982；von Hippel，1988；Van de Ven et al.，1999；Hargadon，2003；Simonton，2004；Usher，2011）。这一探索方向的主要目标是进一步了解创新过程及其决定因素，以推动现实社会组织中创新思想的诞生，并借此最终催生理想的产品和服务。在此背景下，现有课题“创新在激发新创新方面的作用”引发了学术界和从业者的兴趣。传统观念一直认为创新属于“福至心灵”（Berkun，2010；Birkinshaw et al.，2012）——也即无意识的顿悟，正如艾萨克·牛顿因苹果掉落而提出万有引力概念这一著名典故一样。然而与这种直观而又简单的创新理解相反，学者们普遍认为，创新并不是孤立产生的，而是或多或少地涉及对已有的“元素”进行重组（Schumpeter，1942；Van de Ven，1986；Nelson & Winter，1982；Weitzman，1998；Arthur，2009；Salter & Alexy，2014）。

随着互联网上开放式平台和社区的诞生，近年来，重混创新的概念进一步引起关注（Lessig，2008；Khatib et al.，2011；Tuite & Smith，2012；Cheliotis et al.，2014；Sapsed & Tschang，2014；Oehlberg et al.，2015；Dasgupta et al.，2016；Stanko，2016）。在线平台公开开放内容和数据，使各类用户创意分享和访问越来越普及（Lee et al.，2010；Kane & Ransbotham，2012；Leonardi，2014；Payton，2016）。因此，此类平台提供了宝贵的基础，创新者可以将已有创意应用于新的环境、将其重组或汲取其中的一部分并将其纳入自己的创新中。文献将这一过程的理论概念命名为“知识重用”（Markus，2001；Majchrzak et al.，2004）。迄今为止，对知识重用的探索主要集中在开源软件（Haefliger et al.，2008；Sojer & Henkel，2010）和众包项目（Bayus，2013）领域。相应研究在实践中重用的重要性及其驱动和抑制因素方面做出了有效探索。

2.4.9 重混对创新的贡献

2.4.9.1 突破概念障碍

（1）创新作用

技术是解决问题的手段，创新则是找到新方法来解决问题。重混对创新的贡献，在于它帮助克服了人类解决问题时常遇到的几个概念障碍。一是狭隘定义问题。人们在遇到问题时，会不自觉给问题划上界限，或者限制解决办法。重混则不设立场、不分方向，只是做各种尝试，包括把已有答案打碎，看看它适合解决什么新问题。二是经验认知定式。人们倾向于用源自过往经验的思维定式，来处理新遇到的问题。重混，则是提倡知觉共性，即跳出经验领域，识别隐形的主题和特征，从其他领域寻求灵感和启发。三是纵向思维。人们很容易用先人之见来看问题，并沿着既有思路一直往下走。这样的纵向思维只适用于解决定义明确的问题，面对开放性、创造性的问题就束手无策了。重混，正好鼓励了横向甚至逆向思维，更多关注可变因素、不稳定状态和新颖答案。四是满足简单答案。人们很容易停止发问，放弃尝试，逃避费神费力的思考。重混，要求人追求多样性，穷尽可能性，对未知事物保持警觉。从心理学来说，这要求人同时用左右脑思考，对逻辑和感觉并重。真正优秀的重混作品，都具备"浑然天成、水乳交融"的审美特征。当每个人都时刻在意识中和潜意识中，识别新元素并尝试加以改造时，创新和进步会以更迅猛的速度展开。

（2）激励作用

已有的研究文献经常重点强调"重混的核心"（Benkler，2009）这一所有新事物的基础组成部分（Olsson & Frey，2002；Nerkar，2003；Navarra，2005；Arthur，2009；Cunningham，2009；Brynjolfsson & McAfee，2014；Thorén et al.，2014；Strumsky & Lobo，2015）。这一概念最早是由 Schumpeter（1942）提出的，他认为所有创新本质上都是已有要素的重组。因此，弄清楚此类重组如何激发创新理念就成了"创新研究的'核心议题'"（Gruber et al.，2013）。此外，人们已将知识的整合和重组视作所有组织的核心任务和基本资产（Ciborra，1996；Sambamurthy & Subramani，2005；Romer，2008）。企业内部知识、流程和重用成为构建竞争优势的关键要素（Galunic & Rodan，1998；Watson & Hewett，2006；Carnabuci & Operti，2013）。过去 75 年来，"创新以既有独立理念的组合为基础"这一基本假设（Leenders & Dolfsma，2016）并未动摇。因此，不同环境中重组的发生机制仍为热门研究课题（Salter & Alexy，2014；Sapsed & Tschang，2014；Mukherjee et al.，2016）。

知识重用的研究领域包括学术知识产出。例如，Mukherjee 等（2016）对 Web of Science 1790 万篇论文参考文献的组合和重用情况进行了评估。结果表明，排名前 5% 的出版论文综合使用了极为常规的参考文献和少量非常规参考文献。最近，开放式在线平台（例如，维基百科、YouTube 视频网站、GitHub）成为又一个研究课题（Cheliotis & Yew，2009；Di Gangi & Wasko，2009；Ransbotham & Kane，2011；Dabbish et al.，2012；Susarla et al.，2012；Benlian et al.，2015；Spagnoletti et al.，2015）。这些平台促进了庞大用户群体之间的知识共享（Bayus，2013；Blohm et al.，2013），因此被认为是实现重组的重要工具（Schoenmakers & Duysters，2010；Yu & Nickerson，2011；Hwang et al.，2014）。此外，许多平台明确促进现有内容的共享和重组，鼓励用户在开放许可的情况下免费贡献内容（von Hippel & von Krogh，2003，2006；Cheliotis et al.，2007）。虽然常常会提到重组的关联性，特别是在开放式在线平台方面，但是很少有人知道重混对整个平台活动的贡献有多大。

2.4.9.2 重混过程和机制

创新包括发明、开发和实施阶段，对具体创新事件和行动而言，不一定依次按照这三个阶段发展变化。其中，发明是指一种以重组为主要机制促成想法的涌现（Garud et al.，2013）。根据 Majchrzak 等（2004），“重用创新过程”包括以下三个主要活动：①将问题重新概念化并决定寻找可重用的理论；②评价被选定重用的理论；③发展被选定重用的理论。

已有研究结合多种多样的实践情境对如何激励人们重组已有知识而形成新知识进行过探讨，其中，以专利引用为研究案例的探讨最为多见。类似于学术文章的专利相互引用，对这些引用的分析可以用来了解一项专利发明的背景（Albert et al.，1991；Almeida，1996）。专利引文分析支持发明是一个重组过程的假设（Fleming，2001；Katila & Ahuja，2002；Strumsky et al.，2012；Arts & Veugelers，2015；Guan & Liu，2015；Strumsky & Lobo，2015）。通过对专利引文的分析验证了发明是一个重组过程的研究假设。例如，Strumsky 和 Lobo（2015）分析了美国专利数据和专利技术代码。他们的定量研究表明，发明很少是从零开始创造的，通常是现有部件的组合。通过让远距离且多样的知识重组，突破式或激进式创新成为可能

（Kaplan & Vakili，2015；Nakamura et al.，2015）。Schoenmaker 和 Duysters（2010）从 30 万个专利池中考察了 157 项个人专利，发现与传统智慧相比，激进的发明比非激进的发明还更多地基于已有的模块结构。此外，专利引证表明，小系列创新者如果能够在某一专门知识领域集中重组知识，就会获得成功（Corradini et al.，2016）。虽然专利引用有助于解决许多研究问题，但它们也有一些缺点。特别是，它们并没有展示一项发明的实际灵感，而是展示了它的一般背景（Karki，1997；Nelson，2009）。此外，它们仅限于对已获得专利权的专利的洞见。

另一个研究方向是软件工程背景下的知识重用过程。代码的共享和组合是开源开发项目中广泛使用的开发方法（Lakhani & von Hippel，2003；Haefliger et al.，2008；Dabbish et al.，2012）。Haefliger 等（2008）基于六个开源项目的数据进行了多案例研究。对开发人员的采访和对源代码本身的分析表明，代码重用有助于提高软件开发中的生产率和质量（Rothenberger et al.，1998；Vitharana et al.，2010）。近年来，出现了几个软件开发人员之间知识共享的平台，例如源代码的 GitHub 和围绕一般软件开发问题的 Stackoverflow。然而，尽管这些社区和许多其他在线社区迅速发展，但是对底层重用过程的研究仍然很少（Garud et al.，2013）。

考察创新网络结构是研究现有知识重组过程的另一种很有前途的方法（Kyriakou et al.，2012；Papadimitriou et al.，2015）。Cheliotis 和 Yew（2009）通过分析音乐家对歌曲和样本的重用来分析重组模式。Oehlberg 等（2015）以及 Wirth 等（2015）对网络创客社区设计进行研究，以揭示基本的重混模式。然而，除了这些初步的发现之外，还需要对创新网络有更深入的了解，以便更深入了解重组过程（Seshadri & Shapira，2003；Cheliotis & Yew，2009；Kyriakou & Nickerson，2013；Fordyce et al.，2016；Leenders & Dolfsma，2016）。

2.4.9.3 平台技术水平对重混的影响

日益复杂的工作更加显示了知识和知识处理的重要性（Huysman & Wulf，2006）。激活并支持创造和创意运用的工具对创新至关重要（Romer，2008；Leimeister et al.，2009）。IT 适用于知识管理并具有重要作用，因为 IT 技术使知识和思想能够储存、管理、共享以及重用（Markus，2001；

Shneiderman，2007；von Krogh，2012）。为了培养创造力，信息系统需要支持用户扩展他们的个人知识（Müller Wienbergen et al.，2011）。例如，Hewett（2005）考虑了通过基于心理学概念的虚拟工作台概念化来设计一个创造性地解决问题的环境。他的发现表明，信息系统应该能够创建用户可扩展的可重用对象存储库，这些可重用对象可以被合并到新的解决方案中。通过允许用户创建、共享和混制内容，在线社区广泛地利用了这一思想（Lee et al.，2010；Leonardi，2014；Payton，2016）。Yu 和 Nickerson（2011）实验评估了一种"基于人的遗传算法"，即一种用户必须结合对方思想的思想生成系统。

结果表明，后期迭代设计在原创性和实用性方面得分明显较高。因此，知识重用的可能性是众创理念的基石（Yu & Nickerson，2011；Bayus，2013；Hwang et al.，2014），而知识的流动性是这些社区的一个基本特征（Faraj et al.，2011）。然而，尽管研究人员对其普遍重要性有着广泛的共识，但在信息系统领域，知识的创造性重组往往是一个被忽视的领域（Couger et al.，1993；Seidel et al.，2010）。事实上，关于基于 IT 的平台如何支持和促进知识共享的研究很少（Markus，2001；Huysman & Wulf，2006），而关于它如何形成重用实践的了解更少（Mitchell & Subramani，2010）。

2.4.9.4 重混的个体及环境因素

个体和环境因素不仅会影响现有知识的重组是否发生，而且还会影响重组的方式（Markus，2001）。例如，年轻人已经将混制融入他们的内容创作习惯中（Lenhart & Madden，2005；Payton，2016）。此外，Perretti & Negro（2007）的研究表明，如果好莱坞团队中既有初学者，也有经验丰富的制片人，那么他们会创造更具创新性的重组效果。一般来说，当分配给员工资源和职责时，他们会扩展创造性重用的能力（Sonenshein，2014）。Gruber 等（2013）利用向欧洲专利局申请的 30500 多项专利，结合对发明人的调查数据，对发明人与其发明之间的关系进行了调查。结果显示，拥有科学背景的个人在技术领域产生的专利比工程师更广泛（Gruber et al.，2013）。企业家使用重混，被称为"拼装"，特别是在资源贫乏的环境中，为资源有限的公司提供了一个有吸引力的创新选择（Ciborra，2002；Baker & Nelson，2005；de Waal & Knott，2013）。Senyard 等（2014）基于一项对658位澳大利亚创业者的小组研究，也证实了这个观点。具体而言，研究结果表明，现有资源的重组对创新能力有较强的正向影响。其潜在的激励过程与其他社会团体和团队类似（Hertel et al.，2003；Sojer & Henkel，2010；von Krogh et al.，2012）。这些包括观念上的诱因（例如，软件应该可以自由地修改和重新发布）和有关职业生涯的考虑（例如，向潜在雇主展现才能）（Hertel et al.，2003）。一般来说，这些动机可以分为内在动机（如意识形态）和外在动机（如职业发展）（Leimeister et al.，2009；von Krogh et al.，2012）。程序员对道德重用和许可条款有一个大致的了解。对于一些错误重用，开发人员要么缺少许可证信息，要么受到外部因素的影响（Sojer et al.，2014）。有助于管理和调控的协作规范对个人的求知行为有积极的影响（Bock et al.，2006）。因为用户在很多方面是不同的——例如，考虑到他们的经验或兴趣——理解重混平台用户的特点以更好地回复和满足用户群体的需求，是很重要的（Seidel et al.，2010；Müller - Wienbergen et al.，2011；Stanko，2016）。

3 网络创新社区知识重混创新的组织特征

3.1 网络创新社区的用户行为

目前，国内外已经涌现出一些成功的网络创新平台先例。例如：戴尔公司建立IdeaStorm平台，不断收集来自用户的各种创意和改进意见，并将其应用于产品的设计和改进。截至2018年7月，IdeaStorm已经收到超过28000名用户提交的创意，超过550个创意和改进意见已经被戴尔采纳，并最终在戴尔的新产品中被体现。乐高集团建立LEGO Ideas平台，吸引全球的乐高玩家参与新玩具开发，截至2018年12月平台已拥有超过100万注册用户，平台用户累积发布原创积木作品超过3万项，其中30多个创意作品已经被生产和销售，多款产品在市场上畅销不衰，如：Wall－E、LEGOMinecraft。同时，中国的海尔、美的也纷纷建立自己的开放式创新平台，鼓励用户参与产品创新，并选取好的创意用于新产品开发。然而，并非所有网络创新平台都能获得成功，很多平台仍面临平台用户活跃度低、创新产出不足、创新质量欠佳等问题。如何提高用户创新、促进用户产出更多优质创新成果，是目前很多网络创新平台企业面临的重要挑战，亟需理论指导[91]。

3.1.1 用户行为研究现状

广义的网络创新社区用户行为包括网络群体在创新社区平台中的各类行为模式，包括用户的思维方式、行为动机，以及行为规律等方面（Beaudry & Pinsonneault，2005；王知津等，2018）。归纳而言，网络创新社区用户行为的研究包括五个类型，分别是用户对技术的接受和持续使用研究，信息系统成功影响因素研究，用户的信息搜索、浏览和用户内容生成行为，社区用户行为动机及影响因素研究，群决策支持系统和用户协作行为研究，以及近年来涌现的一些新兴研究方向。具体而言，目前常见的网络创新社区用户行为研究方向有以下五个方面。

3.1.1.1 用户对技术的接受和持续使用研究

在网络创新社区中，用户对信息系统和信息技术（IS/IT）的采纳和持续使用的研究受到了广泛的关注。技术接受模型（Technology Acceptance Model, TAM）自 1986 年初次提出起（Fred，1986），被运用在电子健康、在线购物、社交媒体营销等多个情景中，学者们从感知的有用性和感知的易用性的视角分析了用户对不同 IS/IT 产品的采纳意愿（Wallace & Sheetz, 2014；Dang et al. , 2012）。技术接受模型是基于理性行为理论（Theory of Reasoned Action, TRA）发展起来的，因而在研究 IS/IT 的采纳和持续使用时，也会考虑使用态度和主观规范等因素的影响（Gentry & Calantone, 2012）。随着理论的发展和研究的深化，学者们对已有的模型和理论进行整合，提出了技术接受与使用的整合理论（Unified Theory of Acceptance and Use of Technology, UTAUT），相关研究开始考虑绩效期望、付出期望、社群影响和配合情况对用户行为意向的影响（Venkatesh et al. , 2011）。

3.1.1.2 信息系统成功影响因素研究

根据信息系统成功模型，系统质量、信息质量和服务质量通过影响用户的满意度和用户感知到的有用性，对个体在信息系统使用时感知到的净收益产生影响，进而影响组织的表现力（Delone & McLean, 2003）。这一分支的研究通过对用户感知到的净收益进行探讨，从整体视角分析 IT/IS 的价值，并从用户因素、环境因素和质量因素对 IT/IS 成果的影响进行总结，是网络创新社区用户行为的又一重要研究方向（费欣意 et al. , 2018）。

3.1.1.3 用户的信息搜索、浏览和用户内容生成行为

在 Web 2.0 情境下，用户之间的交互越来越频繁。网络创新社区中用户的信息披露意愿、信息传播行为等方面的研究也逐渐兴起（Zimmer 等, 2010）。

3.1.1.4 用户行为动机及影响因素研究

行为动机直接影响了网络创新社区用户的行为，因而许多学者从动机

视角出发，对用户行为展开分析。目前经常用来研究互联网用户行为动机的理论包括双因素理论、自我决定理论、马斯洛需求理论、目标设置理论等（黄秋风等，2017；Steers et al.，2004）。在互联网平台中，已有的研究包括知识共享行为动机（Faraj et al.，2011）、新兴商业模式参与动机研究（Hamari et al.，2016）、用户对开源软件开发的动机研究（von Krogh et al.，2012），等等。

3.1.1.5 群决策支持系统和用户协作行为研究

这一方向的研究以跨组织协作、在线社区、社交媒体等群组协作模式为主，包括群组决策与协商系统中用户的信任关系和冲突管理研究（Cheng et al.，2016c），外包和项目管理中的交流和控制机制研究（Gopal & Gosain，2010），协同决策制定中的知识共享研究（Chen et al.，2014），虚拟社区中的目标设定研究和领导力研究（Huxham & Vangen，2000）等多个方面。

3.1.2 用户行为类型

在网络创新社区的用户资料中存在大量易于提取的用户数据行为信息，这些用户的行为数据是由用户的一系列行为切实产生的数据，以数字的形式表现出来，只需利用特定的工具便可获取。用户行为数据通过用户的活跃度、影响他人以及建立用户关系等行为产生。用户行为一般分为以下三种。

3.1.2.1 活跃行为

用户活跃行为指用户在网络创新社区中进行签到、发表创意和评论、投票等活动的行为。社区用户参与活动可以获得相应的积分，积分值的大小由用户参与社区活动的活跃程度决定；同时，用户在参与社区活动时需要花费时间成本，这种时间投入在行为数据上表现为在线时长。当然，在网络创新社区中，用户参与社区活动最主要的形式是发表创意和评论，通过这两种形式的活动，用户可以表达自己的产品需求、反馈产品建议、提出修改意见以及同其他用户进行互动等。因此，发表创意数和评论数也是用户活跃行为的一种体现。

（1）积分

在网络创新社区中，用户通过签到、发表创意、主题和评论、保持在线以及参与活动等方式获得积分。用户的积分在一定程度上反映了用户参与活动，表达产品意见和创意的积极程度。

（2）创意数

创意数是指用户发表创意的数量。在网络创新社区中，用户通过发表创意来表达自己对产品的相关建议以及创新想法。

（3）评论数

在网络创新社区中，除了发表创意外，用户还通过对他人的主题进行评论来表达自己的观点。在用户发表的评论中，一部分是出于对主题所反映问题的解答，这反映了用户产品知识的丰富性，还有一部分是对主题所提出问题的进一步延伸，表现了用户的参与性。

（4）在线时长

在线时长是指用户在网络创新社区中所花费的时间长短，它在一定程度上同样可以体现用户对论坛活动的参与程度。

3.1.2.2　影响他人行为

用户影响他人的行为指用户自己的行为对其他人的影响，具体体现在两个方面。第一，用户对其他用户产生影响。由于互联网的互动属性，用户之间很容易产生相互影响：当用户发表具有吸引力的创意时，会激起部分用户的阅读兴趣，而当阅读该创意的用户对创意内容产生疑问或者共鸣时，则会以发表衍生创意、回复评论和评论者进行互动。因此，创意点击量、衍生性和评论量反映了用户对其他用户的影响。第二，用户对社区管理层产生影响。在网络创新社区中，当用户发表的创意或者评论具有一定的创新价值时，很有可能会影响到社区管理层，受到社区管理层的重视；而为了鼓励用户积极反馈产品建议、贡献创意，同时对用户提出的产品建议和贡献的创意表示肯定，社区管理层也会给予用户某种非物质形式的奖励，例如对用户的帖子加精、给予用户一定数量的贡献值和威望值等。这种外在的奖励会提升用户的满足感，提升创新行为，产生内外创新动机的协同效应。因此，用户的贡献值、威望值以及精华帖的数量在一定程度上反映了用户对社区管理层的影响。

3.1.2.3　建立用户关系行为

在网络创新社区中，用户关系可以分为主动的用户关系和被动的用户关系。主动的用户关系是用户主动建立的与其他用户的关系，例如，用户主动添加其他用户为好友，或者访问其他好友空间等形成的关系；被动的用户关系是用户被其他用户添加为好友或者空间被其他用户访问而形成的关系。

在网络创新社区中，用户为了寻找志同道合的人分享产品知识和相关创意，会主动添加其他用户为好友；同时，用户发表的有吸引力的主体或评论会吸引他人与该用户建立用户关系，例如添加该用户为好友或者访问该用户的空间主页等。因此，好友数量既可以反映主动的用户关系，也是被动用户关系的一种体现，而空间访问量体现了被动的用户关系。

3.1.3 用户行为动机

国内学者大多依据传统的内外因理论来研究用户动机，得出的一致观点是：内因是影响用户参与的显著动机，当用户在社区中的基本内在需求得以满足时，会产生持续参与动机[92]。例如 Frey 等[93]研究发现，在线创新平台中，在线用户参与的内在动机比较于外在动机而言，更有利于提高其对企业创新的贡献度。Wirtz 等[94]研究表明，当在线社区用户的需求及自身利益得到满足时，能够促使他们产生贡献行为。Wasko 和 Faraj[95]分别在其研究中提到，在线社区用户受内在动机的驱使参与知识分享，这种帮助他人的行为让他们感觉愉悦。这一内在动机被阐释为“利他主义”（Altruism），主要表现为个体无偿做出一定的个人牺牲（时间、努力）来贡献知识，帮助他人解决困难。很多研究表明，显示利他性动机能明显驱动用户参与行为，是促进个体参与在线社区和进行知识分享的重要内部动机[96-99]。愉悦感被认为是个体与在线社区其他成员交互时产生的情感体验，实证研究均表明愉悦感是重要的内在驱动力。Bock 等[100]指出，贡献知识能带来帮助他人的愉悦感并升华为一种满足感，进而促进共享。He 和 Wei[101]研究认为，帮助带来的愉悦感可以提升参与者贡献的信念。此外，内在动机还表现为参与兴趣、自我发展、品牌或社区情感和互惠互利等（赵晓煜等，2013；张博等，2017），如 Poor（2013）认为用户参与游戏制作社区的主要动机是社区归属感和助人意识。

与此同时，学者们进一步考察了网络创新社区用户行为动机的客观外部因素。互惠主义（Reciprocity）指知识贡献者在进行分享时的一种信念，即自己的知识需求同样会被满足。耿瑞利和申静[102]的研究表明，互惠主义是促使用户进行知识共享的外部动机。有的研究应用 TAM（Technology Acceptance Model，技术接受模型）分析发现，用户对网络平台的感知易用性、有用性等是激发用户参与的外在动因[103]。有学者指出，将知识视为私人物品的用户往往具有较低的分享动力，除非在市场机制下给予其相应的回报，包括有形的回报，如升值、加薪或奖金，或无形的回报如名望、地位或对信息搜寻者的直接责任[104]。Jeppesen 等（2006）实证分析出用户加入开放式创新平台的主要原因便是得到企业的认可。沈宇飞等（2018）[105]的研究表明声誉机制的设计会有效影响用户的知识分享活动。

此外，有些学者探讨了如何促进用户外在动机的内化。部分学者以内在动机、内在的外化动机、外在动机的分类做出研究（Roberts，2006；Krogh，2012）。张薇薇等（2020）[92]的研究表明用户情境的契机作用以及外部环境刺激所产生的积极情绪可促进用户外在动机的内化。还有的学者得到以团队和社会运动为切入点的相关参与动机（Hertel，2003），也有一部分学者将用户参与动机总结为社会、经济、技术动机三个方面。Mahr 等（2012）[106]探讨企业在线社区中领先用户的知识贡献行为动机，实证发现用户贡献的价值产生于用户解决问题的能力。也有研究通过对用户参与阶段进行划分后，认为在初始参与阶段，用户参与行为由外在动机驱动[107]。在用户参与动机方面的研究，除了丰富原有的理论基础外，有学者也关注不同行业、不同产品类型创新社区的用户参与动机，并进行比较。如 Muhdi 等（2011）[108]对两类企业构建在线产品创新社区进行案例调查研究，发现产品用户在线参与创新的众多动机，两个在线产品社区用户的动机既相似也存在明显差异。

3.1.4 用户行为特征与表现

该方面的研究主要包括用户参与行为、贡献行为和创新行为。关于用户参与行为特征与表现，Wasko 等（2005）认为在线用户参与是网络创新社区结构系统的主体要义，并提出从社会资本理论视角做出研究。Roberts 等（2006）认为在线用户参与行为是带有目的性的利益行为，应从社会交换理论视角做出解释。Majchrzak（2009）则反驳社会交换或社会资本理论来解释在线用户参与的行为并不合适，需要重新审视现有理论，运用一种混合的理论做出研究。卢新元等[109]选取知乎平台，采用 Python 技术获得用户信息行为中发表文章、回答问题、提问和参与 live 活动的使用行为数据，探索了用户在网络社区中产生消极参与行为的时间特征及规律。唐小飞等[110]基于社会心理学的视角，以在线印象管理为核心概念，对用户创新参与动机、印象构建行为及对创新绩效的影响进行了研究。

在用户贡献行为特征与表现方面，秦敏（2014）认为用户在社区内主动自发地分享产品或服务经验的行为，表现为贡献行为，并且秦敏等（2015，2017）界定了在线用户贡献行为可以区分为两种：主动贡献行为和反应贡献行为，秦敏和李若男[111]还进一步基于刺激—有机体—反应理论框架，整合在线社会支持与自我决定理论构建了在线用户社区贡献行为形成机制理论模型。Jeppesen 和 Frederiksen[112]发现具备相关专业知识的用户往往会表现出更高水平的知识贡献意愿。Wiertz 和 Ruyter[113]研究发现在线社区中个体用户的在线互动倾向与其知识贡献量之间存在着直接正相关关系。Liao 等[114]研究验证了在线社区中领先用户具有更高的价值，在推动社区贡献行为的产生方面具有较高影响力。王楠等[115]的实证研究进一步显示，在线社区中领先用户特征对知识共享水平有直接显著影响，社会资本在两者之间有中介作用。Nambisan 和 Baron[116]以 IBM 和微软的在线用户论坛作为社区情境，整合社会资本理论，社会交换理论，用户参与理论和社会认同理论来解释用户的贡献行为，并且把贡献行为分为对产品的支持行为和提出产品设计思维两类进行分析，并进一步讨论了如何促进网络社区用户创新、在线协同生产及改善用户关系管理实践。

在用户创新行为特征与表现方面，如 Xia 等（2016）基于网络创新社区结构系统分析，从知识转移、资本流动、创收增长三个层面研究网络创新社区的创新过程，并运用系统动力学方法建立了网络创新社区运行机制，为用户创新行为和企业创新绩效提供了有益参考。Torres（2016）提出网络创新社区存在大量无关信息会对用户创新过程造成干扰，因此他从网络创新社区提取出创新用户的参与特征并用粒子群算法来识别问题解决者，帮助用户将注意力集中到那些可能产生有创意价值想法的成员身上，从而提高用户参与绩效和社区创新能力。

此外，还有学者研究了网络创新社区中的创业行为[117]。

3.1.5 用户行为影响因素

学者们基于不同理论视角对网络创新社区用户行为的影响因素进行了探讨，主要有以下十二种基本理论。

（1）社会资本理论

社会资本理论被公认为是研究在线用户行为的合适框架，因为其阐明了在线用户与行为用户之间的相关关系、结构和内容维度[118]，因为社会资本依赖于社会关系及建立在这些关系上的社会连接，而社会连接又需要人们有意识的行动，以及获得同行的支持、协作及信任[119]。如 Chiu 等[120]的研究表明社会资本方面的因素（社会交互关系、信任、互惠规范、身份认同、共同愿景和语言）影响虚拟社区个体知识共享。Zhao[121]等调查了虚拟社区归属感和参与的影响因素，发现成员之间的熟悉程度（社会资本的结构维度）、与其他成员的感知相似性（社会资本的认知维度）、对其他成员的信任（社会资本的关系维度）正向影响虚拟社区的归属感和参与。

（2）理性行为理论

理性行为理论（Theory of reasoned action - TRA）主要研究态度、意向、行为之间的影响关系，它源自社会心理学，是 1975 年 Fishbein 与 Aizen 共同提出。已有文献验证表明，理性行为理论在网络创新社区的用户行为影响因素研究中有良好的适用性[122]。蒋佩真基于理性行为理论证实了虚拟社区用户的态度和自我效能均会影响知识分享意愿[123]。Wesley 和 Yu[124]基于理性行为理论（TRC）给出了虚拟社区知识共享的研究模型，用来分析知识共享的期望回报、成员对知识吸收能力和成员在组织中的自尊需求对知识共享态度关系，以及知识共享态度能否促进知识共享意向。张鼐和周年喜在研究虚拟社区内部共享行为时以理性行为理论为基础构建了研究模型。以共享意愿为基础，分析了影响共享行为的因素，包括自我效能、结果预期、公平意识、社区归属感[125]。Tamjidyamcholo 等依据 TAM 模型（理性行为理论）认为在专业虚拟社区中感知有用性与感知易用性对用户参与具有重要驱动作用[126]。

（3）计划行为理论

鉴于对理性行为理论的深入研究，Ajezn 在 1985 年提出了计划行为理论（Theory of plan behavior - TPB）。计划行为理论认为用户的行为受到用户态度和主观标准的决定，在理性行为接受理论的基础上，计划行为理论认为，感知行为控制也是影响用户行为的重要因素。计划行为理论等常被应用于诠释在线用户贡献行为机理，有些学者认为用户贡献行为是一种表现较稳定的被动反应模式[127]。陈良煌（2015）在计划行为理论的指导下重点研究了网络创新社区中的用户参与行为，得出参与动机、用户互动、社区激励、社区感觉、感知便利、自我效能是影响用户参与的六种因素，并在主观规范、创新态度、感知行为控制的中介作用下构建出网络创新社区用户参与行为的影响因素模型。有些学者利用计划行为理论从虚拟社区用户的态度、用户个人主观感受以及对用户感知行为控制能力三个方面研究用户知识共享行为[128]。从计划行为理论的相关研究中可以看到其研究对象大部分是初始行为[129]。

（4）沉浸理论

沉浸理论（Flow Theory）于 1975 年由美国心理学家 Csikszentmihalyi 首次提出，目的是解释当人们在进行某些日常活动时为何会完全投入情境当中，集中注意力，过滤掉所有不相关的知觉，进入一种沉浸的状态[130]。随着计算机科技的发展，沉浸理论延伸至对人机互动的讨论，Novak、Hoffman 和 Yung 从 1996 年开始，即对网络沉浸进行了一系列的研究与模式发展，将沉浸体验（flow experience）的概念运用到网络导航行为方面，并对不同的网络行为做了沉浸模式的检验[131]。其他研究者也认为沉浸理论是描述人与计算机间互动相当普遍且有用的架构，并论证了良好的沉浸体验，不但可以吸引用户的积极参与，并且对用户的态度和行为产生了积极影响[132]。沉浸理论已经广泛地应用于在线环境的研究领域，形成了一系列网络环境中用户沉浸体验研究的成果，其中就包括促成沉浸体验的影响因素及其对用户行为的影响的研究[133]。

从沉浸理论提出至今，许多研究者从不同的角度提出了自己的理论模型，而在信息系统领域，使用最广泛的是 Webster 等提出的简约模型[134]。先前的众多研究（Celsi et al.，1993；Chen et al.，1999；Skadberg & Kimmel，2004；Cyret et al.，2005；O'Cass & Carlson，2010）已经呈现出在线沉浸体验与后续线上行为的强相关性，并发现有过沉浸经历的网络用户倾向于复制或再次经历那种状态。学者们证实了“沉浸”受到交互性、好奇心、娱乐性、有用性、易用性（Skadberg & Kimmel，2004；Hoffman & Novak，1996；Novak et al.，2000；Huang，2003；Agarwal & Karahanna，2000；Webster & Trevino，1992；Hsu & Lu，2004）等多重因素的影响，同时也会对网络用户的行为产生重要影响[135]（Hoffman & Novak，1996；Chen，2000；Huang，2003；Smith & Sivakumar，2004；Wu & Chang，2005）。有学者对沉浸体验与知识共享行为的关系进行了研究，如 Chen 等（2000）认为在网络中，人机互动给用户提供了沉浸体验的途径，知识搜寻和知识贡献都能给用户带来沉浸体验。Yaii 等（2013）的研究表明虚拟社区知识共享行为能够促成沉浸体验的产生，而且当员工产生沉浸体验之后更能激发员工的创造力。同时，该研究采用娱乐感和精神集中来测量沉浸体验，验证了沉浸体验在知识搜寻和贡献行为与知识创造之间的中介作用。根据先前沉浸体验的研究（Csikszentmihalyi，1998；Jackson & Marsh，1996），沉浸体验具有目的性体验特征，用户在虚拟社区中的知识共享行为会产生沉浸体验（Yalan Yanetal，2013），而且产生这种沉浸体验之后，用户为了再次获得这种美好的体验，会继续重复知识共享行为[136]。用户生成内容行为可以看作一种知识共享与贡献行为，这种行为背后蕴藏着特定的动机，而沉浸理论适用于解释以电脑和网络为媒介的用户内容生成行为的动机[137]。还有学者基于沉浸理论以认知—沉浸体验—体验行为为主线解释了社会化问答社区用户持续知识共享行为的积极情绪体验驱动路径，并对其进行实证研究[138]。

（5）社会认知理论

社会认知理论（Social Cognitive Theory，SCT）是教育学、社会心理学的经典理论之一，它是 20 世纪 70 年代末美国心理学家班杜拉（Albert Bandura）提出的，20 世纪 90 年代得到迅速的发展，班杜拉在传统的行为主义人格理论的基础上加入了认知成分，形成了社会认知理论[139]。该理论认为行为（B）、人（P）和环境（E）三者之间存在三元互惠交互关系，即个体的特定行为是由外部环境、个体的内在认知和行为三种要素交互决定的。这三种交互作用使三种要素不仅会直接影响个体行为，且不同因素之间还会相互作用，再次对个体行为产生影响[140]。社会认知理论作为成熟理论，已被广泛用于理解和预测个体以及群体行为特征，并识别改变个体或群体行为的方法[141]。如今，这一理论也被广泛应用于虚拟情境中，并通过诸多实证研究证明具备重要理论价值和作用。

Jin 等[142]、Suh 等[143]、赵希南等[144]利用社会认知理论从不同角度研究了虚拟社区、问答社区信息共享的问题。Hsu 等[145]将社会认知理论应用到虚拟社区知识共享的研究中，将多维信任作为环境因素，知识共享的自我效能感和结果期望作为认知因素，来探究自我效能、结果期望与知识共享行为之间的关系。周军杰[146]、周涛等[147]基于社会认知理论将虚拟社区中其他成员参与行为作为环境因素、期望收益和自我效能感作为认知因素，来研究期望收益、自我效能与知识贡献行为之间的关系。何丹丹等[148]将互惠规范、人际信任、制度信任、社区激励作为环境因素变量，以个人结果期望作为个体因素，探讨了移动社区个体知识贡献的影响因素。尚永辉等[149]探讨了在线社区氛围、自我效能、结果预期与知识贡献之间的关系。赵希男等[150]实证分析了企业虚拟社区中环境因素（价值共创环境）、认知因素（自我效能感、外部激励感知）与成员竞优行为（探究行为和优良展示行为）三者之间的关系。周军杰[151]的研究结果发现，个人结果预期、知识质量、系统质量显著影响用户持续使用意愿。

（6）创新扩散（Diffusion of Innovations，DOI）理论

创新扩散其实是一种新事物、新思想、新过程的传播过程。1962 年由 Rogers 提出。之后，Rogers（1983）又提出创新扩散理论要经历的几个阶段，依次是了解新事物、产生兴趣、评价、试用阶段和最后的接受。DOI 理论认为，影响人们对创新接受的五种因素包括相对优势、可试性、兼容性、可观察性和复杂性，其中前四个因素对创新接受的影响是正面的，而复杂性对创新的接受而言是负面的。也就是说，DOI 理论侧重于人们对创新的接受[152]。关注用户对创新的采纳和接受程度，研究创新从产生到被社会大众普遍采纳的过程[153]。

创新接受率是指新出现的创新事物被人们接受的相对速度。一般是用一个特定的时间段内接受与采纳的用户数目来衡量。在实践当中，创新接受率很难直接进行测量，因此常常以创新采纳的意向来间接对其进行衡量，影响创新接受率的因素包括：创新的感知属性、创新—决策类型、传播渠道、社会系统性质、推广人员的努力程度等[154]。Moore 和 Benbasat

(1991) 将创新扩散理论运用到信息系统的研究中，并且提出了八个创新的感知变量：自愿性、相对优势、兼容性、形象、感知易用、结果可展示性、可观察性以及可试性，研究了该理论对于用户采用系统的影响[155]。1996 年，Moore 和 Benbasat[156]基于创新扩散理论与理性行为理论构建了一个信息技术用户采纳模型，证实了创新扩散模型的有效性。创新扩散理论将用户对系统的感知视为对创新的接受，如 Karahanna 等运用[157]创新扩散理论来研究用户对微软的某一软件包的持续使用意愿，通过相容性、可视性、态度等影响因素来区分潜在使用者和使用者。Lu 和 Hsu (2007)[158]在创新扩散理论基础上，将 Moore 等的研究模型应用在 MMS 的采纳行为研究中。谭春辉等[159]以创新扩散理论、使用与满足理论为模型基础，引入社会影响理论中的“主观规范”变量，构建虚拟学术社区用户持续使用意愿模型，并得出结论：信息质量和感知愉悦性正向影响用户的满意度。

(7) 技术接受模型 (Technology Acceptance Model, TAM)

TAM 是用于研究影响用户技术接受的重要因素的模型，由 Davis F D 在其博士学位论文 (1986) 中首次提出，此后 Davis 及其合作者对此模型进行了多次改进。TAM 最主要的理论框架来源于理性行为理论，Davis 汲取了其中的行为态度、行为意向、实际行动三个变量和它们之间的关系。而感知有用性和感知易用性两个变量汲取了众多理论的精华，其中感知有用性来自期望理论模型中的激励力量、成本收益理论中的主观决策绩效以及通道配置理论中描述价值维度的“重要”“相关”“有用”等词汇；而感知易用性则来源于自我效能理论中的自我效能、创新采纳理论中的复杂性、成本收益理论中的主观决策投入和通道配置理论中描述易用性维度的“方便”“可控”“容易”等词汇。外部变量在最早的模型中主要是指系统设计特征[160]。

杜智涛借鉴 TAM 理论认为网络知识社区中用户知识贡献、获取行为受到知识质量、知识效用两个方面的影响[161]。Hsu 等研究了潜在用户和早期用户在选择使用信息服务的差异，研究发现兼容性、感知易用性、感知形象自愿性对潜在用户的使用意愿有显著影响；比起一般用户，早期用户往往具有更高的社会经济地位和个人价值，对多信息服务的看法更积极，由于更强的个人创新性，早期用户相对来说并不注重兼容性[162]。Lee 构建了理论模型来解释和预测用户对在线学习的持续使用意愿，研究结果表明满意度是用户持续使用意愿的最强预测因素，其次是感知有用性、态度、注意力集中度和感知行为控制。其中，感知有用性和初次使用意愿关系更密切，而满意度则对持续使用影响更大[163]。

（8）整合技术接受模型（UTAUT）

整合技术接受模型是由 Venkatesh 等（2003）综合了理性行为理论（TRA）、技术接受模型（TAM）、动机模型（MM）、计划行为理论（TPB）、整合计划行为理论和整合技术接受模型（C－TAM－TPB）、PC 利用模型（MPCU）、创新扩散理论（ID）、社会认知理论（SCT）八个模型构建得出。以上八个理论模型在解释用户的技术使用意向与行为上各有侧重，在技术使用意向与行为研究中都存在视角单一、要素不全的问题，这导致了模型解释力的低下。为了弥补这一缺陷，Venkatesh 等在这八个模型的基础上进一步提出了 UTAUT，构建了以绩效期望、努力期望、社会影响和促成条件为决定因素，性别、年龄、经验和自愿性为调节因素的模型框架。其中，绩效期望是指个人使用该系统将有助于自己获得收益的程度，努力期望是指个人认为使用该系统的轻松程度，社会影响是指对他人认为自己应该使用该系统的重要程度的感知，促成条件是指个人认为存在支持系统使用的组织和技术基础结构的程度，经验是指个人对该类系统的体验程度，自愿性是指个人认为该使用系统是出于自由意志的程度。吴士健等基于 UTAUT 模型，从社区用户主观感知视角构建一个包含绩效期望、努力期望、社会影响、便利条件和感知知识优势的综合效应模型，实证检验影响虚拟知识社区知识共享行为的关键因素[164]。

（9）社会交换理论（Social Exchange Theory，SET）

SET 由美国社会学家 Homans 提出，他认为人类的一切行动都受到某种能带来奖励和报酬的交换活动支配，之后，Blau 对社会交换理论进行了修改和补充，从社会结构视角出发进一步发展了该理论。作为一个发展较为成熟的理论，社会交换理论的研究和应用已涉及社会的很多领域[165]。现有关于网络社区用户行为的研究，将知识共享和贡献视为一种社会交换形式，在这种交换中一方将自己的知识（显性或隐性）提供给另一方，而一方决定是否分享与贡献知识不仅取决于其对共享成本与收益的考量，也受到互惠、公正、边际效用等交换原则的影响。

Yan 等基于 SET 提出了在线健康社区的利益与成本知识共享模型，其中成本主要包括认知成本和执行成本，而收益除了内在的成员个体满足外，还包括来自外在的经济回报，如奖励与晋升[166]。Zhang 等研究了互惠原则对于虚拟创新社区用户心理资本与知识共享行为关系的调节作用，由于创新社区的知识更加隐性和稀缺，其用户成本与风险更加突出，基于互惠原则的知识交换可以使用户增强心理资本，从而帮助他们增强自己的创新能力[167]。Jin 等基于爬取的客观数据探讨了社会化问答社区用户持续性知识贡献的前因，发现问答社区中交换的对象不仅仅是知识，更重要的是影响力，因此用户的社交关系与社会学习会积极影响用户的持续性知识贡献[168]。Ye 等将虚拟社区成员的知识贡献作为一种与社区生态与社区版主的社会交换过程，强调了感知社区支持与领导支持对用户知识贡献的重要作用[169]。Chou 等讨论了知识贡献在在线社区价值共创行为中的作用，并强调社区不仅要建立资源分配的标准程序以增强信息与知识交换，还要重视互动渠道在资源交换中的重要性[170]。由上可知，当前研究指出了感知成本、感知收益、用户关系、社会学习、互动渠道等因素对成员知识共享与贡献的影响，这对于组织与虚拟社区可持续发展至关重要。然而现有研究大多是从正向思维即收益大于风险时的角度来理解知识共享与贡献，但是从霍曼斯的行为重复原则来说，当用户获得的酬赏小于其付出的成本时社会交换难以持续，Lin 等指出个人结果期望对于知识保留具有重要影响，当成员觉得进行知识贡献将不会得到很好的回报时，知识保留就越有可能发生[171]。因此，未来研究可以从逆向思维出发，探讨用户拒绝知识共享与贡献的动机及其对社区生态的影响[172]。

（10）社会影响理论（social influence theory）

社会影响理论阐述了社会交互中个体受到他人或者参照群体的影响而产生的个人态度、信念和行为的形成和转变。社会影响理论的基础研究主要包括社会影响的种类、社会影响的过程以及社会影响的强度三个方面[173]。在早期的社会影响分析中，Deutsch 和 Gerrard 将[174]社会影响分为规范性社会影响（Normative social influence）和信息性社会影响（Informational social influence）两类。其中，规范性社会影响是个体处于期望得到他人/群体的正向反馈而受到的影响，信息性社会影响是个体从他人/群体获得信息而受到的影响。French 和 Raven 则针对不同类型的权力将社会影响分成了五类，包括奖赏权力、强制权力、法定权力、参照权力和专家权力[175]。Latané 强调，当人们感知到有他人存在时，自己的心理状态或者行为会发生一定的改变[176]。Kelman 致力于对社会影响过程进行研究，将社会影响分为顺从、认同和内化三类[177]。Burnkrant 和 Cousineau 指出 Kelman 的三个过程与 Deutsch 和 Gerard 的两个种类是相关的[178]。规范性社会影响发生在顺从和认同的过程中，其中顺从发生在个体期望获得所在群体的接纳或避免排斥时，认同发生在个体因为认为自己从属于某个群体而接受这个群体中他人的意见时。信息性社会影响发生在内化过程，即个体内在接受其他个体的行为和观点。另一类关于社会影响理论的研究不是关注影响的种类和过程，而是侧重于对影响程度的探讨。Latané 认为影响源的强度（Strength）、直接性（Immediacy）和数量（Number）共同决定了个体受到社会影响的程度[179]。

社会影响理论也被广泛地用来解释人的行为[180]。例如，理性行为理论指出，个人的行为意向受到社会规范的影响[181]；技术扩散理论也指出，用户采纳行为除受个人决策风格和技术特点的影响外，更重要的是受到社会系统的影响[182]。从社会心理学的角度出发，有两种不同的社会影响存在：社会规范和从众[183]。周涛等基于社会影响理论，分析了社会影响的三个过程包括顺从、认同、内化对用户行为的作用。顺从通过主观规范来体现；认同通过社会认可来体现，并包括认知维、情感维和评价维三个维度；内化通过团体规范来体现[184]。Chou 等在研究虚拟社区中的在线知识获取行为时，采用 Deutsch and Gerrard 对社会影响的分类，发现规范性社会影响和信息性社会影响会对社区中知识接收者的知识获取行为产生显著的正向影响[185]。Tsai 和 Bagozzi 将 Kelman 的三个社会影响过程概念化为三个变量，即主观规范、团体规范以及社会认同，使用纵向准实验方法分析了虚拟社区中的用户贡献行为（Contribution Behavior），研究结果显示团体规范和社会认同能够有效促进用户在虚拟社区中做出贡献，而主观规范的影响相较稍小[186]。Holakia 等提出虚拟社群参与三阶段架构，认为社群成员对虚拟社群的参与决策会受到社会因素的影响，但社会影响又受个体对某行为的感知价值即个体动机的影响[187]。曹细玉等基于社会影响理论，从理论上探讨了虚拟品牌社群成员的感知价值对社会影响因素的影响，分析了社会影响因素如何影响社群成员对虚拟品牌社群的持续参与决策[188]。

（11）社会认同理论（Social Identity Theory，SIT）

1978 年，Tajfel 首次提出了该理论[189]。核心思想是：个体通过对自我和已有群体成员的特性认知，会自动归属到具有相似性的群体中，并做出类似于该群体成员的行为。随后，学者们对该理论的初始内容进行了修正和补充，以扩展理论解释。整体而言，SIT 的发展主要集中在 SIT 自我分类认知过程的完善，SIT 测量维度的界定、SIT 基本动机的补充、社会身份解释范围的拓展四个方面。为精确社会认同的测量操作，Ellemers 等于 1999 年对 SIT 的概念内容加以界定，提出了认知、情感和评价三个测量维度。具体而言，认知维度是指个体对所在群体及成员的认知程度；情感维度是个体对所在群体成员情感和价值意义的感知；评价维度是指个体成为群体成员后对自我价值的评价。最终还发现了群体自尊会受到群体相对地位的影响，认知成分取决于内群体的相对规模，情感成分则取决于群体的形成方式和群体相对地位[190]。

随着 SIT 的研究逐渐深入，学者发现人们存在多重社会身份认同现象。然而 SIT 的研究大多都是在单一的内外群体背景下进行的，缺乏对人们多重类别身份的研究。2002 年，Roccas 等引入了社会认同复杂性的概念，拓展了对多重身份相互关系的解释，并根据身份的重叠程度归类出四种表现模式：交叉、支配、划分、合并，以支持相关研究的测度[191]。

当人们在知识交流过程中认知到自身与网络社区、组织特征间的相似性，容易产生社会认同心理，进而激发知识共享、知识贡献与创新行为的产生。因此，有些学者基于 SIT 探讨了影响知识行为的因素及其内在作用机理。在知识共享研究中，Kim 等研究了社交网络服务平台上影响知识共享的个人因素，发现社会认同度高、在线呈现身份活跃的用户，会有更强烈的意图与他人分享知识，进而正向影响脸书（Facebook）社区中的知识共享[192]；考虑到用户持续性的知识共享意愿，阳长征通过分析社交网络平台，发现用户的体验效用会在心理依附和感知契合度的正向调节作用下对群体认同产生正向影响，促使知识持续共享意愿的产生[193]；以上研究集中于探讨知识共享行为的影响因素，Shih 等则探讨了知识共享时的在线讨论质量，发现社区互动中的感知交流和感知控制，有助于群体成员相互交流并弱化彼此之间的界限，使之产生社会身份认同感，进而增强成员之间的社会联结，提升在线讨论质量[194]。

在知识贡献研究中，Shen 等通过对虚拟社区的研究，发现社区成员的认知性、情感性社会存在感会使其产生社区认同感，促进社区内的知识贡献[195]。具体到不同的虚拟社区类型，Zhao 等在网络健康社区研究中发现，社会资本的互动与认知资源会促使用户认同该社区，推动其知识贡献行为[196]；马向阳等在品牌社区研究中发现，社区感知中的成员感、影响力和沉浸感会促进成员的社区认同，从而促使用户产生品牌承诺和贡献行为[197]；周涛等则在开源软件社区研究中发现，社会认同的认知、情感和评价维度都会对用户知识贡献意愿及行为的正向影响，而情感维度的促进作用最大[198]。Bagozzi 和 Dholakia（2006）认为，社会认同因素通过强调目的的重要性来激励用户参与网络社区交互，并且个人对于网络社区知识的贡献，显示出其对于所参与的网络社区显性的或隐性的认同。Chiu 等通过实证研究发现，在网络社区中社会认同能有效地增加用户知识贡献的数量[199]。Shen 等也通过研究证明，社会认同对网络社区成员知识贡献有积极影响。由于社会认同理论主要从认同过程的目的性行为出发来探究知识贡献，这可能会忽略个人行为的冲动性和自主性等因素[200]。Kathy 和 Angela 等在研究中提出，共同的意识，如感知的社会存在，能促使较为感性的理解，从而促使持续的知识贡献[201]。

在知识创新研究中，Langner 等通过对企业社区的研究，发现使成员感觉不到社区与公司之间边界的“多孔边界实践”和强调企业重视社区成员及其贡献的“社区支持实践”能促使社区成员进行自我分类，使其产生对社区和企业的双重社会认同，从而鼓励成员在社区中的持续创新行为[202]；除了社区所提供的实践支持，孟韬在手机品牌社区研究中发现，管理员的支持行为也能增强顾客对成员身份的区分，促进其对于品牌和社区的认同，进而正向影响顾客的创新行为[203]。前述研究主要探讨了 SIT 中社会认同对用户知识行为的影响。现有研究大多探讨普通用户对社区及其成员的感知，而意见领袖等特殊人物会通过向普通用户提供他们喜爱的社会身份，促使用户产生社会认同[204]，进而影响用户的知识行为，现有研究忽视了此类特殊人物的影响力。因此，今后研究可从分析意见领袖影响力方面继续深入[205]。

（12）自我决定理论（Self - determination theory，SDT）

Ryan 等于 1985 年提出自我决定概念内涵，即个人在充分知悉环境信息与自身需求之后，对自身行为反应做出的某种自主选择。关注的焦点是人类的行为在多大程度上是自愿的和自我决定的。此理论经过 30 多年的发展，现已被广泛应用于教育、健康医疗、运动、信息管理和人力资源等领域，并衍生出认知评价理论、有机整合理论、因果定向理论和基本心理需求理论四个子理论[206]。

①认知评价理论是在 Decharms 关于报酬对个人内在动机影响研究的基础上发展起来的，主要解释了社会情境中的各种因素对内部动机的影响，即促进和削弱内部动机的环境因素。这些因素包括奖励、设置期限、竞争和目标、报酬、积极反馈、免于受到贬低性评价等。②有机整合理论主要阐述了外在动机不断内化或整合的过程，按其自主性的强弱或自我决定程度的高低，有机整合理论将外部动机发展为内部动机的过程中经历的不同类型动机分成四种：外在调节、内摄调节、认同调节、整合调节。③归因定向理论，又称因果定向理论，该理论认为个体具有对有利于自我决定的环境进行定向的发展倾向。Deci 和 Ryan（1985）认为个体身上存在三种水平的因果定向，即自主定向、控制定向和非个人定向[207]。④基本心理需要理论是自我决定理论的核心理论，是自我决定理论其他领域的重要研究基础。人类通常主要有三种基本心理需要：自主需要、关系需要与胜任需要。具体而言，个人对是否可依照自我意愿进行活动的感知即自主需要；个人需要周围环境或其他人的关爱与支持，体验到归属的感知即关系需要；个人对自身是否有能力胜任某项活动时的感知即胜任需要。这三种需要表现为人们的自我自主感、自我归属感和自我胜任感，其中自我胜任感的概念与心理学家 Bandura 所提自我效能感的概念内涵类似。Deci 和 Ryan 研究认为，当个人所处的社会情境因素能够同时满足其基本心理需要，即自我自主感、自我归属感与自我胜任感时，能增强其从事某工作的信心，继而促发其动机内化与外在行为产生[208]。

万莉等基于自我决定理论将影响虚拟知识社区用户持续知识贡献行为的动机分为内部动机、外部动机，探讨用户内、外部动机对虚拟知识社区内的知识质量、用户知识贡献意愿及持续知识贡献行为的差异影响[209]。张博等基于自我决定理论总结出影响用户参与协同知识生产的动机因素，并结合内部动机、外部动机、基本心理需要等方面构建用户参与动机模型[210]。

此外，不少学者整合多个理论视角开展研究，如张敏等[211]则基于S－O－R理论，结合社会交换理论、理性行为理论、社会认知理论等对虚拟社区中的用户信息共享行为进行研究，提出了奖励预期、地位预期、愉悦感、信任以及感知规范等因素对虚拟社区信息共享行为具有正向影响。薛杨和许正良整合了S－O－R和沉浸理论，以企业发布信息内容和平台的四种特性为刺激因素、以微信沉浸为用户心理状态构建了微信营销环境下用户阅读、评论和转发等信息行为的研究模型。Gang 和 Ravichandran 也综合了社会交换理论和理性行为理论来识别虚拟社区中知识交换态度的关键决定因素，其中包括参与人员之间的信任，预期的互惠关系以及社区与参与者工作之间的相关性[212]。

3.2　开放式创新模式特征

在全球化、信息化、知识飞速发展和广泛传播等外部环境变化的背景下，企业必须寻求新的创新模式，进行开放式创新，网络创新社区是互联网时代企业实行开放式创新的主要平台。关于开放式创新的基本内涵，学界形成了多种视角的观点，从资源视角来看，开放式创新是企业同时利用内外部创新资源和内外部商业化资源；从知识视角来看，开放式创新本质上是企业及其他知识主体组成的知识联盟；从认知视角来看，开放式创新不仅是一些受益于创新的实践活动，也是一种创造、转化、研究这些实践的认识模式。

开放式创新是相对于封闭式创新而言的，开放式创新理论指出，组织不再将其所拥有的创新资源及技术视为私有财产，而是主动将组织边界打破，通过推动创新资源与技术的流动来利用和实现其价值，主要包括动态开放性、全员参与性、创新模式多样性和网络技术的全过程依赖性等特征。

3.2.1　动态开放性

开放式创新模式的实质是，不再明确区分创新源于组织内部还是组织外部，对外部创意和外部商业化推广与内部创意及内部商业化推广给予同等重视。该模式强调组织的无边界化，认为组织边界是模糊的、松散的、可渗透的，企业与周围环境相互融合，组织内外部各种创新资源自由流动。这种高度的开放性打破了传统封闭式创新体制下的信息知识流通壁垒，扩大了创新资源的构成，使信息和知识的传播流动更加通畅，形成一个巨大的知识流通平台。开放式创新没有固定的合作伙伴，是一个螺旋上升的动态过程。企业在创新过程中组织根据创新总目标分解出不同的阶段目标，并根据阶段目标制定知识需求，然后根据知识需求确定知识来源，随着创新进程的不断前进，组织对于知识的需求也在不断地变化，这时不断地会有新知识的流入，并且组织在创新的过程也有可能产生一些对组织来说用处不大的创新成果，这时组织便可以对这些创新成果进行转让，当有这类知识需求的组织使用这些创新成果时便会激发又一轮的创新，从而形成一个不断螺旋循环的动态过程。这样企业不仅可以获取所需要的信息和技术，实现外部信息内部化；同时也以将企业内部搁置的技术通过平台发布到外部市场，实现企业技术外部化，从而保持组织的创新活力。

3.2.2　全员参与性

开放式创新不仅强调对组织外部开放，以此获取外部创新资源和商业化渠道，还强调组织内部资源的重要性，通过实现内外资源的有效整合与优化配置，从而提高创新绩效。也就是说，开放式创新首先是对内部的开放，要突破封闭式创新模式下企业只有研发部门进行创新与商业化的枷锁，让全体员工参与企业创新及商业化应用。在开放式创新范式下，不仅企业的边界是可以渗透的，而且企业中各职能部门以及员工之间的工作也是可以渗透的，透过各种渗透性边界，创意、信息、知识在组织内部充分流动，创新活动表现为全员性特征，即全员参与企业的创新活动。

这种全员参与性表现在两个方面：对内，可以通过项目小组（由研发人员、营销人员、质检人员、采购人员组成）的方式实现全员参与企业内部的创新活动，企业的全体员工都视为知识工作者，没有所谓的白领和蓝领之分，企业内部到处都是各种研发小组和项目小组，依靠员工集体智慧和密切协作形成一种典型的全员参与创新的开放式创新组织模式；对外，企业部门员工可以渗透到企业外部，或与外部组织相联系，参与到企业与外部伙伴的联合创新或商业模式的调整过程之中。开放式创新意味着商业模式发生了重大变革，组织的未用技术可以通过外向许可的方式转移到企业外部，同时，企业也可以通过内向许可方式引进外部合适的、先进技术在组织内部实施商业化，由此必然涉及企业各职能部门、各专业的员工，通过彼此的协同作业，推进创新的内外商业化进程。

3.2.3 创新模式多样性

开放式创新是指当企业在发展新技术时，将内部和外部的创意有机结合起来，并同时利用内部和外部两条市场通道进行商业化推广。开放式创新分为两种类型：内向型开放式创新和外向型开放式创新。前者是指企业利用外部的知识资源，将外部有价值的创意、知识、技术整合到企业中进行创新和商业化过程；后者是指企业成为其他组织的知识源，将内部有价值的创意、知识、技术输出到组织外部，由其他组织来进行商业化过程。由此可见，开放式创新范式下企业可以选择多渠道、多样化的创新模式。具体而言，开放式创新可以通过产学研合作创新、网络创新、组建企业技术联盟、并购、技术购买、技术外包、技术专利的转让与出售、内部技术成果外部开发、衍生新企业及授权许可等多种方式进行，突破了传统封闭式创新模式下单一的研究开发模式，这不仅降低了研发成本，也分摊了风险。

3.2.4 网络技术全过程依赖性

开放式创新是由技术创新所引发的包括商业化推广在内的全过程创新，是基于技术创新的整个商业模式创新。商业模式涵盖了企业所有的活动，研究开发、产品生产以及市场营销是其基本部分，其中任何活动的改变都会导致商业模式的调整，或者说，它们均属于开放式创新的范畴。而且，开放式创新对于知识需求的不确定性和多样性，使得不断地获取所需创新资源成为决定组织创新效益的关键性因素，然而创新知识载体的地理位置差异使组织的开放式创新对网络技术具有一定的依赖性。可见，开放式创新具有对网络技术的全过程依赖性的特征。具体来说，网络技术伴随着开放式创新从全体员工、高等院校、科研机构、其他相关企业、政府、中介机构、领先用户、供应商等内外部获取创新所需资源开始，通过合作研发、协同创新、战略联盟、技术许可授权、研发外包、网络创新、产学研合作、供应商与用户创新等多种方式进行研究开发，最后借助企业内外渠道、风险投资等方式进行商业化推广的整个过程，影响组织开放式创新的效果。

3.3　网络创新社区运行平台

互联网具有开放、经济和无所不在的特性。这些特性使互联网缩短了个体之间的物理距离从而成了世界媒体，进一步讲，由于互联网的互动性，它能够权衡信息的丰富性与可到达性。在物理世界中，信息的沟通需要在物理距离上的接近以及个体之间的互动，这些约束条件一方面限制了企业能够交流的顾客的数量；另一方面，企业在与大量用户通过用户调查进行互动时，互动的方式并没有考虑到丰富的对话。然而，互联网使企业能够涉及更加广泛的用户而不用因为考虑可到达性而以牺牲信息的丰富性为代价。互联网同样提高了用户参与的速度和可持续性。由于成本和效率的限制，传统的市场调研技术喜欢聚焦于团体，调研受到企业可以接触的用户的频率限制。通过网络，用户互动能够实时发生并且伴随着更高的频率和更高的持久性。关键的因素来自用户参与互动的意愿与对隐私的关注，这些因素会影响用户愿意与企业分享的知识和信息的深度。互联网增强了平台的集聚和整合效应，能够对顾客需求进行更精准的把握和响应，甚至可以实现全球范围内的资源共享。

3.3.1　平台定义

网络创新社区通常界定为由企业建立的，用于帮助用户参与企业创新活动的网络社区平台，是企业与用户建立直接联系的一种新手段，平台由企业管理，打破了企业组织管理模式带来的层层壁垒。并且它可以集聚来自全球用户提交的关于产品、服务、流程等各方面的大量创意，用户不仅可以提交自己的创意，还可以对其他用户的创意进行评论与评级。企业从平台中选取好的创意融入自身的创新开发中，以此来改善企业自身的产品、服务、流程等，从而提高企业的创新能力和竞争优势。企业建立网络创新社区平台，以解决新问题为目的，以创新方案为中介，搭建平台参与者之间的知识共享桥梁，促进参与者创造智力成果。此外，平台的智力成果在合理保护的前提下对外完全开放，企业提供平台使大众受益的同时也得到了新的智力成果，最终实现双赢局面。

网络创新社区既是一个社区环境，也是一个技术系统，因此，对它的理解应该从组织和技术两个视角来进行。从组织的视角来说，网络创新社区管理的首要问题是分析用户通过网络社区参与企业创新活动的主要动机是什么。与传统环境中的用户参与创新不同，用户在网络社区中的创新行为还具有网络化和社区化的特征。也就是说，用户在网络创新社区中的参与动机应该从创新参与、社区参与和网络体验三个角度来考虑。目前，这方面的研究成果非常有限，已有的少量研究也基本上是定性研究。但“网络化合作生产”方面的研究成果，如用户参与开源软件的研发在线参与知识的合作创新（如 wiki、百度百科等知识网站及优酷等视频网站）可以对理解网络创新社区中的用户参与行为提供有力的支持。

每个网络社区都具有自身的社会结构，因此，网络创新社区管理策略中的一个重要问题是如何对这个社会组织系统加以设计和完善。这涉及如何制定网络社区的规范和准则，从而使社区成员能够相互了解、彼此沟通、协同合作，促成更多创新成果的产生。关于网络社区，尤其是一些特定类型的网络社区，如品牌社区等方面的研究可以成为网络创新社区中社会机制的研究提供有益的借鉴。

从技术的角度看，网络创新社区还应该是一个功能强大的信息技术平台，这个平台应该为用户提供一组灵活而强大的信息工具，使顾客获得良好的创新体验。这组工具应包括沟通工具、创意的展示及可视化工具、系统工具等。而且信息工具的类型和组合应该随着社区成员的交互需求而及时进行调整。网络社区的研究表明，不同类型的交互技术对社区成员的行为具有不同的影响。与之类似，在用户参与创新的不同阶段，也需要采用不同的交互技术。如何形成最为恰当的技术工具组合成为网络创新社区研究中的重要问题之一。

3.3.2 平台要素

网络创新社区平台具有五个要素，平台、用户、信息、创意成果、制度。因此，在平台建设管理过程中，需从这五个要素入手：加强平台构建，吸引外部用户参与企业创新，加强平台信息与创意成果的管理，完善平台制度。

3.3.2.1 平台的管理

网络创新平台本身的技术优势、开放性、协同创新性和网络外部性，都对企业创新具有深远作用，其平台用户资源可以作为企业有价值的战略资源，而平台的管理能力则成为企业的动态能力，利用平台形式整合社会化资源，实施开放性创新，能够提升平台型企业的创新绩效。企业实施开放式创新，从组织角度看，感知成本降低的利益、品牌知名度以及专业技能获得都是正向影响企业实施开放式创新，但是创意评估成本与前期规则制定成本则负向影响企业实施意愿。戴尔及星巴克企业通过实践也得出，企业实施开放式创新，对平台创意进行采纳利用有助于企业价值增长。

网络创新社区平台作为基于互联网和 Web 2.0 技术的信息平台，其构建和管理过程中更加离不开信息技术的应用，为了更好地促进平台信息收集，企业应该关注信息技术的更新与掌握，及时掌握外部先进技术。在平台搭建过程中，要充分利用大型企业资源优势，依托专业管理运营团队进行平台运营与管理，加强品牌宣传与推广，吸引更多用户参与进来，同时，也要注重知识产权和隐私保护，在平台管理过程中，要着重关注几个方面：一是社区成员的有效管理。用户是社区的重要构成主体，社区成员综合素质参差不齐，既有具备专业知识与能力的专家，也有只是为了满足好奇心而参与的普通大众，企业需要根据不同用户的特点进行激励，让更多用户参与进来。社区的用户创新机制尚未清楚，什么样的企业管理者从社区获得信息也尚未研究明确，基于仿真技术，可以为管理者推荐最合适的开放社区进行用户研发。二是社区知识管理能力，通过用户提出的创意与解决方案，有效识别出社区用户的新需求和新趋势等知识信息，并将其融入产品和服务的改进开发中去。三是创新流程，企业从创意提交至创意实现的过程，需要整合组织内外资源，将创意融入新产品的开发过程中，促使创意实现；这就涉及平台的资源收集整合、技术方案评估和优化、创意方案体验测试和用户反馈交流这四个主要流程。可以从系统设计角度，指导企业利用质量功能展开，对网络创新社区平台进行合理设计。四是财务，具体表现为增加创意实现的收入，减少创意实现的成本，通过设计定性和定量的指标来进行度量，研发资金投入比例的微小变化也会带来创新绩效较为显著的变化。

3.3.2.2 用户的管理

企业内部人员和外部利益相关者是创新社区的参与者，其中用户是创新的主要来源，而企业内部人员作为推动者，不仅需要促进企业的创新进程，也要协调成员之间的关系。创新平台内的互动和信任是成员参与创新进程的保证，社区信息技术平台为成员提供互相合作、参与创新进程的基础。在这一点上，小米可谓做到了极致：小米手机从产品到设想、研发直至出成品这一整个过程都充分让用户参与进来，充分利用了用户智慧。由此可见，用户对企业创新起到至关重要的作用，传统的企业到顾客的模式已经很难满足用户需求，用户作为企业产品的最终消费者，其建议与创新更具有针对性，使产品或服务的创新更能满足用户需求，用户创新更能够显著提高消费者的购买意愿。

网络创新社区平台成功的关键在于如何维持用户持续参与平台活动，加强用户对社区的认同与依恋，进而不断提供知识与创意，保持社区活力。因此，许多学者对网络创新社区平台的研究着眼于用户参与平台进行知识共享的动机、持续性创意分享影响因素的研究以及用户的分类与识别管理，其与只满足用户对于产品或服务的需求不同，用户在开放式创新平台中需要扮演创新设计者的角色。因此，知识与创意分享是用户重要的平台参与行为，是平台持续发展的动力和保障。

影响用户进行创新的因素有许多，可以分为内部因素和外部因素。其中内部因素以用户动机、态度为主，如利他动机、创新态度和社区信任等，外部因素则主要为平台激励和用户之间以及用户与企业的交互、同行认可和社区形象激励等开放式创新的开放度影响外部用户价值创造，一个产品的设计越开放，外部用户参与产品创新的意识越强烈，投入的努力也就越大。知识多样性与动机交互影响用户创新贡献，外在动机如金钱奖励与非实质性贡献正相关，而内在动机更能促进用户产生实质性创新。

3.3.2.3 平台信息与创意成果的管理

在创意理解方面，从其所包含的内容来看，创意具有四种不同维度：新颖性、可行性、相关性和详尽性。好的创意对企业改进产品和服务具有重要意义。

创意采纳的影响因素有很多，例如，企业对该创意技术需求的理解、对社区需求的响应、其他用户的赞成票数和自身已发表的创意数。也可以从平台角度来看创意采纳，以 Dell IdeaStorm 为例，在平台的早期成立阶段，创意实施比例较高，在平台发展成熟期，即使创意数量增长较快，实施比例依然较低。同时，创意的种类、投票数、是否具有参考创意也对创意采纳具有影响。当前企业对创意的识别主要是通过内部创新部门或专家人工的方式进行，并且创意管理需要耗费大量的人力来进行创意的选取，从理论角度可以根据创意的特征进行分类，自动地从触发机制、创新性、主题性和建议类别四个方面对创意进行描述；也可以用“柠檬袋”法，利用群体打分，快速排除不好的创意而保留好的创意，还可以利用文本挖掘和机器学习技术对创意的质量进行预测。

3.3.3 平台面临的挑战

凡事都有好坏，尽管有许多成功的网络创新社区的例子，它们帮助组织提高创新能力并解决与创新有关的问题，但并不是所有的平台都是成功的。企业对平台的管理与控制能力不足可能导致真正优秀的创意被埋没，采纳有偏差甚至错误建议等问题。企业急于从外部用户获取建议，但低估了启动和发展这些建议的资源，企业应再充分考虑开放式创新过程的成本和范围。网络创新社区成功整合到组织中需面临三大挑战。

3.3.3.1 理解用户在开放式创新平台上发布的创意，应对繁重的创意审查任务

企业不仅要了解用户发布创意的意图，也要明白创意在多大程度上能够被实施。如果没有真正理解创意的内容可能导致采纳错误的创意，引起用户的不满而不能够正确的管理创意社区。Di Gangi 等（2009）在研究戴尔的网络创新社区平台时发现理解用户的创意主要有两个问题。第一个问题就是用户发布的创意缺少细节的描述，用户的表述并没有讨论一个具体的问题，所以就使审评人员花费更多的时间去试图弄清楚创意中的细节问

题。第二个问题就是在网络创新社区平台的互动中，双方都缺少理解对方的能力。比如用户提交的创意或者评论是基于自身的经验，而这些经验往往具有隐性的知识维度，它很难通过网站这样一种交流媒介去表达，所以企业有时会误解用户的创意。

3.3.3.2 对识别优秀创意缺乏定量决策支持系统，如何将新的知识与设计更好地融入现有产品与设计中

网络创新社区使不同地域和不同背景的用户都可以提交创意，企业每天要处理不同用户提交的大量创意，有时企业不具有足够的能力去吸收消化这些信息，进而从大量的创意中挑选出最好的创意存在困难。有证据表明由于企业没有足够的资源及时地阅读每一条创意，比较好的创意有可能被忽略掉。比如，戴尔的网络创新社区的审评员面临着阅读创意、评估创意潜在的价值、与其他组织进行协调跟进创意等挑战。基于有限的时间和可得的资源，社区里的用户和创意的增长速度很快就会超过社区组织识别合适创意的能力。

3.3.3.3 及时响应

当企业建立网络创新社区时，一个重要的策略就是保持与用户的互动，及时对用户提交的创意做出响应，这种互动能让用户感到企业是在倾听他们的需求并且关注他们提交的创意。对用户创意的及时响应有两个重要方面的作用，一方面表明企业看到了该个创意，让用户感觉自己的参与是有价值的；另一方面企业对创意响应能够正确的引导创意的方向，让用户以及其他成员提供更多的信息，进而有助于创意的精练，提高创意被采纳的可能性。对用户的创意做出响应包含做个简短的评论或者给创意贴上创意状态的标签。如果用户认为企业没有响应或者没有好好地阅读自己提交的创意，他们可能会觉得自己被疏远了，而企业可能会逐渐地失去一些有价值的外部创意资源。即如果企业不能很好地管理与网络创新社区平台用户之间的关系，可能会导致用户离开创新社区，或者造成用户的抱怨，而且新的用户也不再贡献创意。当很受欢迎的创意不被采纳时，这种与用户之间的互动尤其重要。

3.3.4 平台与传统创新平台的差异

平台（platform）作为个体在进行某项工作时所具备的环境或条件，没

有统一的形式。美国学者 Howe（2009）提出了网络创新社区平台概念，基本理念是网络创新社区应该作为一个公共平台，积极发挥企业内部资源和外部资源的力量，合力为企业创造价值。

从本质上说，两类平台都是为广大参与者从事知识共享活动所提供的环境或条件，但两者互动的方向从单向的知识输出转变为一种互动式的对话。这种双向对话式的方式渐渐地帮助企业从个体用户或者群体用户中进行学习。互动的丰富性增加，因为网络创新社区的用户帮助企业解除社区内的知识分享以及个人用户的知识分享。观众的范围和大小的增加，是因为企业可以参与由第三方连接的互动，使与企业没有关系的用户可以与企业建立起关系，在参与主体、边界、理念和运营方式上具有显著差异。总体来说，网络创新社区平台更能体现互联网带给平台的开放性与虚拟性，其特点是具有高度开放性、新颖性和组织灵活性，也使用户去创造通过帮助企业参与到对话当中，而不是知识的输出，不仅聚集了个体，也聚集了社会知识。传统创新平台所谓的“开放”则是一定领域内的开放，其组织形式取决于企业组织在创新联盟中所处的位置、企业科技的成熟阶段及企业所坚持的价值导向。两者的具体差异体现在以下四个方面。

3.3.4.1 平台参与主体不同

传统创新平台的参与者不仅数量十分有限，参与者类别也非常有限。参与者多为与企业有合作关系的组织成员，或者与企业有专属雇佣关系的机构或人员。这些参与者之间往往存在利益牵连关系，这种利益牵连极有可能对参与者知识共享行为构成威胁。在一定程度上会阻碍企业网络创新水平提升，进而降低企业的创新绩效，造成平台创新活力不足的局面。

网络创新社区平台参与者规模较大，而且参与者构成呈现多元化特点。从参与者内部层面上看，包括供应商、客户、竞争企业、合作伙伴、用户、创客、风险投资者和技术拥有者，而不再局限于企业内部员工。从参与者外部层面上看，参与主体有公共服务机构、大学、科研机构、代理机构、研发机构和业内专家等。内部层面参与者和外部层面参与者形成了纵横交错的参与者共享网络，平台内不同行业的核心成员与外部成员可以经常进行良性互动，有利于促进专业知识在行业内迅速传播，不断为平台注入新鲜活力。

3.3.4.2 平台边界不同

在互联网风靡全球之前，创新平台已经能够实现企业之间边界的突破。平台内的资源、技术、专利等不再是仅供企业内部使用，与企业进行外部合作的其他企业、科研组织等都可以开放使用。但这里所指的边界突破仍然局限于与开放企业有密切合作关系的多个组织之间，是一定范围内的开放。创新联盟内的企业与组织之间仍然留有边界。

互联网的开放性打破了传统的企业合作组织边界，也就是实现了全球范围内的无边界、平等交流和知识共享。网络创新社区平台不受任何边界限制，参与者个体在平台内部各模块乃至不同平台之间都能自由进行知识共享行为。此外，参与者在不同平台之间的知识交流更有益于提升平台创新活力，加速优质平台的融合速度。

3.3.4.3 平台理念不同

传统创新平台的突破之处在于帮助企业引进有限的外部创新资源进行新技术的研发，同时使用自身渠道和外部渠道共同开拓市场，进而形成了一种新的商业模式。其核心理念是使企业借助外部组织或人才的力量以最小成本和最快速度实现利润最大化。不难发现，传统创新平台中最大的受益主体多为引进外部力量的企业，企业在秉承受益最大化理念的前提下寻求合作，企业是主要受益方。在网络创新平台中，企业坚持实现全球资源共享和利益共享的发展理念。平台只是知识共享的中介，而不是唯一受益方。其目的在于突破传统创新平台利益导向单一化的不足，通过网络平台吸纳所有创新参与者创新成果并实现参与主体利益共享。虽然这两类平台都采用的是利益驱动机制，但网络创新社区平台与传统创新平台明显的区别在于，利益共享模式质的突破。参与者凭借个人智力资本便有机会成为合作项目的股东并享受利益分成，这种利益共享理念在传统创新平台中寥寥无几。

3.3.4.4 平台运营方式不同

网络创新社区平台由企业相关部门进行运营管理，采用何种平台运营方式直接影响平台管理水平和企业创新绩效。传统创新平台运营由企业完全主导，运营方式较为结构化，主要通过引进外部资源、开展企业创新联盟及购买专利等单一方式实现平台运转。这种运营方式下产生的商业模式虽然效果明显，但不具有普适性，因此很难在商业环境下进行大幅推广，应用范围较为有限。

摒弃了结构化运营方式后，网络创新社区平台采用了灵活多变的参与制运营方式，也就是参与者共享知识、企业辅助管理的运营方式。其前身可以追溯到 Web 2.0 时代出现的虚拟社区，即社会群体通过互联网交互作用后产生的自由、开放的网络社区。平台内会聚了不同的参与者主体，参与者可以认证为平台的创新合伙人。当参与者提出有价值的创新创意后，有意向的创新合伙人可以快速与多家创意提供者达成共识，由平台辅助合作项目的后续实施。这种开放自由的运营方式更有利于参与者迸发无限创意。综上，网络创新社区平台与传统创新平台的差异如表 3－1 所示。

表 3－1　网络创新社区平台与传统创新平台的差异

差异	网络创新平台	传统创新平台
参与主体不同	供应商、客户、竞争企业、合作伙伴、用户、创客、风险投资者和技术拥有者、公共服务机构、大学、科研机构、代理机构、研发机构和业内专家	与企业有合作关系的组织成员，或者与企业有专属雇佣关系的机构或人员
边界不同	全球范围内的无边界	一定范围内的开放
理念不同	全球资源和利益共享	企业受益最大化
运营方式不同	平台参与者自由交互，达成创意共识后由平台辅助项目实施	引进外部资源、开展企业创新联盟及购买专利等

3.4　网络创新社区知识重混案例研究

3.4.1　MIUI 社区

3.4.1.1　小米社区简介

2010 年小米科技有限责任公司成立，其主要经营产品为手机。经过短短几年的发展，小米手机已经成为国产智能手机领导品牌，销售额年年攀升，小米公司也从一家名不见经传的品牌成为企业界和学术界的热点。许多企业家和学者也开始研究关于小米成功的原因，雷军认为是小米秉承的原则如专注、极致、口碑等。黎万强（2014）认为是敢于创新的互联网精神促成了小米公司的成功，将设计创新交给外部用户和粉丝，采购由组织供应链完成，由专业制造公司如富士康进行制造，利用互联网进行销售，形成了“研—供—产—销”的一体化体系。张兴旺（2015）经过研究认为小米的成功很大程度在于与用户良好的关系，构建了社区化商务模式和实现了用户全面参与的目标，拉近与用户粉丝之间的距离，高质量的社区是企业发展的源泉和动力。综上所述，小米公司的商业模式的创新是其取得成功的重要因素之一。而小米社区作为发展粉丝经济的重要举措，吸引粉丝聚集、鼓励用户参与是商业模式创新的重要突破。

小米最初吸引消费者的是其开放的系统——MIUI，MIUI 论坛是小米官方为使用者、民间开发者和官方开发者的交流而建立的在线论坛。论坛具有双重所指，它可以用来表示社区成员组成的虚拟社区——整个社区的延伸和一部分；也可以用来表示这些社区成员所使用的互联网媒介工具。在未加说明的情况下，本章采用第一种所指。自 2010 年 8 月建立以来，论坛的帖数已近 200 万，并且其成员具有极高的活跃度，由于专利授权量较少，小米以“互联网 + 手机”的创新模式来增强企业竞争力。以建立小米社区来吸引产品发烧友作为突破口，通过线上社交分享产品使用体验，推动口碑销售。通过互联网技术高效且低成本地寻找客户并邀请他们共同创新，而且在创新过程中突出了终端用户的需求，使小米的产品销量激增。在产品论坛中对产品进行讨论是一种普遍性的行为，论坛喊出了“人人都是产品经理”的口号。这是一款应用于安卓操作系统的软件，更是专为中国人手机使用习惯的免费产品，良好的用户体验使小米在 MIUI 论坛上聚集了最早一批核心粉丝。之后，小米通过设立社区为这些领先用户提供了一个可以直接参与软件系统研发的平台，围绕粉丝用户的需求继续改进，形成了以一周为单位的多频次、小改进研发模式，粉丝数量进一步增长。随着核心发烧级米粉的口碑宣传，用户数量不断增加，小米社区也进一步完善，分成了不同的板块，并设立了版主进行管理，板块丰富多样，有刷机频道、杂谈社区、酷玩帮社区等。小米社区对于研究网络创新社区具有良好的代表性。首先，小米从公司创立伊始就致力于提高用户的体验，坚持用户创新社区的运行，目前小米社区已经形成了以用户为核心的运作模式，将社区与公司的发展紧紧联系在一起。其次，小米产品的研发改善、产品内测、在线营销及售后服务等各个运作环节都通过小米社区来完成。社区化商业模式缩短了与用户的距离，节约了企业成本，提高了管理效率。这种商业模式的创新极大地提高了企业效率，降低了管理成本。最后，小米社区建设规范、成员基数大、交互频繁，是国内用户创新社区的先驱和代表。创新让小米的硬件产品在满足用户生活服务需求的同时，自带媒体属性。创新让小米的智能电视可以通过人工智能推荐的方式做到千人千面，结合用户的偏好进行个性化内容推送和商业信息的匹配。创新让小米 VR 成为内容呈现和商业服务的未来之星。

3.4.1.2　小米 MIUI 社区包含内容

MIUI 社区论坛采用了分版的形式，除了机型专区，共有 28 个板块，内容涵盖丰富。通过对各个板块的浏览，可以发现两个板块具有开发指向性的内容。这两个板块分别是“BUGLIST”和“新功能讨论”。BUGLIST 板块是用户提交 Bug 并得到反馈的地方。新功能讨论主要内容是用户发布对产品的内容的看法和改进意见、方案的地方，此外还包括用户对方案的评价。论坛不只是一个虚拟品牌社区，同时还是一个互联网产品，因此也具有互联网产品的属性。作为互联网产品的虚拟社区，是在虚拟空间上建立的人造产物。成员在虚拟社区中的行为经过了提前的设计和引导，并在产生以后又受到监测和管理。从某种意义上说，虚拟论坛是论坛的设计、是论坛控制者意志的体现。

论坛的每个板块都有一个板块描述。“BUGLIST”板块的描述为“每一条反馈，我们都视若珍宝”，在这里，用户可以在这个板块提交，其他用户可以进行讨论，开发者会进行反馈。与一般的论坛板块不同，这里提交的信息包含了高度格式化的内容，用户需要提交的信息包括标题、机型、版本号、复现概率、问题描述、复现步骤、截图、自由描述。此外，其他用户除了回复，还可以使用“我也遇到过”功能直接支持某个 Bug 提交。论坛的官方说明是“遇到的人越多，MIUI 开发组越会关注”：开发者有着标准化的反馈流程，Bug 被提交之后都会被置于待处理、请补充、已答复、已收录、已解决五种状态。一个新的 Bug 提交以后会被置于“待处理”状态，MIUI 用户提出的 Bug 一般都能得到开发组快速的响应，开发组看到以后会相应的把其分类为“请补充”“已收录”“已答复”状态，最终都会被置于已解决或者已答复的状态。用户在提交 Bug 时候显示了极大的耐心，因为要填的内容很多，有时需要截图。大部分用户都展示了一种专业和负责人的态度。但是 BUGLIST 板块每天的活跃度很低，只有少量的发帖。“新功能讨论”的板块描述为“人人都是产品经理”。用户在这里发布关于新功能的讨论，包括对新功能的描述、对已有功能的评价和改进意见。该板块的内容没有一种标准的格式。用户可以发帖、回帖，看帖。发帖的时候可以创建一个投票，其他用户可以表达对某种方案的支持和反对，或者在各种方案中选择自己支持的方案。开发组具有用户的权限。当开发组成员回复某个帖子时，帖子的状态会被标记为“已回复”。此外开发者也会发起对某些功能的投票征求大家的意见，然后做出相应的改进和提高。

与 BUGLIST 相比，新功能讨论所产生的内容要多得多，呈现出多样化的态势。而且成员之间的互动也更为频繁。这种互动也呈现出了一种长尾态势，少部分帖子得到了大量回复，大部分帖子得到零星的回复。人们很乐于去评价别人的方案。此外，相比用户所使用的情感性语言更为包含感情。对于用户的方案的采纳主要依靠开发组。开发组会在尾数不多的帖子下面进行回复或解释。虽然用户乐于进行投票，但是开发组并未表示，投票多的会得到更大的关注概率或者采纳概率。

总体来看，板块的内容是非创造性的，在论坛中，这种非创造性内容采用了一种标准化的形式，拥有对应的信息格式，并拥有提交到结束的完整流程。新功能讨论板块的内容是创造性的，这个板块所进行的活动类似 Howe（2006）所提到的第二类众包。创造性的内容无法依靠一个标准化的流程。二者相同的地方是，都依靠群体投票的方式对信息进行筛选。在讨论的结构方面，BUGLIST 是传统的计算机软件反馈的社区化。得益于虚拟社区的虚拟聚集和共现，传统的由用户向开发者的单向度信息传递变为用户和开发者、用户之间的双向信息传递。社区的黏性和品牌忠诚，用户可能具有更高的参与意愿。因为社区的信息渗透，用户可能具有更高的参与技能，而且 Bug 的严重程度也会得到经过众包筛选的排序。BUGLIST 相比传统的反馈方式可能会获得更为有价值的信息。BUGLIST 板块的信息交流机制是经过良好的组织的。用户在提交时被限定在提交一种高度格式化的有利于定位的内容。这种高度格式化的内容几乎和产品开发的测试团队提交的报告没有差别。这也导致了用户对 Bug 的提交有一定门槛。用户必须具有一定的技能和相当强烈的意愿才会提交这种 Bug。这或许就是这样一种众包方式设在品牌社区的好处。根据 Muniz 和 O'Guinn（2001）的研究，品牌社区的一大特征是对于品牌的“道德责任感”。他认为这种道德责任感，是在社区受到威胁时所表现出来，而当想象中社区变为可以感知的社区时，这种被动的维护，转换成主动的参与。这种参与同时和用户改变产品的成就感有关。BUGLIST 板块具有良好的反馈性。采用了分步骤的反馈链条，这使每一步的反馈非常短。这也造就了反馈的迅速和明确，保证用户对自己参与行为及其结果的认知，从而维系了用户的参与。新功能讨论板块代表了社区成员对产品开发更深度地参与，是一种更有挑战的讨论——对新功能开发的讨论。其挑战性在于对新功能的讨论，是基于发帖者的某种体验或者需求，而没有明显的对错。产品体验的多样性看法在虚拟品牌社区中互相渗透。发帖者经常会进行投票等汇集民意的行动。大多数人的看法以投票的形式表现出来，虽然这些投票可能是有失准确的。板块内的主题讨论常常是漫无边际的、碎片化的，人们所关注的地方是迥异的。特定的主题会拥有较多的支持者。这些主题常常会受到开发者的注意，虽然没有明确的规则。按照麦克卢汉的冷热媒介说，BUGLIST 是一种低卷入度的相对较热的媒介，而新功能讨论是一种高卷入度的相对较冷的媒介。高度的卷入性激发了社区成员的讨论热情和参与度。同时，也给信息的反馈和采纳带来了难度。该板块的信息反馈更多是一种讨论的反馈，主要依靠社区的用户成员。而以开发为目的的反馈，主要靠开发组成员。他们回复得并不多，而且回复的结果往往是“纳入考虑”等的软性回复。总之，新功能讨论板块呈现了更为鲜明的社区性、人群性。

意义的丰富性是 MIUI 社区论坛中意见交换的明显证据。就像许多社区文化一样，论坛的成员使用他们自己的语言。他们发布的对话伴随着对不知情者而言可能是陌生的词汇：第三方软件、UI、ROM、通知栏布局。它是属于手机爱好者的语言，传递手机使用的微妙体会。理解这种论坛成员的语言和潜在的参与诉求，是一把理解虚拟品牌社区中进行众包的钥匙，或许可以更好地组织讨论，从而引导作为社区成员完成众包开发。因为完整地翻译出这个论坛的语言在本章中是不可能的，我们可以检验许多包含其中的重要主题。

3.4.1.3 “BUGLIST”板块和新功能讨论板块的参与式观察

在新功能讨论板块聚集着一批企图改变MIUI的人。他们认为自己所提出的方案可以使MIUI变得更好。这种心态和作为雇员的产品经理并无不同。他们大部分人都有或者自认为有一种专业视角。他们并不觉得产品经理所认为的就是对的，而自己提出的方案也是有价值的。他们是业余的专业者，没有薪水的雇员。这就是所标榜的“人人都是产品经理”。参与讨论的成员有一种主体心态：主体心态意味着对产品负责，产品的好坏是与自己相关的。这一点是显而易见的，每一个帖子都存在改变产品的想法。对待开发者有着平等的态度，不会先入为主地认为其有着较高的能力，而自己的看法不被认同时，展现了一种理性而坚持的态度。发帖者的立场往往在自述者、代言人之间转换。对于一个大众消费产品，适合多数人是一个隐含的意义。尽管并非所有人都会持一种代言人的态度。但是代言人态度是在很多人眼里被倡导的。“人性化”“发烧”，这是发帖者对MIUI的印象。这些印象一般是由品牌主题和品牌社区的成员一起塑造出来的。这使社区成员碎片化的发言呈现了某种统一性。这些发帖者明白，这些产品是由公司所生产的，但是这些产品遵循了某些价值原则，而他们又对这些价值原则进行了自己的理解。这些印象就像开发者和用户之间的某种共识，某种沟通框架。这也使用户和开发者之间的沟通更为顺畅。

在像MIUI一样的虚拟品牌社区中，社区成员消费的内容大部分由自己生产，从而维系整个社区的运转，有较为明确的中心和方向。品牌社区成员有许多参与众包开发的有利条件。他们有较为强烈的参与意愿，他们对产品和品牌较为了解甚至具有一定的专业水准。在品牌社区的语境下，他们能够进行较为顺畅的沟通。MIUI不同于Linux，它仍然有一个开发的中心，需要依靠自己独特的产品盈利。如果说用建造集市的方法建起教堂，是用传统的方法建起一座教堂，然后把一些细节交给集市。这种众包的价值在于它试图塑造一种新的产品和消费者的关系。它同时具有关系营销属性和开发属性。在用户参与开发者的维度来看，用户的参与程度还不算高，其中的原因有很多：最核心的是资源控制问题。MIUI 的产品特性使它的开发团队要保持对 MIUI 的控制。按照雷军的话讲，它希望减少控制，但是减少控制会出现产品的混乱。MIUI 社区论坛的组织方式，尤其是在创造性内容的部分，仍然是比较原生态的。依靠一般的论坛秩序来维持。这种方式产生的更多是散乱的点，而不是有组织的图形。在这种缺乏组织的情况下，只有被提及的“问题”，而没有待解决的“任务”。如何有效地形成有意义的“任务”，是虚拟品牌社区中进行众包开发有待解决的问题。MIUI 的开发者可以依照改进路径 BUGLIST 对论坛 MIUI 进行重新开发。

3.4.2 Dell IdeaStorm 社区

3.4.2.1 Dell IdeaStorm 社区简介

2000 年美国无线 T 恤公司的创始人以实现更多人的设计梦想为出发点，在时装设计论坛的基础上建立了网站（www. threadless. com）鼓励终端客户参与产品设计、相互交流评点，评级较高的产品会由公司协助生产和销售，利润分摊。创新不仅存在于产品设计层面，还扩展到了商业经营模式，拉开了通过开放式网络创新实现盈利的序幕。

随之而来的是 2007 年戴尔公司也推出众包创新虚拟社区 IdeaStorm，通过建立在线社区网站（www. dellied - eastorm. com）邀请终端客户在线分享他们的想法，向用户征集产品设计、营销以及技术支持等方面的意见，并与公司合作开发或修改新产品和服务，用户可以在平台上发布文章、宣传文章、降级和评论文章，旨在利用大众的群体智慧对公司的产品实现创新。这个网站是建立在标准社交媒介方案基础上的，用户既可以在网站上提出自己的新点子，也可以对其他人提交的点子进行投票和讨论，作为激励，获得最多升级票的点子可以在 IdeaStorm 的主页上出现，在此社区中客户可以自由地展示其创新想法、贡献其商业理念，并与其他社区成员和戴尔公司进行互动，从而能有效扩大组织边界、充分利用外部资源、降低组织成本。

3.4.2.2 Dell IdeaStorm 社区的知识共享

在线网络创新社区中，各种参与者在知识共享过程中具有双重身份，既是知识的提供方，也是知识的接受方。知识的共享是通过创新成员的互动来实现的，具体就是发帖和回帖。从创新用户所发布的帖子开始，一个论题的提出会引来很多用户的回复，这种互动代表了参与的用户就此议题进行了知识共享。在社区平台中参与的论题讨论越多，知识共享就越多。通过知识共享，创新用户之间熟悉度会增加，他们互动的意愿和倾向也会增强。在线开放创新社区本身并不生产知识，它只是为知识分享者提供分享的在线平台支撑。虽然知识共享主要发生于创新社区成员之间，但是共享的知识却可以被平台记录存储。各社区成员之间的知识传递和交流经过成年累月的积累会在社区内部形成一个巨大的在线知识库。知识库的形成起源于每个成员的知识分享，具有公共物品的特性，它的质量受到社区成员知识水平的影响。同时知识库也是在线开放创新社区里最大的知识分享者。随着创新成员在社区内及社区间互动交流的增多，他们的关系越来越密切，共享的知识越来越多，从而导致知识结构发生很大变化。创新成员之间的基于知识共享的交流和互动以及逐渐在社区内部形成的网络知识资源库成为在线创新社区未来赖以生存和发展的基础。如今，IdeaStorm 平台上已有超过 2. 83 万条的创意提交、超过 74. 8 万张的投票、超过 10. 3 万条的讨论，超过 550 条的创意得以实施。

3. 4. 2. 3　Dell IdeaStorm 知识共享发展策略

（1）个体层面促进策略

在线开放创新社区中的知识共享主体来源广泛，个人特质差异很大，拥有的知识背景和资源异质性较强。因此，培养社区用户的共享和协作意识，鼓励其积极参与社群活动，增强归属感，通过组织活动和制定有效的管理制度，引导用户实现知识共享、协同创新，是决定在线开放创新社区成败的关键。可以采用线上线下相结合的方式组织创新交流项目，为具备不同兴趣爱好、能力和行为方式的用户创造深入交流、建立紧密联系的渠道，搭建在线社交网络，增强社区凝聚力。定期统计在线社区中参与创新活动的人数、受用户关注的创新项目、收获的创新成果数量等数据指标，并定时发布相关的数据报告，让在线开放创新社区中的用户及时了解到社区创新情况，以确保社区中用户形成对创新价值认可的共识，激发用户持续进行知识共享、参与协同创新的意愿。针对社区用户的差异化需求，设置多元化的社区激励机制。综合使用物质和精神的激励机制，满足用户需求，进而激发在线用户的创新行为。通过调研和数据分析识别出有创造力和强烈创新意愿的领先用户，有针对性地邀请他们深入参与产品创新的研发工作等，增加产品未来投入市场后的成功率。

（2）社区层面促进策略

在线开放创新社区可以通过建立信息甄别机制来有效识别创新用户的知识水平情况。信息的披露会增加社区内社交透明度，降低创新用户在知识分享过程中预期收益下降的风险，增加信任度，保持用户的分享积极性。在线开放创新社区还可以采用选择性激励机制激励用户。选择性激励机制与全员性激励机制最大的不同就是以鼓励为创新做出高质量贡献的用户为主要目的，同时不对知识分享中“搭便车”行为施以惩罚。这种激励机制一方面弥补了高质量知识分享用户的分享成本，提高了分享收益；另一方面在保持了平台开放性的基础上增加了用户黏性。在线开放创新社区用户除了创新参与者的身份，还有创新产品潜在消费者的身份，更多基于产品的创新信息的分享和披露对产品未来进入市场的消费接受度是有正面影响的。因此，选择性激励机制虽然在一定程度上会放纵在线创新平台上的搭便车行为，为高质量创新用户带来不公平，但是却为更多的在线用户提供了良好的学习机会，充分体现了互联网的共享精神，以及它的包容性和开放性。很多进入在线开放创新社区的用户主要目的不是分享，而是获取低成本的创新知识。虽然在一定阶段里，这些用户对社区内部的创新项目贡献不大，但由于知识的可习得性，这些用户在学习相关知识后会增加知识和技能储备，创新能力上也会有所提升，将会成为创新社区未来创新的基础。

（3）平台层面促进策略

在线开放创新社区承建方可以运用先进的信息技术，例如索引技术、云储存技术、数据搜索与挖掘技术等，帮助社区里的创新用户快速得到所需的创新资源，优化使用体验。在线开放创新社区网站未来的建设方向应以互动性、临场感等增强用户体验的功能为主，并结合创新实践需求，借鉴互联网中已成形的先进系统模型，加强信息质量。在社区网络易用性、互动性等方面，根据创新用户的多样化个性需求进行建设，努力营造良好的网络创新环境，激发创新用户共享知识、持续创新的意愿。

我们以 Dell IdeaStorm 社区中相关用户和创意为样本，研究了在网络创新社区中其创意采纳行为，丰富了用户参与创新等理论，并为企业有效挖掘虚拟网络社区用户资源和创意产生一些思考：

①丰富了用户创新的理论和方法，拓展了用户参与创新模糊前端的研究。麻省理工学院的 von Hippel 教授发现，大多数产品和服务实际上是由用户发展出来的，继而提出了"用户是创新者"的革命性观点，本研究用虚拟创新社区用户客观数据进一步证实了这个观点，本研究发现虚拟社区用户是重要的新产品创意源泉。von Hippel 教授进一步提出了领先用户的概念以及识别方法，后续有大量理论研究围绕领先用户做了探讨。虽然已有学者对领先用户识别进行了大量研究，但在现实中搜索和识别领先用户仍十分困难。研究指出，企业可以建立网络社区鼓励用户直接参与，以相对较低的成本获取用户创意，但在拥有海量用户数据后如何经济地识别出有价值的用户也并非易事。本研究有助于识别哪些是领先用户，哪些是有价值的创意，丰富了 von Hippel 的用户工具箱理论。同时，本研究拓展了用户参与创新模糊前端的研究，直接探讨了虚拟社区用户相关特征与创新模糊前端——用户创意采纳之间的关系。

②扩宽了开放式创新研究的组织边界。在开放式创新范式下，企业可以从供应商、客户、竞争者、知识机构、技术中介、普通大众、政府等多渠道获取创新源。同时，开放式创新具有情境依赖性，是在一定环境和组织情境下实施的，不同的情境和模式会产生不同的开放式创新结果。以往开放式创新文献主要以传统创新背景为主，侧重于关注企业开放度的把握。如今互联网等 ICT 技术的发展使组织边界变得模糊，开放式创新成为创新 2.0 新形态。本研究以产品用户为开放对象，置于企业主导的虚拟创新社区这一新兴创新环境中，借此产生知识簇群网络，对互动内容更有聚焦性，为如何把握创新开放度提供了新方式。企业可借助此平台，从用户处获得免费创新成果，不必再去耗费过多资金做研发，从而产生经济溢出效应。

企业可通过充分了解用户活跃度和贡献度来辨别其是否为潜在创意者，并在实际运营过程中重点关注这些用户所提出的创意，尤其是以往贡献大的用户。管理者可借助虚拟创新社区，制定相应对策来激发用户参与的积极性，并注重与用户之间的互动，激励其提高贡献率，帮助这些用户产出更多高人气的优质创意。建议企业及时对用户创意进行评论反馈，引导用户提出具有合适场景的创意，并提供一些基础产品工具供用户自行设计进行试错，然后对用户较成熟的需求方案给予公正评分和相应的贡献奖。创意人气可作为产品市场测试指标，企业可重点关注高人气创意，并制定相应的激励措施鼓励用户提出高质量创意，积极参与相关投票活动，以此达到仅利用有限资源便可快速在大量创意中获取优质创意的目的。其中关于激励措施管理，企业可将相关的新产品作为奖品颁发给提出高人气创意的用户，并让其在经过一段时间的试用期后向企业研发部提交一份体验测试报告，而针对参与投票的用户，企业可根据其活跃程度给予相应的积分等虚拟物质奖励，使其可在社区内的积分商城兑换礼品。

在网络创新平台上，企业应该围绕特定的创新任务激发用户在线互动热情，努力参与贡献创新观点和评论其他用户的创新观点。研究表明用户努力有助于增加创新观点获得其他用户的正向评价和增加企业录用的可能性。在网络创新平台中，很多注册用户扮演“浏览者”角色，他们只是在平台获取信息和资讯，但是不去贡献创新观点（毛波、尤雯雯，2006）；因此，在网络创新平台上，企业应该围绕特定的创新任务激发用户努力贡献创新观点和评论其他用户的创新观点，这有助于增加用户贡献高质量创新观点的可能。在网络创新平台上，企业可以通过双向奖励的方式激发用户在线互动的热情。研究表明，对于创新观点得到其他用户正向评价来说，用户与用户之间的互动数量和聚焦板块进行评论很重要。因此，在网络环境中，企业可以通过双向奖励的方式激发用户的互动热情，比如对于某一个创新观点，如果互动达到一定次数，双方都会获得积分或其他奖励等。用户通过聚焦自己了解和感兴趣的板块，深入地与论坛中其他的用户在线互动，发出的帖子（贡献的创新观点）能够更多地获得其他用户的正向评价。在网络环境中，企业应该选择性地对用户发的帖子（贡献创新观点）进行反馈和回复。研究结果表明，对于增加创新观点得到企业录用可能性来说，用户与企业之间的互动很重要，但是本研究发现企业反馈率与用户贡献创新观点的数量的交互作用没有增加企业录用的可能性。因此，在网络环境中，企业应该鼓励用户更多地参与发帖（贡献创新观点），但是企业在增加反馈率的同时应该采取相应的策略，对贡献创新观点数量多的人来说，并不需要对所有创新观点进行反馈，应该策略性地选择反馈。

3.4.3 HOPE 社区

3.4.3.1 海尔 HOPE 社区简介

海尔集团创立于1984年，从一家濒临倒闭的集体小厂，发展到大型国际化集团，产品远销160个国家和地区。海尔注重于战略的布局，经历了名牌战略、多元化战略、国际化战略，全球化品牌战略发展阶段，直到现在的网络化战略。在互联网时代，用户不单单是产品的使用者，海尔顺应潮流完成了从传统企业到网络化平台企业的转型。网络化的企业可概括为“三化”：企业平台化、员工创客化、用户个性化。海尔的核心理念为人单合一，每个员工可以掌握用户的资源，原来金字塔最底层的员工很难做出自主决策，现在变成创业平台，截至2016年年底，海尔已支持内部创业人员创立300多家小微企业，让员工在为用户创造价值的同时实现自身价值。之前海尔是串联式的组织架构，串联起研发、制造、采购、营销到用户，现在聚合资源，形成利益共同体，创立了“自主经营体”，可以迅速感知外界变化，发现和创造用户需求。近年来海尔作为传统制造业在互联网时代的成功模式及其“三化”突破性的创新引起了国内外学者的广泛关注，普遍认为海尔的模式顺应时代的创新，是对传统管理的突破。

海尔社区是海尔官方提供给用户的交互平台，分为电冰箱、空调、电视等各大板块，社区有达人指导用户选购家电，互动答疑，用户可以分享知识经验，并增添了许多积分活动吸引用户的参与。海尔开放创新平台（Haier Open Parterniship Ecosystom，HOPE）是为了顺应海尔的战略转型而生，遵循开放、合作、创新、分享的理念，提供给用户交流分享的平台，并更强调与社区的创新作用，通过整合各类优秀的解决方案、智慧和创意，与用户进行合作，用户在社区中直接提交创新需求和技术方案，不断地反馈和改进产生更完善的产品。海尔集团作为全球大型家电第一品牌，是目前国内第一家创立企业开放式创新平台的企业。作为海尔集团开放式创新的“领航者”，自从2013年10月正式运营以来，HOPE开放式创新平台一直以其资源丰富著称。2014年6月海尔开放式创新平台改版升级。平台遵循开放、合作、创新、分享的理念，通过整合各类优秀的解决方案、智慧及创意，与全球研发机构和个人合作，为平台用户提供前沿科技资讯以及创新解决方案。平台内现有 15 家创新基地、3600 家创业创新孵化资源、1333 家风投机构、120 亿创投基金、108 家孵化器空间、200 多个创业小微、3800 多个节点小微。创业小微年营业收入已过亿元。海尔集团建立的基于互联网的开放式创新平台让企业和用户直接连接在一起，让平台成为实现各方利益最大化的利益共同体。无论是企业管理层、供应商、销售商、小微企业、创客还是普通用户，都可以作为参与者加入基于互联网的开放式平台内。参与者凭借自身的智慧和资源构成创业生态圈，在生态圈内进行知识共享行为，使知识需求者与知识提供者达成有效合作，借助平台资源将创意孵化成产品，在实现知识共享的同时也实现各方价值共享。

HOPE 上人们参与创新的方式主要是提供创新需求和技术方案，通过大量用户对需求和技术的交流与反馈，产生更完善的需求与技术，进而对需求进行技术自动匹配或技术提供，从而产生产品的可行性方案。在 HOPE 创新平台上，主要包含以下几类主体：① 海尔内部员工：海尔鼓励将员工从被雇佣者转变为创业者，每一个员工都可以在海尔平台上创业，直接面对用户、创造价值。这样不仅可以转变员工的内部思维，让员工意识到他们不单是解决问题的个体，而且可以是发现问题的个体。从 HOPE 创新平台现有的 238 个需求来看，海尔的内部员工是提供创新需求的重要来源，提供了 HOPE 中接近 40% 的创新需求。②个人用户：从 HOPE 建立到现在，挖掘个人用户的潜在需求和解决用户的问题一直是 HOPE 最基本的目标，而在 HOPE 平台上，这部分用户将自己在生活中遇到的问题发布在 HOPE 平台上，为 HOPE 提供了宝贵的资源。从 HOPE 平台上的信息来看，这一部分用户不仅仅提供需求，还积极参与创新需求和技术的评论与关注，帮助需求提供者完善需求，并且能够帮助 HOPE 选择有价值的需求。在 HOPE 创新平台上，海尔内部员工和个人用户共有 1657 个，这一部分用户的价值不仅在于提供需求从而参与企业创新的开发，也通过评论和关注参与了海尔创新的选择，是 HOPE 的重要组成部分。③外部企业：外部企业是最主要的需求来源，提供了需求总数的 57% ，同时也是最主要的技术提供方。HOPE 需求的提供方包含多个外部企业，其中包括世界 500 强的南方电网、花旗集团，还有海纳电子、天阳地暖等多个企业，涉及的行业也不再局限于海尔之前的白色家电，而是包含了电力、生物制药、电子信息、微生物肥料、新能源、新材料等多个行业。④高校研究所：研究所为 HOPE 提供需求方案和技术方案，主要是为 HOPE 提供技术方案以及解决需求方案。这一部分主体的存在保证了技术的多样化和专业化，并保证了需求的快速有效匹配。HOPE 中的研究所包括中国科学院以及西北工业大学、清华大学、山东大学、上海交通大学、华南理工大学等各个高校的研究机构，涉及电子信息、微生物肥料、新能源、新材料、机械等多个领域。

3.4.3.2 海尔 HOPE 社区网络创新平台知识共享过程分析

（1）知识聚集阶段

海尔集团 HOPE 开放式创新平台设有创新合伙人社区和创新社群。社群中的参与者多为技术极客和发烧友，各类参与者成立不同主题的社群。他们对智能家居、智能家电、全新生活形态等前沿课题抱有极大的个人兴趣，通过分享行业前沿新技术、新产品、新服务等热点内容的讨论，加强参与者需求交互和洞察。平台参与者依据海尔集团 HOPE 开放创新平台丰富的知识经验，采用线上线下结合的方式，将输出各类研究成果聚集在平台内部。HOPE 开放式创新平台计划通过大数据技术汇总全球的技术资源。通过设定关键词对全球专利、科学数据库、专业知识网站、社交网络等海量信息进行准确抓取，以便将方案自动推送到知识需求者手中。HOPE 开放创新平台通过构建全球资源共享网络，在未来将实现全球一流资源全方位实时监控。平台目前已对海尔集团全产业 51 个主要方向、913 个技术领域的“30 万 +”全球一流资源实施监控。从平台信息技术角度看，HOPE 开放式创新平台计划建立基于全网大数据的需求与资源匹配系统和基于平台的智能匹配引擎。需求与资源匹配系统可以根据参与者需求准确抓取全球专利、科学文献库、专业网站、社交平台以及其他各类资讯平台的海量信息。智能匹配引擎可以方便参与者实现平台一站式搜索，快速满足用户个性化需求，快捷地帮助参与者找到平台知识库内合适的创新解决方案。

（2）知识交流阶段

HOPE 开放式创新平台网络汇聚了全球创新合伙人资源，同时拥有遍布欧洲、北美、亚太地区的庞大资源网络。在如此庞大的网络资源面前，参与者可以依托网络资源在全球范围内寻求合作伙伴。资源网络内创新合伙人信任度较高，共享意愿和交流意愿较强，非常乐于接受对方的创新开发挑战并将其转化为成果。经过四年的发展，HOPE 开放式创新平台可触及全球各领域的专家队伍。创新队伍参与者包括业内人士、专业技术者、专利持有人、TRIZ（发明问题解决理论）专家和各种具有专业技能的极客。当知识需求者发出创新需求后，可以在资源网络中通过筛选专业人士并组成跨学科研发团队。跨学科研发团队可以为双方交流深度和交流频度提供一定的保障。HOPE 开放式创新平台涉及的领域十分广泛。由于海尔集团是家电企业，HOPE 开放式创新平台涉及产业主要为制冷保鲜产业、洗涤产业和空气净化产业等。平台善于收集行业信息并建立了各产业分析模型，利用模型筛选有价值的行业信息，帮助共享合作双方了解行业发展趋势和行业拐点，辅助双方合作方案达成。与此同时，HOPE 开放式创新平台提供材料类、机电类、智能传感类、热力学类等各技术领域应用，平台配备了专家资源。双方交流过程中存有疑问时，可咨询专家解读困惑信息，帮助共享合作双方顺利交流，提出改进方案的方向建议。

3.4.3.3　海尔 HOPE 开放式社区网络的优点

(1) 降低创新合作成本

海尔集团开放式创新平台知识共享带来的直接优点就是大大降低了创新研发成本。平台内汇聚了为参与者打造的分享创意的社区，参与者可以在社区内提出"创新需求"，共享"技术方案"。而这种方式在前期合作过程中是非常适用的。作为知识需求方，可以在几家技术提供方的方案范围内评估筛选，省去了传统企业合作的中间环节，最终选取最合适的技术提供方开展合作，最大限度地节约搜寻过程的时间成本。

(2) 缩短创新周期

互联网时代使用户对产品的个性化需求越来越强烈，创新的高速化发展倒逼企业不断缩短产品研发周期。HOPE 开放式创新平台率先采用从发掘用户需求到促使合作研发的直接模式，资源对接周期很短。用户提出需求到技术研发成功乃至组建合作团队，往往仅需要几个月的时间。省去了研发流程不同节点对接手人的筛选时间，让用户全程参与企业研发，大大缩短了创新周期。

(3) 更好的用户培养互动关系

平台内参与者的交流互动分为多种类型，如普通用户之间的交流、平台工程师之间的交流和用户与工程师的交流。平台内部工程师会定期与普通参与者开展交流互动活动，一来普通参与者的困惑能够获得最专业的解答，逐渐实现从观众身份到生产者身份的转化，更好地参与产品的设计和研发。二来解答过程能帮助工程师获得相应的灵感，从而超前提出符合参与者需求的产品理念，有利于双方互帮互助，提高双方的创新积极性。

（4）加速社群经济效应

HOPE 开放式创新平台内设有强大的技术社群，参与者遇到的技术问题都可以在技术社群内得到初步解决。社群研发人员围绕创意提出、创意解决和专利维持开展工作，比如转让专利技术、达成不同形式的专利合作，以及升级组织运营模式、机制与流程等。从用户需求到技术创新、再到企业以及合伙人共同协作，最终实现市场价值，形成了科技创新社群的生态闭环。

尽管创造力在企业构建创新平台过程中发挥着十分重要的作用，但是推动企业创新活动前进的主要动力是创新能力。作为互联网开放式创新平台的掌舵者，企业管理者在知识转化的过程中，扮演着非常重要的角色。基于互联网的开放式创新平台改变了企业获取知识资源的方式。企业搭建的传统开放式创新平台存在知识边界，企业仅仅引进有限的外部知识资源提升企业的创新能力。而企业搭建的基于互联网的开放式创新平台攻破了内部资源稀缺带来的限制，允许各类参与者进入平台贡献有价值的知识资源，进而使企业通过平台汇聚多方知识资源。基于互联网的开放式创新平台使企业不再局限于保持技术优势的现状，进一步加强了企业对探索性知识资源的学习。相比于其他竞争企业而言，有可能比竞争企业更多、更广泛、更深入地利用世界知识资源，集成全球优势因素提升竞争力。企业需要提升知识共享的战略地位，改变传统知识共享方式。企业搭建基于互联网的开放式创新平台直接目的是利用较低的共享成本汇集参与者智慧并为企业创造知识成果，因而参与者知识共享是平台运营的核心环节。促进平台参与者知识共享需要知识聚集阶段、知识交流阶段和知识集成阶段各自的知识共享步骤，同时分析参与者规模、知识共享程度和知识集成程度等促进因素对知识共享三阶段的促进作用。知识聚集阶段强调扩大参与者规模。此阶段通过识别参与者动机、激励参与者贡献知识并将知识外化的步骤，实现知识资源在平台内的聚集。知识交流阶段强调提升参与者知识共享程度。此阶段通过建立参与者信任感、确定知识贡献价值、促进知识价值转化并完成知识博弈实现知识的交换与升华。知识集成阶段强调提升参与者知识集成程度。此阶段通过非正式成果固化、正式成果入库及完善知识管理手段实现知识成果的集成。

目前，基于互联网的开放式创新平台刚刚起步，参与者知识共享各个阶段难免出现相关障碍。在知识聚集阶段，平台专业性不强很难吸引参与者。由于缺乏标准化接口，参与者规模较小，黏性不强，且贡献的知识相似性很高。在知识交流阶段，参与者共享信任精神十分有限。知识价值认定不完善，可能导致知识资源互换不对等及知识价值转化渠道不明等障碍。在知识固化阶段，容易出现知识信息技术不完善及知识管理手段单一的情况。然而，平台运营的障碍并非不能解决，而是要在充分考察现实情况并做出切实的改变措施后才有成效。应进一步建立知识资源甄选和扶植机制，丰富平台主要内容板块，统一规范参与者知识共享细节。以“互联网+”组织模式为模板，衍生的一种新的创新发展平台便是基于互联网开放式创新平台。平台里有三个重要的支柱或者基石。首先，保持企业资源开放化。以开放式创新平台为基地，开放相关企业知识资源，在此基础上利用社会创新团队，形成知识共享合力。其次，保持平台资源共享化。即积极调动平台现有的知识资源优势，发挥企业对平台建设的关键作用，实现平台知识资源最大程度的共享。最后，保持资本运营推动化。即依托平台优势，在全球范围内搜寻创业团队，并积极将其纳入组织发展的一部分。借助企业资源，辅助创新团队完成由知识价值到知识成果的转化。

目前，互联网已经对传统的企业形成了强有力的冲击，成为未来发展的新基调。基于互联网的开放式创新平台正是“互联网+平台”的具体表现形式。企业今后发展的方向是互联网经济向智慧经济转变，开放式创新平台参与者知识共享正是促进大众智慧向经济效益转变的未来趋势。沟通是用户最基本的需求。平台发展目标是不断更新用户知识交流内容，将瀑布式研发模式更新为迭代式研发模式，使平台智慧资源与全球智慧资源共同构建一个共享共通的创新生态系统。

3.4.4　Thingivers 社区

如今，互联网时代正在向智能时代跨越。新技术、新产品和新业态更新迭代加速，企业迎来新一轮快速发展，知识已成为社会发展的重要资源和核心生产要素。为了应对严峻的挑战、增加核心竞争力，企业亟须提高创新水平，提升获取、创造、整合和应用知识的能力。由于创新活动需要从外界获取大量的知识资源，伴随着互联网技术的渗透，一种新的创新模式——开放式创新模式愈加受到社会青睐，网络创新社区（Online Innovation Communities，OIC）也由此应运而生。

围绕企业产品或服务探讨虚拟知识交流或知识创新平台的网络创新社区，一方面为企业提供了大量优质知识创新资源，另一方面为广大用户提供了产品知识交流共享的平台。很多知名的生产和服务企业（如宝洁、戴尔、星巴克、耐克、大众等）都纷纷建立了自己的网络创新社区，利用互联网将顾客、供应商等外部创新源纳入企业的创新体系中。其中，Thingiverse 社区是 Makerbot 公司下属的 3D 打印社区，在 MakerBot 的 3D 打印生态系统中扮演设计中心的角色，是面向消费者的数字内容社区，成立于 2009 年，目前拥有超过 200 万个 3D 打印设计素材，是全球最大的 3D 打印网络社区。Thingiverse 建立了开源的 3D 打印创造、设计和共享环境，并较早发布了 3D 打印领域内的共同开发许可协议（Common Creative License），鼓励用户在该协议下与他人共享 3D 打印设计模型，共同创造新的设计。

3.4.4.1 创立背景

网络创新社区（亦称虚拟创新社区），是指由企业、顾客或第三方机构建立的、用于支持顾客和其他外部创新源参与企业创新活动的网络社区平台，是组织和个体为获取内外部资源并用于创新过程，将参与开放式创新的各方成员（企业、消费者和第三方机构）紧密联系，并包含各种知识要素和信息的传递回路的网络系统。它的出现拓展了企业与顾客之间、顾客与顾客之间的交互方式，为创新导向的企业提供了一种网罗创意、创新产品的有效途径，使顾客参与创新由理念变为现实。

Thingiverse 社区作为网络创新社区的典范，现已是全球最大的 3D 打印模型资源分享平台。2008 年，著名 3D 打印机厂商 MakerBot 在纽约地区推出首家实体店时，上线了自己的 3D 打印模型分享社区——Thingiverse。该社区允许 3D 打印爱好者上传自己的 3D 模型供其他社区成员下载、打印和评论。社区成员也可以通过整合或重组他人的产品来设计自己的创新产品，但必须注明原创者的相关信息。MakerBot 的历史最早可追溯到由巴斯大学机械工程高级讲师 Adrian Bowyer 博士于 2007 年创立的 RepRap 项目，它是一项旨在开发可重新打印其大部分部件的 3D 打印机的计划。RepRap 项目根据自由软件原则发布了它根据 GNU 通用公共许可证生产的所有设计。设计师可以自由地修改 RepRap 设计，只要与 RepRap 社区共享他们的创作即可。2016 年 2 月 11 日，MakerBot 公司推出新的 Thingiverse 开发者计划，即向软件开发人员开放 API，通过提供一些方便简单的在线定制工具，帮助社区成员完成创意、实现定制化需求，并且通过与打印服务商连接，直接将用户创意变为现实。3D 打印机是 20 世纪 80 年代的工业技术，在 RepRap 开放硬件项目刺激了以消费者为中心的初创生产商随后进入市场之前，一直都在被缓慢采用。MakerBot 公司的创始人真正建立了一个面向消费者的开放式创新社区，补充了 3D 打印机创造的价值。

3.4.4.2　社区特征

(1) 表现形式

在数字时代，开放式创新流行的形式是“制作”，即用户跨多个学科进行创新，并使用机械、电子和数字组件制作满足其需求的产品。网络创新社区涵盖多种表现形式，如开放协作社区、创新竞赛社区、开源软件社区等。在 Thingiverse 社区平台中，这些用户可以利用通过各种模块化工具包来进行创新和协作，属于网络创新社区分类中的开放协作社区。社区用户通过在其他用户作品的基础上进行协作创新，实现企业与用户之间的实时互动创新。

(2) 参与主体

在 Thingiverse 社区中，各参与主体之间的相互作用和影响促进了企业创新活动的开展。按照参与主体分类方式，开放式创新社区网络的参与主体分为研发单位、供应商、竞争者、全体员工、用户、金融与风险投资机构、政府机构和其他成员等类别。

①研发单位。研发单位具有丰富的学术资本、智力资本以及重要的研发人力资源，因而在社区进行 3D 产品打印设计的过程中具有重要的理论和技术积累优势。

②供应商。企业为了提高自身产品的竞争力选择与供应商合作，让其

参与产品开发和设计，充分发挥供应商的专业知识和技术优势。供应商是创新的重要源头，其作为生产原材料和相关零部件的供给者，在产品设计的关键技术方面存在巨大的优势。

③竞争者。竞争对手的行为和结果直接影响企业的行为和结果，在互联网时代需要不断迭代更新，结合其他竞争者的优势资源，集中进行技术创新，提高创新效率，并形成同行业企业间的互助联盟，实现共同利润的最大化，并共同分享市场份额。

④全体员工。创新往往来自某些不起眼的角色，许多世界著名的大企业就倡导全员参与创新活动，探索和激发全体员工的创新能力。从20世纪80年代末开始，GE公司由CEO韦尔奇发起的“群策群力”（workout）活动就一直开展至今，活动鼓励员工参与创新，提出新想法，并充分给予员工权利进行开发。

⑤用户。根据在新产品研发过程中各阶段发挥作用的不同，可以将用户分为五类，即领先用户、请求用户、启动用户、先锋用户和第一次买家。在Thingiverse社区中，用户参与产品的设计、创新和再创造，能够将产品自身体会和需求向社区反馈信息并提供意见，从而提高企业的创新绩效。

⑥金融与风险投资机构。金融与风险投资机构为企业技术创新活动提供了充足的资金支持，直接或间接地对企业进行帮助，促进创新活动的顺利进行，成为企业的强有力的资金保障。

⑦政府机构。政府是企业宏观环境的重要影响因素，其作用主要体现在为企业提供一种良好发展的社会氛围，通过法律法规和市场调节等途径对企业的创新活动产生巨大的影响。

⑧其他成员。其他成员包括相关度较低的企业和其他社会大众。这些相关度较低的参与社区网络的企业与拥有社区网络的企业没有十分密切的关系，但是由于其所处领域和行业的不同，可能具有潜在的技术、市场、资金等互补性资源，能为企业的创新提供潜在的帮助。

（3）主要特点

信息技术的发展和互联网的兴起打破了地域条件的制约，网络创新社区进一步推动了企业传统的内部创新模式的瓦解。一般而言，网络创新社区具有以下四个特点。

①异质性。网络创新社区所处的环境不同，参与主体具有不同的特点、能力、资源和技术，这构成了 Thingiverse 社区网络的基础。

②动态性和流动性。Thingiverse 社区是一个开放式的互动网络，不断地发生信息、知识资源的交换活动，形成动态的变化过程。社区中的成员来源比较分散，由于人际关系相对松散或者社区主体吸引力不足等原因会使社区中人员流动性较强，新成员不断注册并加入社区中，同时老成员也会因为各种原因退出。

③不确定性。Thingiverse 社区中的成员不受时间和空间的制约，参与者可以在任何时间、任何地点参与社区活动，且进入门槛较低，具有一定的不确定性。

④运作模式。Thingiverse 不提供制造服务，也不收取任何费用，其开设目标主要是对母公司 Makerbot 进行宣传，提高其公共知名度。而 Makerbot 则旨在为普通消费者提供家用 3D 打印硬件设备。因此，Makerbot 创建 Thingiverse，一方面是为其目标顾客提供可实际打印的设计内容；另一方面则是为了激发消费者对 3D 打印的兴趣和对家用 3D 打印设备的购买需求。Thingiverse 的成本主要来自社区平台开发和运营维护、协议的完善与监督，以及常规的人员成本和管理费用。在收益方面，则依靠 Makerbot 的销售收入。Thingiverse 提供了一个嵌入式社交平台，供社区中的用户对产品设计档案方案进行点赞、收藏、跟踪、评论、分享、重混、打印等，一些设计在共享后的几天内就吸引了 200 多个评论。与其他竞争对手的网站不同，Thingiverse 是一个免费网站，用户无须付费即可访问它，也无须托管外部广告。它对 MakerBot 的商业功能是通过为用户提供一种免费、简便的方法来寻找他们可以在家打印的设计来增加打印机销售的价值，该网站是 MakerBot 主营业务（3D 打印硬件销售）的辅助设备。

Thingiverse 用户在创作时对知识产权的限制相对较少，其他人可以复制、混用或用于其他目的。这通常受到传统或传统的版权法使用的限制。用户将设计上传到 Thingiverse，首先需要建立 Thingiverse 账户，用户可以添加有关设计的信息、类别以及有关创作者如何制作事物的说明；如果它是“受其他 Thing 启发，衍生或重新混合”的，用户也可以将自己的创作链接到另一个已有的 Thing；用户还可以从下拉列表中选择附加到 Thing 的次要许可证，以便用户可以“选择您希望别人如何使用您的东西”，更加有利于用户之间的开放共享协作，实现产品设计的创新。

3.4.4.3 重混创新

Thingiverse 上特别重要的现象是重新混合，可以在设计上创建新的变体以满足一组不同的需求或约束。例如，可以将上传的手机壳添加运动队的徽标，或者可以将上传的三脚架使用公制螺钉而不是英制进行重新组合。混合大致可分为两类：参数和自由形式。参数的更改仅包括更改对象的现有参数，例如更改汽车上车轮的直径或宽度。自由形式的更改涉及在设计中添加全新的元素，例如将汽车上的车轮更改为油箱胎面。用户可以通过将 3D 模型导入典型的 3D 建模应用程序中来手动创建重新混合，Thingiverse 还提供了 MakerBot Customizer 工具（简称 Customizer），一个内置的 Web 应用程序，可用于有限的 3D 设计混合。该工具可以通过改变参数进行更改设计，例如更改环的直径或名称标签上的文字。这些更改只能是参数性的，不能采用自由形式，并且必须由 SCAD 文件中可定制设计的设计者明确指定。设计师上传此可自定义的设计后，其他用户可以使用简单的 Web 界面更改这些参数，以生成 3D 可打印的 STL 文件。

（1）与其他网络创新社区对比分析

在开放式创新蓬勃发展之际，国内外诸多企业纷纷建立网络社区，国内的虚拟社区领先者为华为花粉俱乐部和小米社区，目前 Thingiverse 社区中超过 4316400 名社区成员下载、共享和混合 3D 设计，花粉注册用户突破 2000 万，小米社区月活跃用户量达 3.6 亿。花粉俱乐部是华为旗下的官方唯一粉丝交流互动平台，为花粉第一时间呈现华为和荣耀最新的产品和服务资讯，帮用户答疑解惑。花粉即华为粉丝的谐音，在拥有了自身的粉丝群体后，得到华为官方支持运作的花粉俱乐部便应运而生，期望为粉丝群体提供交流与互动的平台，并对粉丝群体进行有效聚合。花粉俱乐部以华为的企业文化、华为荣耀品牌理念、充足的资源支撑，以及花粉俱乐部独有“热爱”文化，帮助花粉们开阔视野。小米社区是由小米公司组织成立、围绕小米品牌形成的在线社区。2011 年，小米社区正式上线，包括资源、各产品分板块、论坛、同城会等内容板块，众多小米爱好者在此进行交流和互动。Thingiverse 社区没有直接通过社区用户进行盈利，华为和小米主要通过搭建开放协作社区或积极的协作互动，从社区内部收集、使用分析用户数据信息，并建立系统和流程来收集社区用户的意见，获得社区的信息收益，提高了企业的品牌忠诚度和市场渗透率。

（2）Thingiverse 社区的展望

Thingiverse 社区是一个功能强大的信息技术平台，为用户提供丰富而有效的创新工具，使顾客能够便捷地参与产品的设计创新。用户可以快速下载预制的 3D 设计并提出特定于设计的问题，Thingiverse 可以帮助用户入门基本的 3D 打印学习，但社区目前仍存在一些可以进一步地简化设计、下载、定制和打印的工作流程。用户将数百种不同格式的设计文件上传到 Thingiverse 社区，但部分初级用户很难获得想要的信息。不同的打印机型号和设置通常需要不同的设置，被询问的常见打印机设置包括支撑结构（用于防止设计在打印过程中下垂或掉落）、填充（打印时应填充材料的模型的百分比）、壁厚、比例尺和打印机风扇转速等。除此之外，有很多用户的疑问难以得到及时的解答，有的用户会询问 3D 设计使用了什么软件（“您如何制作其中一种?”）；而有些用户则要求提供设计的实际源文件（“您还有模型文件吗?”）；还有一些用户需要更高级的设计过程，例如：如何从视频游戏中提取 3D 模型或如何将模型导入新软件中。因此，社区中存在许多未解决的问题，包括最基本的文件格式之间的区别，STL 文件（在 Thingiverse 上使用最广泛的文件）自身存在一定的局限性，未来平台可能会统一交换文件类型，同时在 3D 设计中添加如何组装设计以及对不同 3D 打印机使用了哪些打印设置之类的相关细节。

Thingiverse 社区鼓励所有用户都可以创建自己的产品，进行重新混合和共享 3D 设计。添加 Customizer 工具的目的是让非专业用户也可以创建自定义设计，目前社区中大约一半的设计是使用定制程序生成的。但很多用户更想要进行自由形式的混合，而不仅仅是通过“定制程序”工具进行混合，对于想要生成 3D 模型的可定制版本但不熟悉复杂脚本语言的非专业用户而言相对比较困难，这一问题需要平台进一步深入考虑。

4　网络创新社区中知识重混动机分析

不同学科领域的研究已经注意到动机的关键作用并做出分析，如信息学科的学者 Wasko 和 Faraj（2005）用构建模型的结果验证了声誉、利他主义和互惠互利动机对激励社区用户知识创新有显著影响，且声誉性动机降低时，用户知识创新的参与程度减弱。Hofmann 等（2018）应用满足理论，从人机交互领域验证了改善缺陷、提升质量的利他性行为对社区用户主动参与重混产生积极影响。Dasgupta 等（2016）则完全从计算机科学的角度验证了用户之所以参与网络创新社区上的知识重混，其根本目的是希望学习计算思维能力、学习更多编程知识。

由上可见，知识重混动机是激发用户产生知识重混行为的基础，并且在一定程度上可以预见个体知识重混的结果。正如网络创新社区个体动机对知识共享的促进作用，没有强烈的个人动机，人们不大可能会重新混合社区内现有知识，不同的重混动机造就了社区内多个类别的重混结果。参与创新社区行为的动机可能会随着时间的推移而发展，社区成员可能最初参与是希望改进创新供自己使用，但由于学习、享受或激励的成就感而保持参与。

4.1　网络创新社区中知识重混动机相关研究

4.1.1　动机概述

知识重混是网络创新社区用户参与知识创新的主要行为，可以将不同应用领域的知识直接转移，针对特定的知识缺陷做出精细化修改，因此知识重混可以不断带来革新的产品信息，增强整体竞争优势。为了持续保持这种创新行为达到企业产品创新的最终目标，企业可以通过优化网络创新社区环境、完善社区激励机制等管理方法来促进用户知识重混的创新行为，此时便必然需要考虑知识重混行为背后的驱动机制。

行为动机一直是信息行为领域的重要研究内容，因为动机是决定、影响行为的最重要因素。动机可以被理解为因素问题，即什么因素会导致、抑制或阻止各种行为，是如何影响可观察行为的类型、强度、频率和持续时间等变量。动机为行为的存在提供了理由，一步步推动着行为的产生和持续。在干预行为之前，需要详细了解和研究用户知识重混行为背后的动机，力求可以从根本上找到行之有效的办法。因此，我们在采取诸如社区激励的干预措施前，对网络创新社区知识重混动机分析是必不可少的一部分。

4.1.1.1 动机的定义

动机（motivation）一词最早起源于拉丁文的“Movere”，原意是指推动或引向行动。1918 年，心理学家 Woodworth 率先提出了动机概念，他认为，动机是当我们描述作用在有机体上或生物体内以引发和指导行为的内部驱力时所使用的概念，同时动机可以解释行为强度的差异，越高的动机带来越强的行为。自此以后，行为背后的动机问题成为心理学家，尤其是应用领域（如教育心理学、消费心理学）心理学家广泛讨论的重要课题。

通俗地讲，人们进行某一项活动都有自己的原因，不会凭空地采取该行动，这个自己的原因就是动机。它是一种个体内在过程，行动就是这种内在过程的外在展现。但是阅读相关文献可以发现，学者们对动机的内涵也存在一些争论。究其原因，一方面是动机问题本身具有的复杂性和多面性，另一方面也是每位学者研究的出发点不尽相同，大多从各自研究的角度对动机下定义。

根据张爱卿对动机概念的观点，动机的定义大概可以分为三类（见表 4－1）：内在观、外在观和中介过程观[213]。

表 4－1 主要学者关于动机的概念

主要观点	给出的动机定义	主要研究学者
内在观：强调行为的内在驱动力	推动人们产生某种特定行为的内在驱力	宋书文（1984）
	激励人们去完成行为的内在动力	孙煜明（1993）
	动机是一种内在过程，行为是其结果	朱智贤（1989）

续表

主要观点	给出的动机定义	主要研究学者
外在观：强调行为的外在诱惑力	为实现一个特定的目的而采取行动的原因	Reiss（2001）
中介过程观：强调动机对行为的或中介或调节作用	由一种目标或对象所引导、激发和维持的个体活动的内在心理过程或内部动力	林传鼎等（1986）
	动机是指引起个体活动，维持已引起的活动，并促使该活动朝向某一目标进行的内在作用	张春兴（1994）
	在需要的推动下从而达到目标的动力	张爱卿（1996）

张爱卿认为，内在观点忽视了行为目标的导向性和行为个体的主观能动性；外在观点只强调外在诱因的刺激，却忽视了一个最基本的事实，即人只会在对外在刺激感兴趣的情况下，才会对刺激产生反应；中介过程观点虽然看到了动机的内因与外因之间的关系，但没有指出个体的内在需求和外在诱因是如何有机结合起来的，即没有说明个体的主观能动性在动机中的作用。因此，这三种观点都是片面的，一个完善的动机概念应该同时包括三方面因素动机的内在起因、外在诱因、中介调节作用。据此，他对动机做出了如下定义：在自我调节的作用下，个体使自身的内在要求如本能、需要等与行为的外在诱因目标、奖惩等相协调，从而形成激发、维持行为的动力因素。

分析该定义可以发现，张爱卿在整合众人观点的基础上，特别强调了自我调节在动机中的作用。与前人的动机观点相比，这无疑是一种质的突破。这是因为自我调节是人类区别于其他动物的一大特点，它反映了个体内在需要与外在诱因之间的作用机制。在自我调节作用下，个体使内在需要与外在诱因相协调，从而使需要获得动力和方向，外在诱因如目标、奖惩也通过这种调节对个体产生影响，进而转化为个体行为的内在动力。因此，本章采用张爱卿的动机观点。

4.1.1.2 动机的类型

观察动机学者们的研究成果可以发现，关于动机的分类并没有统一的标准。究其原因，这首先是由于动机本身的复杂性和多样性，人们很难对动机做出简单的归类，其次是因为学者们研究出发点的不同，他们往往从各自的研究角度出发对动机做出分类，因而导致了动机分类的多元性。目前为止，有关动机的分类主要有以下四种。

（1）生理性动机和社会性动机

根据个体需要和动机性质的不同，可以将动机分为生理性动机和社会性动机。生理性动机是指个体为满足生理性需要如饥渴、睡眠、性欲、自卫而引发的动机。需要指出的是，在现实生活中，纯粹的生理性动机是很难单独存在的，它无不打上了社会文化的烙印[214]。比如，一个人渴了去喝可口可乐，这种行为显然不是生理性动机所能独立解释的。社会性动机又称心理性动机，它是指个体为满足社会性需要如成就、交往、归属和赞誉而引发的动机。社会性动机是个体在其心理潜能、先天倾向的基础上，通过后天的社会实践活动习得而成，它具有社会历史性及个体差异性，由于社会历史文化的变迁及个体特征的不同，社会动机也会表现出一定的差异性[215]。

（2）内在动机和外在动机

根据动机的来源，可以分为内在动机和外在动机。内在动机是指行为的动力来自活动本身或过程的动机，个人在进行行为决策时所依据的自我兴趣、好奇心、关怀或持久价值观等激励因素；内在动机能够使个体自身表现出更加积极的潜力和专注力来探寻挑战和新奇的事情，并能表现出更加积极的行为。相比之下，外在动机则是行为的动力，是个体在外部环境的作用下所形成的行为驱动方式，是由活动本身之外的环境因素所引发的，如奖励机制或他人的评价。区分内在动机和外在动机，具有相当的现实意义。比如，现实生活中，有人可能是为了赚钱而努力工作，有人则是为了体会工作的乐趣而辛勤耕耘。这两种行为看似相同，但背后的动机迥异，作为一个管理者，应该针对不同的动机采取不同的激励和引导措施。

（3）主导性动机和辅助性动机

针对行为作用的大小，动机也可以分为主导性动机和辅助性动机。主导性动机是指对行为起主导作用的动机，主导性动机随个体行为的不同阶段而不断发展；辅助性动机是指辅助行为实现的动机。这两种动机交互影响，形成一致力，共同作用于个体的行为。

（4）有意识动机和潜意识动机

根据动机的意识性，可将动机分为有意识动机和潜意识动机。有意识动机是指行为者能感知到、对其内容明确的动机。比如，人们对某种事物现象或特定活动所表现出的兴趣，以道德感、义务感和社会责任感为内容的理想和信念等。实际上，人类的大多数行为动机是可以被个体本身所意识到的。潜意识动机是指个体没有完全觉察到，但客观上又对行为起到发生、维持和指导作用的动机。在自我意识还未发展起来的婴幼儿身上，他们的行为动机都是无意识的。这两种动机可以相互联系、相互转化。当个体需要分析自己的某种观点和特定行为的动机时，潜意识动机会完全作为有意识动机表现出来；相反，当人的某种兴趣或理想比较稳定和巩固时，它往往又会以习惯或定式等形式表现出来。总之，它们两者共同构成个体行为的动机系统，其中有意识动机起主导作用，但潜意识动机的作用独特，也不容忽视。

此外，有学者根据作用时间的长短，将动机分为长远动机和短暂动机；有学者按照动机的道德属性和社会价值，将其分为高尚动机和低级动机；有学者按照受益对象的不同，将动机分为利己动机和利他动机。由此可见，有关动机的分类是角度不同，不一而足，每种分类都有其相对的合理性。如前所述，这是由动机本身的复杂性和学者研究角度的多元性所共同决定的。因此，要想拟定一套具有普遍意义的分类标准有些不太现实，但可以针对不同的需求采取不同的动机分类对个体行为进行研究。目前使用较为普遍的动机分类是根据来源将动机分为内在动机和外在动机。

4.1.1.3 动机与行为之间的关系

所有人的行为背后都隐含着动机，动机为行为的存在提供了理由，一步步推动行为向前发展。赵江洪研究了人的行为与需要、动机三者间的关系，指出内在的需求和外在诱因共同构成动机，动机又是促使个人发生行为的内在因素。动机和行为的关系比较复杂，有动机未必有行为，同一动机可能导致用户几种不同的行为表现，一个行为发生的背后可能是受到多种动机的驱使。动机隐藏在行为的后面，用户无法直接反映他们的真实动机，只有通过间接的方法来判断背后的使用动机[216]。这表明，组织对用户的行为进行干预前，必须深入研究并了解用户行为，更关键的是要去挖掘行为背后的动机。

虽然用户的动机不能直接体现出来，但我们可以凭借观察用户的行为、从用户的反馈中来进行推测和验证。只有了解用户的行为背后深层次的动机，才能更好地把握用户的真正需求，才能更好地在需求与解决方案中建立更有效的桥梁，这也是企业在设计产品时的主要任务。对于企业来说，在以用户为中心的产品设计过程中，精准把握用户的需求很重要，用户不会毫无理由地去做一件事情，对用户行为进行研究，去挖掘产生这种行为背后的原因，能够让企业清晰的把握用户的目标，在进行设计的时候提供有效的解决方案。

4.1.2 早期开源软件社区代码重混动机

知识重混是网络创新社区中一种相对较新的网络行为，与其相关的理论研究还不是很多，但越来越多的用户创新尤其是创新社区的文章与发展关于重混的假设相关。另外根据本书前文提到的网络创新社区的类型可知，这些社区的共性包括：①社区成员重视学习以及他们需要利用所开发的创新；②重混的中心，即代码重用，在其他环境中分裂或调整；③成员参与这些社区的范围，从活跃核心到更多外围，以及被动成员。鉴于这些社区的共性，在研究知识重混动机时，我们并没有与用户创新的相关研究划分明确的界限（如开源软件社区、用户内容社区）。

早期关于知识重混动机的研究，多集中在开源代码社区代码重用的行为动机，并从计划行为理论、使用与满足理论、动机理论、自我决定理论视角分别探讨了知识创新动机的构成内容（见表4－2）。Krogh（2012）认为开源软件是一种社会和经济现象，引发了有关信息系统领域用户知识重混动机的基本问题。一些用户是自愿的贡献者，他们寻求解决自己的技术问题，而另一些用户则将重混源代码看成一种学习，帮助别人开发软件的过程中获得的知识也可以用来设计下一代开源项目或用户创新系统。针对学者研究的不同动机内容，本研究依据 Krogh（2012）的观点，将重混动机划分为内在动机、外化的内在动机和外在动机三个方面，并总结了知识重混动机的八个类别。

表 4－2　不同理论基础上的重混动机

理论基础	动机构成内容	学者
计划行为理论	提升质量、寻求挑战；提升技能；乐趣和享受、声誉需求、职业目标	Sojer、Manuel 等（2010）
使用与满足理论	目的性动机、娱乐性动机、社会提升、自我实现	Dholakia 和 Bagozzi（2004）
动机理论	利他主义、声誉、兴趣、信任、互惠互利	Wasko 和 Faraj（2005）；Hsu 和 Lin（2008）；
自我决定力量	学习、娱乐、声誉、回报、信任；务实动机（发展职业机会、供自己使用）	Bergvall－Kareborn 和 Stahlbrost（2011）；hertel 等（2003）；

4.1.2.1　内在动机

（1）利他性动机

利他动机是给予他人的“福利”，包括三个典型特征：①它本身就是目的；没有任何利益导向。②利他行为是自发的。③利他行为可以创造好处（Heider，1958）。开源代码社区中有经验的用户会主动重混代码，给无经验的用户提供模板，使他们可以直接利用或者简单修改参数即可使用。由于利他行为的独立性，它非常适合内在动机的范畴，并且有几位学者用利他动机来解释了开源软件社区开发人员的代码贡献。如 Osterloh 和 Rota（2007）提出，“亲社会动机”引起的利他行为会影响开发人员为代码重混做出贡献。Haruvy 等（2003）指出，公司需要管理代码人员的动机，以免挤出他们主动贡献的利他动机。

（2）愉悦和享乐

愉悦和享乐可以激发贡献者参与开源项目。20 世纪 80 年代兴起的所谓“黑客文化”的主要驱动力之一是使开发人员享受硬件和软件的娱乐性和试验性。开发人员认为基于娱乐的动机是动机的重要来源。在 Lakhani 等（2005）的研究中，高水平的娱乐性还增加了开发人员每周在项目上花费的时间。Benkler（2002）以及 Osterloh 和 Rota（2007）也指出，享乐在开源软件社区中起着重要的作用。

4.1.2.2 外化的内在动机

（1）声誉动机

雷蒙德（Raymond）（1998）的文章“ Homesteading the Noosphere”将声誉与礼物经济中的互惠联系起来，并将其描述为开发人员知识创新的主要动机。声誉可分为“同行声誉”和“外部声誉”。同行声誉通常针对社区内部人员（同行或亲戚）和潜在的雇主，他们认为同行声誉一定意义上暗示了社区中的人才资源。但很少有研究同意外部声誉在创新重混动机上的决定作用，如 Hemetsberger（2004）发现外部声誉与参与代码重用之间的关系很弱。Hertel 等（2003）测试了外部声誉对可接受补丁和代码行数的影响，发现外部动机对公认的代码影响并不显著。

（2）互惠动机

互惠最初是人类学的一个概念（Mauss，1959），创新领域的几位学者将其引入知识重用创新领域并讨论了软件开发背景下的“礼物馈赠”逻辑，也就是互惠逻辑（Bergquist & Ljungberg，2001；Raymond，1999；Zeitlyn，2003）。他们将开源软件社区代码软件开发视为一种礼物经济，并指出开发人员将代码提供给其他人，并希望得到礼物回报。这种求得礼物回报的动机可称为“互惠”。此后相关学者陆续对其进行研究，具体包括：Bergquist 和 Ljungberg（2001）提出互惠互利是对开源软件社区做出贡献的动机；Hemetsberger（2004）、Lakhani 等（2005）的实证经验研究中也证实了互惠性对软件开发的驱动力。从一定程度上来看，互惠动机可以促使开发人员执行平凡枯燥的任务，因为过去在其他贡献者帮助下的用户似乎在获得经验和知识时更倾向于回报。

（3）学习动机

获得新技能或通过开源软件社区开发学习的动机几乎体现在对审查样本的所有贡献中。学习是回答“为什么社区成员愿意投入时间和精力重混现有代码”的重要部分，正如学习被认为是对创新社区其他类型贡献的重要动机一样。传统学习是分层的（教师与学生），通过构建其他社区成员的想法，重混代表了民主学习。重混过程始于社区成员可能遇到障碍的不确定性，但一旦重混完成后，他们将发展他们的技能，解决问题并反思做出选择。这种体验式的学习过程是代码重用的核心。

（4）自我使用价值

自我使用价值是指为贡献者个人使用而创建开源代码的外化内在动机。Lattemann 和 Stieglitz（2005）提出，个人自用价值可能会通过其在社区中扮演的角色而影响开源软件社区的发展，主要修复错误的贡献者可能特别受自用价值的激励。贡献者自我服务，希望为自己的使用开发最好的源代码，这促使他们不断追求优质的软件开源代码，就像对优质创新的渴望激励成员在创新社区内以其他方式做出贡献一样。

4.1.2.3 外在动机

（1）职业性动机

Lerner 和 Tirole（2002）首先建议研究开源软件社区开发人员的标志性行为。他们的主张是从经济文献中得出的，即在开发开源软件社区时，个体开发商会受到职业问题的激励。通过发布供所有人免费检查的软件，这些贡献者可以将其才能传达给潜在的雇主，从而增加他们在劳动力市场上的价值，增加其职业机会。

（2）回报动机

参加软件代码重混项目的大部分用户（约占 40%）得到了回报（Lakhani & Wolf，2005）。对 Linux 内核的贡献进行的调查发现，91% 的开发人员在工作以外时间仍然会在社区内重用并更新代码，以求获得报酬。

4.1.3 近期网络创新社区知识重混动机

4.1.3.1 知识重混动机

最近几年，3D 打印平台 Thingiverse 的蓬勃发展让网络创新社区知识重混的研究逐渐增加，对知识重混动机的研究角度不断得到更新，最为典型的是 Friesike 在 2019 年基于重混过程的视角做出的定性访谈和分析。根据 Thingiverse 平台活动和至少包含一项重混设计跟踪记录，Friesike 等从 Thingiverse 社区招募了 78 位受访者，并对这些受访者进行半结构化、开放式访谈。采访者将访谈内容逐字记录，同时要求他们提供最新重混的详细分类。在对访谈数据进行内容分析的基础上，friesike 等（2019）揭示出网络创新社区这些用户从事知识重混的六种主要动机。

（1）重混以获得灵感

样本中22位受访者满足这一动机。他们在网络创新社区上浏览各类设计以获取灵感，看到别人的设计经常会激发他们的想象力，重新混合后，他们便可以将已经存在的要素整合到自己的作品中。一种典型的描述是："我渴望看到的东西。当看到不同的事物时，我会得到想法。因此，我浏览了Thingiverse。而且我实际上并不是在寻找什么。我只是在寻找自己喜欢或认为有价值的事物。"

（2）重混以获得享受和愉悦

11个样本满足说明了这一动机。这些用户享受重混的过程，觉得重混是很有意思的行为，可以让他们感觉快乐。他们浏览平台寻找可以令他们享受创作过程而修改的现有设计，享受知识重混的过程。这些动机驱使下的知识重混是由用户的好奇心而非解决现有问题触发的。一种典型的描述是："我想做些愚蠢的事情，因为我有一台打印机，而现在却什么也没做。我不妨只打印一些内容。我有一堆塑料，不花我任何钱。所以我就这样做。"

（3）重混以进行学习

样本中7位受访者符合这一动机。在Thingiverse社区，用户重新混合了现有的设计成果，以更好地了解其内部工作原理，这反映了这些参与者故意使用重混以扩大视野的情况。这样做有助于他们掌握新技能，从而成为更好的设计师，使他们更具创造力。在此过程中获得的设计成果被他们认为是次要的；主要结果是获得了自身可以在未来项目中使用的新知识和新技术。通过知识重混，有问题的用户可以更快地学习，弄清楚细节并扩展其创作风格。在这种情况下，重混的目的类似于音乐家学习一种新乐器并解构别人的作品（如"混音"）以更好地理解其潜在的艺术逻辑。一种典型描述是："我喜欢挑战自我，所以我可以变得更好。我喜欢根据自己的技能水平来制作中等难度的项目，然后完成该项目，再尝试一些更难的事情，对吗？这一切都是为了改善自己。"

（4）重混以提高速度

17位受访者认同这一重混动机，他们认为，无论设计者的能力和眼前的问题如何，建模都需要花费一定的时间，特别是在复杂项目的情况下，设计人员希望节省时间，知识重混以更快地找到所需的解决方案。通过重新混合，这些设计师可以通过不“重新发明轮子”来集中精力。知识重混使设计师可以将现有设计视为可以构建的图案和模板的存储库。因此，在创建所需的解决方案时，他们可以只将精力放在必要的细节修改上，节省出不必要的时间。一种典型的描述是：“通常，我使用现有或免费提供的模型来加快设计过程。从头开始要浪费我很多时间。”

（5）重混以提升质量，兼具利他性

16 位受访者受到利他性动机驱使进行知识重混。在某些情况下，设计人员浏览了网络创新社区，当他们注意到产品设计漏洞时，便对其重混改进提升其质量。从概念上讲，为了改善而进行知识重混可以说是一种“照顾”。设计人员并不一定需要“设计”本身；通常，他们更愿意看到一个解决方案，对相关设计进行改进以更好地为社区服务。在这种利他动力的推动下，他们运用自己的知识并提高平台上可用的事物的质量。一种典型的描述是：“有时候，我喜欢寻找质量较高但需要修复的设计，这是一种业余爱好，我喜欢分享这些修改后的模型。”

（6）重混以增强力量

6 个样本满足这一动机。这种动机可以看作重混对用户的赋权，减小了用户尤其是初学者知识创新的难度，让他们可以开发超出其实际技术能力的解决方案。通过重新混合功能，他们可以依赖现有的知识形式，能够在知识有限的领域进行设计，降低了学习的成本和精力，使更多的用户轻松地设计原本无法创新的知识解决方案。一种典型的描述是：“这使我正在寻找的东西变得容易得多。像我这样的人，没有 3D 设计背景或类似背景，从头开始创建很多东西并不容易。”

纵观以上内容可以发现，目前关于网络创新社区知识重混动机的研究成果仍然存在差别：①动机的分类角度和数量存在差异，Krogh 等（2012）依据自我决定理论划分成三类知识重混动机，总共提出了八种细分动机，而 Friesike 等（2019）的研究从用户知识重混过程出发，总共提出了六种详细的重混动机。②不同类型的社区重混动机不太相同，性质不同的社区所包含的知识重混的基本内容会有所差异，并表现出关键动机的趋势。在开源软件社区中，开发人员重用开源代码的频率远远高于（Sojer et al.，

2010）其他参与的用户，对开源社区做出的贡献程度也更高。而对开发人员而言，学习性动机和职业发展动机可能是他们最为关注的重混方面。在上述3D打印平台这样的网络创新社区，获取灵感和提高速度的重混动机是其知识创新的关键性动机。这些用户大多是非专业领域的参与者，他们要么是不带有目的，看到激发灵感的设计成果便会欣喜地加入知识重混的大营，发展自己的形象力和兴趣；要么是带有目的性，希望在创新平台上可以快速找到自己无法涉及的设计知识，利用其他用户的设计成果融合到自己的知识设计中，发展所需要的制造产品。

从以上文献分析可以看出，两者均共同存在的动机是学习动机、愉悦和享受动机、自用价值动机。这是创新社区用户知识重混行为背后的普适性动机，也体现了网络创新社区知识重混的价值：不断完善产品缺陷，优化知识产品。用户希望通过在网络创新社区内进行重混创新行为满足他们精神上的追求，并且可以在实现满足的过程中自身得到积极的改善。从过程看，愉悦和享受是一种行为中可以持续的状态，学习是一种行为最后可能带来的结果，供自己使用是重混行为产生的实际价值和利益，这反映了用户知识重混的过程动机、结果动机和价值动机。

4.1.3.2 知识重混动机的影响因素

知识重混动机的影响因素是导致重混动机发生或者发生程度的因素。借鉴知识共享的相关研究，本章认为知识重混动机的影响因素可以从个体、组织和环境三个层面探讨。一是个体知识重混能力可能成为其知识重混动机的限制性因素，美国对千禧一代的调研报告结果显示，知识重混更容易在同龄人之间产生影响，尤其是青少年已经将重混作为他们主要的内容创作方式。青少年对新的网络技术应用得心应手，并且个体创新意识强烈，他们的知识重混能力可以有效推动其重混动机的实现。另外，从专业性的角度来讲，科学家掌握知识深度更广，对知识转移、知识创新更加敏感和深入，重混的成果更加丰富。二是适当的平台激励机制是知识重混动机的重要前因变量，以往大量研究证实了社区激励对用户知识共享发挥的作用。动机是激励机制设计的基础，而平台激励制度可以作为强化用户需求动机的重要组成部分，在创新的不同阶段对用户知识重混施加影响。三是良好的社区协作环境是知识重混动机的重要影响因素。信任、互惠互利关系下的知识协作环境对网络重混行为动机具有强大的支持作用。

综合以上各项分析，本章认为知识重混动机可以总结为过程主导性动机和辅助性动机。主导性动机包含：获得灵感、学习、供自己使用、增强力量；辅助性动机包含：利他性、愉悦和享乐、声誉、回报。

4.2 基于动机的平台管理建议

网络创新平台的快速发展使其成为企业知识产品创新的重要工具，因用户知识参与创新的特征缩短了企业产品生产周期，降低了企业产品研发成本，是企业收集并发展新兴产品、提升企业利润行之有效的办法。为此，企业也积极采取管理措施来激发和保证用户的重混创新行为，但也应从行为背后动机出发，满足用户不断变化的动机需求，这样才能有利于促进和维持用户知识重混。在此根据本部分的动机分析，提出以下四个方面的针对性建议。

4.2.1 加强网络创新社区平台结构建设

从网络创新社区成员知识重混内部动机中可以看出，网络创新社区可以是一个获取灵感并学习的平台。参与网络创新社区知识重混活动的用户往往对平台上的知识进行浏览，看到有灵感的设计后便会进行新的创作。加强网络创新社区平台结构建设可以方便用户快速找到自己需要的领域知识和学习新知识，为此，企业应该规范并完善网络创新平台上的知识类别、设置首页标签，如首页展示、特色设计、类别展示等。从网络创新社区用户知识重混主导性动机中可以了解，网络创新社区可以是一个实用性和问题解决性的平台。网络创新社区不只是具有专业背景的用户，更多的是非专业的用户爱好者，他们期望能从平台重混设计中找到自己无力解决的创新方案和知识或者供自己使用的设计成果，为此，企业可以建立并发挥参数定制的功能，将实用性高、难度稍大但使用率高的一些产品设计模型作为定制功能，用户只需要修改必要的参数设计即可获取，这也增强了网络创新社区的人性化设计。

4.2.2 制定完善合理的激励机制，鼓励成员交互重混行为

有效的外部激励可以促进网络创新社区成员参与重混创新活动。网络

创新社区可以从三个方面刺激成员参与知识重混。第一，从知识内容上激励成员，网络创新社区能够通过设置关注度高的知识内容和板块激励成员参与知识重混活动，寻求不断完善的设计。第二，从等级特权上激励社区成员，通过成员在网络创新社区知识重混行为的贡献程度来划分不同的成员等级作为回报，通过不同的成员等级来区别成员的权利，这种不同等级代表了该成员在创新社区的能力和专业性，这种差异化的方式可以刺激重混成员交互，参与社区知识创新活动。第三，从荣誉动机上激励成员，成员可通过其他成员的评论、点赞、重混等方式获得社区成就，增强其在网络创新社区内的荣誉感从而持续的参与社区知识创新活动。从内化的外部动机分析中可以看出，满足成员的自我需求和自我学习可以促进成员参与网络创新社区知识创新活动。

4.2.3 构建不同的交流方式，促进成员在线互动

网络创新社区的作用在于将对知识创新感兴趣，具有不同的专业知识、背景的人聚集在一起，通过知识信息交流、知识重混和迭代创新来促进知识产品发展。对于用户的利他性动机，网络创新社区可以通过构建不同的沟通方式使成员更加方便、更加快捷地互相沟通，对知识重混解决方案有疑惑的地方直接沟通，使双方均实现自己最初的动机目标。另外可以构建不同的交流圈，在同一交流圈中，具有相同的兴趣爱好、知识创新类别的成员交互更利于网络创新社区知识重混活动的进行。

4.2.4 完善社区管理规范，增强成员信任感和认同感

良好的创新环境有利于网络创新社区成员的知识创新行为。和现实社区一样，具有完善的管理规范和良好的管理秩序的网络创新社区更能得到成员的信任和认可，让成员放心地进行知识交流和知识创新，不用担心知识产权、专利等方面的问题，也更利于知识产品的创新发展。网络创新社区管理者可以通过完善社区的管理规范条例，为成员营造良好的网络社区创新氛围，促进用户交流协作和进行知识重混创新，推动网络创新社区发展。

5 网络创新社区中重混激励机制分析

在知识创新过程中社区用户要付出一定的精力和财力成本，对于知识提供者而言更意味着丧失了自身独有的知识权利和创新优势，因此必须对知识创新主体进行激励[217]。网络创新社区中的激励是指通过创建社区环境，满足社区成员之间互动行为的过程，是影响成员之间知识共享的重要因素[218]。网络创新社区中高品质的创新知识提供者往往拥有虚拟财富和虚拟地位，这也意味着其获得更多的特权，如在共享知识方面有着极大的自主权。社区给予用户不同的自主权是一种区别对待用户的行为，而在网络创新社区中能获取自我支配、自我表达的自主权是用户愿意参与网络创新社区的动因之一，因此网络创新社区对知识提供者的区别对待会通过影响用户的共享意愿进而影响知识共享行为[219-220]。另外，物质方面的激励也是促使主体参与创新和知识共享的重要因素之一[221]，主导网络创新社区的外部组织可以通过提供报酬等物质激励方式吸引更多用户参与知识共享[222]。

5.1 网络创新社区中激励机制的相关理论

激励是持续激发人行为动机的心理过程。激励机制指机制设计者对经济活动参与者制定一种能够使其在追求个人利益的同时也能够实现机制设计者目标的制度或规则。已有的关于激励理论的研究，一般沿着两种思路展开：基于组织行为学的激励作用机理研究和基于经济学相关理论对激励作用机制的研究。

基于经济学的激励作用机制研究，在“经济人”“完全信息”和“完全竞争”的假设下，提出了机制设计理论与委托代理理论，研究如何设计一种激励机制，使经济活动参与方的个人目标与机制设计方的目标一致，从而使经济活动参与方的行为符合机制设计者所制定的目标在众多的机制设计理论中，和20世纪30年代基于信息经济学提出的委托代理理论一样是最经典的激励理论之一，能够被用来解决众多信息不对称条件下的激励问题。激励相容是激励机制设计最关键问题，指参与者在设定的激励机制下，追求个人效用最大化目标的行为效果也符合机制设计方的目标。已有研究还提出了“状态空间模型化方法”“分布函数的参数化方法”以及“一阶条件方法”等激励问题的模型化分析方法。

基于组织行为学的激励作用机制研究，在打破“经济人”假设的情况下，研究人的本性与需求之间的关系，形成了基于内容、过程、行为改造等多种行为主义激励机制。激励是一种推动机制，它的存在是促使组织中个体的潜力得到最大的挖掘。激励理论作为行为学科中的核心理论清晰明确地阐述了需求、动机、目标以及行为四者之间的联系与相互作用。行为科学认为人的动因由需要产生，并由需要确定个体的行为目的，激励则作为外部驱动因素，影响个体行为动机，激发、驱动并且强化个体行为，促使其达到预期的效果。激励理论从内容上来说可以划分为：行为激励理论、内容激励理论、过程激励理论、综合激励理论等方面。内容激励理论，也称需要理论，着重研究影响人们行为的因素或诱因，据此能够提出激励人们行为的规则或制度。而内容激励理论是网络创新社区中激励机制的理论依据，下文将对其进行较为翔实的阐述。

内容激励理论又被称为认知型理论，理论核心是将人的需求分层、归类当作动机激发的不同因素进行研究。早在20世纪40年代，学者们就开始对人们的需求进行关注性研究。内容型激励理论强调了内容激励对动机的影响，其中包括了马斯洛的需求层次理论、ERG理论、成就需要理论、赫茨伯格的双因素理论，而各个理论是相互联系、相互依存的。

5.1.1　需求层次激励理论

1943年，美国心理学家马斯洛在《人类激励理论》论文中给予了需要非常经典的解释，最早提出了需求层次理论，亦称“基本需求层次理论”，是行为科学的理论之一。该理论将人的需求分成五个阶层。五个阶层从上到下分别为：生理上的需求、安全上的需求、情感和归属的需求、尊重的需求、自我实现的需求。基于马斯洛需求层次理论，Chen 等（2012）将网络创新社区的激励机制分为物质激励、社区认可激励和活动等级激励三类，其中，①物质是最基本的需求。物质激励指从满足人的基本物质需求出发，利用经济手段激发人们向上的动机并控制其行为。网络创新社区中物质激励的形式多种多样，最常见的是与品牌产品相关的代币、礼品等，值得注意的是，区别于传统的物质激励，社区物质激励往往具有品牌相关性。②社区认可是寻求归属感的表现，属于中级阶段的需求。社区认可激励是诱导个体认识到作为群体成员的意义和价值而自发地为社区发展付诸努力。典型的社区激励方式有首页专家榜单、荣誉标识等。③活动等级是自我实现的愿望，属于高级阶段的需求。活动等级激励是通过不断开放更高等级的权限并相应设置更具挑战的任务，从而满足个体自我成长需要和成就动机的激励机制。网络创新社区中的活动等级往往与量化积分的多少挂钩，例如根据活跃天数划分不同等级，等级越高，对应的社区权限越大。

5.1.2 虚拟社区感知

早有研究表明人类是群体性动物，通过加入一个或者多个群体来获得安全感。随着社会环境变化，除了现实生活中的群体形式外，衍生出 Web 网络的虚拟社区。Blanchard 等在社区感知基础上提出虚拟社区感知的概念，将其定义为虚拟社区中的成员对社区的影响力、需要的满足、成员的资格以及情感联系的主观感受[223]，并在广泛使用的传统社区感知量表基础上，开发了一个新的虚拟社区感知量表[224]。Tonteri 等从个体的角度通过实证研究得出虚拟社区成员的两种参与形式（读帖、发帖）都会与虚拟社区感知存在正相关的关系[225]。Sánchez - Franco 等一方面以西班牙社交网络平台 Tuenti 为例分析虚拟社区感知对个人创新性和虚拟社区熟悉度的影响，另一方面研究个人创新性对虚拟社区熟悉度和虚拟社区感知之间关系的调节作用[226]。由此可见，国外学者已将虚拟社区感知作为研究虚拟社区用户行为的关键因素，对于虚拟社区感知的量表设计和运用范围都在持续地探讨和深化，而国内对于虚拟社区感知的研究涉猎较少。虚拟社区的知识创新行为离不开社区成员的主观感受，通过阅读虚拟社区知识创新的相关文献，发现学者们多从信任、互惠、个人价值、声誉、认可感等方面对虚拟社区知识创新问题进行探讨，这与虚拟社区感知中的成员感、影响力和沉浸感有异曲同工之妙。

5.1.3 计划行为理论

20 世纪 90 年代 Ajzen I 在理性行为理论基础上增加“认知行为控制”因素，形成包含态度、主观规范、知觉行为控制、行为意向、行为五个因素的计划行为理论模型（TPB）[227]。同时 Ajzen I 认为该理论在研究中根据实际情况需要可以加入和融合其他构成维度和测量变量，以提高理论模型的解释力。计划行为理论能够帮助我们理解人是如何实施或改变自己的行为模式，TPB 认为人的行为是经过深思熟虑的计划的结果，核心要素是个体执行某种行为的意向，即人们为了执行某种行为而愿意尝试的困难程度以及计划运用的努力程度。计划行为理论的“态度—意图—行为”研究思路可以帮助我们较好地解释网络创新社区知识创新行为的激励因素。

5.1.4 期望激励理论

激励历来被视为个体行为动力的源泉且在社会学、心理学等方面被广泛研究，在最初阶段，激励被认为是一个单一的概念，随着研究的深入，学者们才将激励来源从外部环境拓展到了个体本身。Porter 和 Lawler 在期望激励理论基础上，首次将激励划分为内生激励和外生激励[228]。内生激励更加侧重个体对行为本身的重视，是因为个体感觉到自己能胜任该行为并且拥有对该行为的自我掌控权，这种胜任感和自我控制感源自个体的内部，是个体对自我的一种感知，与外界的因素无关[229]。而外生激励强调无论个体追求的是物质回报还是非物质回报，均与行为本身无关，其激励措施可以包括物质报酬，也可以是组织内的认同感或者更好的人际关系等，简言之就是个体的行为是为得到所期望的组织给予的奖励或回报[230]。网络创新社区知识创新是技术创新的基础，是新技术和新发明的源泉，研究网络创新社区知识创新激励因素对科技进步和社会发展均有重要意义，但目前知识创新的研究多聚焦于外生激励，而忽略内生激励对知识创新行为的促进作用，更鲜有学者在虚拟社区的环境中探讨两者对知识创新行为的作用[231]。

5.2　网络创新社区用户激励的特点与分类

5.2.1　用户激励的特点

5.2.1.1　用户需求多样化、多层次化、相关性

（1）多样化

网络创新社区将用户与用户相连，形成了一张能够互相沟通交流的“网”，这张“网”极大地激发了用户对信息需求的渴望。因此，企业要在做好传统业务的同时，进一步地加强网络创新社区用户的服务，帮助用户通过情感和知识上的交流完成对自我价值的实现和寻求心理的满足。

（2）多层次化

用户需求的层次在参与网络创新社区的过程中逐步提升，从最初对信息资源的需求提升至对心理满足的需求。

①对信息资源的需求。信息用户对信息资源的需求将贯穿网络创新社区服务的整个过程。换句话说，用户对信息资源的需求具有普遍性，是最底层、最基本的需求。尤其是对网络创新社区的新成员来说，对信息资源的需求表现得最为强烈。

②对知识交流的需求。用户将自己掌握的知识分享给社区内的其他用户，当对信息资源的需求得到满足后，这种需要沟通交流的欲望愈发强烈。当用户对知识交流的需求得到满足后会大大提升对网络创新社区的依赖度，直至成为稳定的长期用户。

③对心理满足的需求。对心理满足的需求是用户需求层次中最高的一层。当用户对网络创新社区的服务非常满意，感觉到自我提高、自我升华时会获得强烈的心理满足感。心理的满足感提高了用户对网络创新社区的忠诚度，参与网络创新社区的互动。

（3）相关性

用户需求的各层次之间表现出一定的相关性。首先，用户需求由第一层向第三层逐层递增，用户主导需求由对信息资源的需求转变为对心理满足的需求；其次，在网络创新社区的服务中，用户仅仅向网络创新社区进

行信息资源的单向索取，若不及时做出反馈，是不利于虚拟社区长期发展的。通过建立交流平台使用户满足知识交流的需求，并通过知识交流最终满足心理上的需求，这是网络创新社区的服务宗旨。

5.2.1.2 给予用户个性化和专业化的激励

用户激励是极其专业化的行为，而被激励的用户是具有个性化的个体。网络创新社区要对某一专业化的领域进行激励时，首先要具备该专业领域内的相关知识，以保证激励的准确性。而要做到激励的个性化，必须首先对用户的信息需求进行一定的了解，在此基础上，针对用户的需求展开个性化的服务。

5.2.2 用户激励模式的分类

可以根据激励是否可以被物化或者激励是否能被清楚地展现划分为明确的激励模式和不明确的激励模式。

明确的激励模式包括金钱激励、物质激励、社区虚拟积分与等级激励等。如网络创新社区如果采用物质激励或金钱激励方式可以在短期内迅速吸引大量用户，但这种方式只能在一定的期限内实施，当用户不再满足于物质与金钱时，这种激励模式的效果将会大打折扣。因此金钱激励和物质激励只能当作一种辅助的激励手段来使用，并不能真正地唤起用户的参与热情，也无法保障网络创新社区能得到健康持续的发展。

积分等级激励是虚拟社区将用户在虚拟社区中的参与行为量化后，以积分的形式返还给用户的激励模式。积分等级越高，证明该用户对虚拟社区的使用程度越高，对虚拟社区的依赖度也越大。这种激励方式是各大社交网站普遍采用的、被证明确实能提高用户参与度的一种激励模式。积分激励模式对提升用户参与网络创新社区的热情，提高网络创新社区的活跃度有着明显的效果。与物质激励相比具有能节约运营成本和用户激励效果持久等明显优势。不明确的激励模式包括认同他人的世界观、价值观，提出赞赏等。不明确的激励模式相比明确的激励模式更能激励用户的积极性，提高用户的参与度，适合对用户进行持久的激励。

5.3 网络创新社区用户激励的原则

5.3.1 个性化

用户的需求是各种各样千差万别的，对相同的激励措施做出的反应也是多种多样的。用户对激励的主观感受来自内心，激励要尽可能做到个性化、因人而异。制定和实施激励策略之前，要对施加激励的对象进行较为全面的了解，之后做出具有针对性的激励措施，将激励的措施做到最优化。

5.3.2 适度

不适当的激励不但得不到预期的效果，反而会招致用户的反感。在实践当中，激励过度或激励不足可能会得到我们不希望的结果。当激励过度时，使用户产生骄傲自满的心理，与此相反，激励不足就会使用户产生逆反心理。激励过度或激励不足对网络创新社区的健康发展同样会产生负面影响。与激励过度或激励不足相对应，惩罚过度和惩罚不足同样会破坏虚拟社区与用户之间的关系。所以，制定和实施网络创新社区用户激励策略或对用户进行激励的时候，要时刻注意适度激励原则。

5.3.3 公平性

实施用户激励时要时刻遵守公平性原则。做出一定成就的用户，一定希望获得相应的奖励，这种奖励并不单单是指金钱，也可以是旁人称赞的目光。如果无法保证用户激励措施的公平性，那么宁可不实施这些激励措施。当用户感觉受到不公平的待遇时，便会产生不满、愤怒、逆反等一系列负面情绪，继而降低用户激励的效果。相反，当用户感受到公平时，网络创新社区实施的用户激励策略将达到事半功倍的效果。

5.3.4 注重长期效应

制定网络创新社区用户激励策略时，要考虑实际经济情况，制定符合社区开创者的用户激励策略，使激励策略能够长期稳定地持续下去。考虑到用户激励的成本，应该尽量少花钱多办事，以相对低廉的激励成本，换来丰厚的回报。在稳定的用户激励策略的激励下，网络创新社区平台才能和用户维持一个健康、长久的关系。

5.4 网络创新社区用户激励的方法

网络创新模式在日常生活中的应用非常广泛，作为社会用户的我们在互联网技术的飞速发展下，可以随时随地使用手机或其他移动设备参与网络创新模式里，可以通过回答问题或分享自己的经验来参与创新活动。企业为了获得创意或某些解决方案经常会采取网络创新模式来寻求社会用户的帮助，聚集用户的集体智慧，收集网络用户参与者的创造力，提高企业自身的研发和创新能力，进而实现价值创造。

社会用户通过创新网站承接自己感兴趣的或擅长的创新任务，这些来自全球的网络用户，无论其国籍、年龄、性别、肤色和教育程度等是什么都可以自由承包任务。用户参与网络创新的动机主要分为内在动机和外在动机两种，前者包括兴趣、爱好、自我表现和社会交往等方面，后者包括金钱和报酬等方面。用户参与网络创新的动机分析是激励研究的前提基础，企业发包方应该制定合适的激励机制吸引用户参与者加入网络创新活动中。在网络创新过程中，企业希望通过适当的奖金激励社会用户努力完成创新工作，而社会用户则希望付出少量的成本就可以得到奖金，这也是说明双方之间存在一种博弈关系。同时这二者也存在着一定的风险，即用户是否能够获得奖金的风险和企业能否获得最优解决方案的风险。

基于多主体参与合作创新的网络创新模式，加剧了其激励机制的复杂性，创新模式下的激励机制已经由原来的个人或组织内部延展到整个社会用户环境下的网络创新系统的激励机制。尤其是为了消除网络社区创新所带来的信息不对称和败德行为的风险，需要采用显性和隐性激励相结合的方式，调动社会用户的积极性和发包企业的热情，达到协同激励的目标。这样既能够帮助组织了解用户参与者并从中获得有价值的解决方案，又可以提升企业参与创新的积极性，带来超额的协同效应，从而提高创新实施的效果与效率。

网络创新系统中的激励手段不仅有奖金收益，还有声誉、地位以及他人的认可等方面，很多网络创新平台都提供多种激励方案，既要满足接包方的经济需要，又要确保他们可以得到自己自我价值的实现。例如，Kaggle 创新竞赛网站上的激励方案中既有发包方提供的高额金钱奖励，还有根据竞赛情况对所有参与者的等级排名，网络用户参与者既可以获得经济收益，同时也可以获得创新平台上的地位认可。

对不同种类的网络创新平台，往往会有不同类型的激励方案。Boudreau 等（2011）研究发现激励不仅依赖于参与者的动机，还与创新的本质、组织的目的和目标密切相关。Makon（2012）明确指出，网络创新系统中金钱是一个激励用户主动参与产生高质量工作的主要因素。Dominic 和 Milan（2009）发现当有奖励的时候，用户参与率会呈现对数级的提高，并且适当提高奖金额度能够提升参与者个体的努力程度。在实证研究方面，有学者已经证明奖金酬劳是吸引社会用户参与的前提条件，且奖金可以激励参与者多提供解决方案的数量。秦敏等（2015）发现在创新社区中激励可以正向作用于用户的行为。

5.4.1 显性激励

显性激励是指在委托人对代理人设计的激励合约中，代理人在一定时间内能够获得的实质性的补偿的总收益，由于经济学上的委托代理理论研究起源于企业经营权与所有权的分离，当企业经理人由于信息不对称或利益不对称做出损害企业的利益时，企业需要对经理人进行激励合约设计。激励合约的设计依赖经理人行动产生的业绩。围绕经理人的业绩产出，企业可以设计适当的收益分配比例或者员工持股等。这种激励的方式通常被称为显性激励，最常用于单次委托代理关系中。显性激励方式虽然在企业管理中得到广泛应用，但有时未能达到预期的效果，其原因可能是：

①显性激励模型的前提假设是经理人，是传统经济学意义上的“经济人”。一切以自身利益最大化为目标，忽略了人的“社会性”。

②经理人分享利润的同时要承担风险，但是当经理人是风险偏好类型且是风险厌恶时，经理人可能会放弃这部分浮动收入而只愿拿固定工资。因此存在激励失灵的现象。

③根据货币边际递减理论，随着收入的增加，人们对货币的边际效用是递减的，所以当经理人的收入达到一定高度时，物质激励或者货币激励不再发挥作用。

④在对经理人的业绩进行绩效考核时，企业的评价不一定是客观公正

的，可能会存在不可控制的因素或者一些主观因素。经理人由于业绩没有得到公平正确的评价，导致收入与付出不成正比，其工作积极性会受到影响。

物质激励针对网络创新社区，物质激励应主要是以赠送小礼物、适当的现金奖励、小礼品等方式。企业还可以赠送一些数据库的限时使用账号，利用这些账号用户可以下载文献。物质奖励虽然见效快，但由于财力有限，不适合用于长期激励，只能将单纯物质激励当作一种辅助的激励手段来使用。

5.4.2 隐性激励

相对于代理人得到的显性收入，隐性激励是指不通过显性收入也能达到激励目的的方式。经济学上的隐性激励机制产生于20世纪80年代，且随着委托代理问题的研究不断深入。其中以声誉的隐性激励研究范式较多。Fama（1980）最早提出了代理人的声誉、市场竞争等因素可以作为显性激励的替代。Kreps等（1982）利用博弈论的方法建立了KMRW声誉模型，证明了声誉效应可以使博弈双方在有限次重复博弈中产生合作行为，对声誉的隐性激励作用表示了肯定。Holmstrom（1982、1999）对Fama提出的声誉作用的思想通过委托代理理论进行模型化，提出了“代理人市场声誉模型”并为后来学者进行研究奠定了基础。需要注意的是包括声誉在内的隐性激励发挥作用需要完备的市场机制，所以在多次的委托代理关系中，隐性激励通常是与显性激励相结合才能更好地发挥作用。

参与激励，给用户提供临时性岗位。参与社区的管理与运营，是调动用户积极性的有效方法。不但能让用户亲身体验运作过程，还能使用户对网络创新社区产生依赖感，对其产生进一步的认同感。相关研究也表明，有相当数量的用户对参与网络创新社区的服务抱有极大的热情。

情感激励，赞美是最好的激励。通过赞美令用户获得幸福和愉悦感即精神上的满足感，进而达到激励效果，是物质激励所无法达到的。网络创新社区可以开辟类似“光荣榜”的板块，在网络创新社区中，将表现良好的用户置于榜单中。

5.5 网络创新社区中重混激励机制设计

近些年，无论是实体企业，还是网络创新社区平台，都对“激励机制”给予相当高的重视。管理者们清楚地知道：有效的激励机制不仅可以提高用户的热情和提升参与平台建设的兴趣，而且可以满足用户体现自身价值的需要；还可以给平台带来更多的高水平用户与高质量内容，为平台更长远的发展奠定了基石，由此可见，其最终给平台创造的价值是不可估量的。

然而，传统的激励机制主要适用于组织边界较为清晰、目标明确的实体企业，因为其激励对象已经明确，设定的激励目标较为清晰、简洁，所以这些企业在设计激励机制时，可操作性较强。但是，在社交媒体环境下的网络平台中，由于平台自身具备的社会性和交互性，以及用户参与平台的内容建设的过程中影响因素的多元性和复杂性，使得传统的激励机制对于社交媒体环境下的网络用户并不一定适用。因此，我们要汲取传统激励机制中可行的部分，再结合平台自身的特征与网络创新社区平台下用户的特点，整合出适用于网络创新社区下用户重混行为的激励机制。

基于以上研究成果，根据这些变量之间的相互影响关系，从“用户—环境—信息”三个维度设计激励机制，主要涉及用户因素、环境因素和信息因素。

5.5.1 基于用户视角的设计

本部分内容主要是从用户因素，提出促进用户信息使用行为的激励措施。在基于用户视角设计激励措施时：

首先，要考虑的便是用户的动机。网络创新社区下用户参与平台互动与交流的动机有的是学习，有的是期望得到别人感谢从而获得成就感，有的是通过影响别人获得更多的关注者，还有的是为了体现自己的社会价值。以知乎网用户为例，知乎网通过关注话题、关注专栏、关注问题、关注收藏夹的相关数据来体现该用户的学习动机，总计获得感谢次数可以形象具体地表现其在知乎网获得的成就感，回答次数表示用户为其他用户提供帮助的次数，用户在知乎网的关注者人数代表了该用户的影响力，而用户参与知乎网公共与编辑次数即为其社会价值。由此可见，我们在设计激励措施时，要全面考虑用户心理因素以及情感因素。

其次，我们需要考虑的是用户参与平台的形式。刘思琪[232]指出用户根据自身的专业和兴趣爱好潜在地形成了自身的“人际交往圈”，我们称为小众群体，正是一个个小众群体为知乎网的知识共享、传播，以及小众群体内的互动与沟通做出了毋庸置疑的贡献。该研究中阐述的知乎网的三大激励机制可以简单概括为：邀评、互评、回答赞同或不赞同。三大激励机制都起到了激励用户参与话题的作用，而“邀评”与“互评”机制让用户感受到来自平台的关注与重视，“回答赞同或不赞同”让用户感受到的是其他用户对自己的认同与否，虽然形式不同，但是三者都提升了用户的成就感与荣誉感，从而乐于参与平台互动与交流。

最后，结合动机理论、沉浸理论，提出如下的促进用户重混行为的激励措施。

第一，对参与用户划分“等级”。可以根据用户提供内容的质量以及参与平台建设的贡献归纳用户的经验值，将用户划分为不同的等级，“低等级”用户可以通过提升经验值向“高等级”循序渐进，利用这种“等级”制度，实现激发网络创新社区用户在线学习的目的。

第二，推行“奖励”制度。例如知乎网用户在回答别人的问题时可以给予一定的奖励，可以是经验值，也可以是积分，从而激励用户帮助更多的人，即提升用户的利他因素。

第三，保留原有的“邀评”“互评”等激励机制。这些邀请和互动机制能够激发用户参与热情，进而提升用户的成就感与社会价值。由于用户的学习动机、利他、成就感和社会价值都是直接或是间接的正向影响用户的信息使用行为，所以在制定基于用户视角的激励措施时，都是从促进这些因素发展的角度出发。

5.5.2 保证信息质量与信源可信度的设计

这里主要提出信息质量与信源可信度的保障措施。在信息行为研究领域，信息质量成为学者们关注的热点，然而涉及信源可信度的研究较少。查先进[233]等的研究构建了信息质量和信源可信度两个变量，并对微博环境下用户学术信息搜寻行为影响因素进行了分析。在此基础上，提出如下的信息质量与信源可信度的保障措施，对激励用户重混创新同样具有启示意义。

第一，规定内容长度的“最小值”。设置最小文本长度可以激发用户回答问题的态度，提升大多数用户回答内容的质量，同时可以减少一些无用信息，如“无聊”“路过”等。

第二，实行评论积分奖励制度。对于满足要求以及内容丰富的用户评论内容给予一定的积分奖励，从而激励用户提供更多的有用信息量。

第三，建立用户个人信用档案。现今社会中信用成了一个人能否被信任的标签，“信用”制度将激发用户关注个人在网络创新社区平台的表现，进而提高了信源可信度。

5.5.3 优化环境的设计

在国内外基于环境视角的研究中，网站氛围与社区信任对用户重混行为影响较为突出。如部分研究所选取的知乎网作为案例社区，该社区具备了良好的网站氛围及参与用户对其的信任。针对大多数网络创新社区平台而言，良好的网络创新社区环境容易获得用户的青睐与信任，融洽的社区氛围更有可能促进用户在该平台的重混创新行为。

基于此，本分析提出如下的用户重混环境优化方案。

第一，增设网络创新社区平台安全保障措施。具有安全保障措施的网络创新社区环境会给予用户一定的安全感，进而获取用户对平台的信任。

第二，建立严格的信息审核制度。严格的信息审核制度一方面促进了用户提供绿色、文明、健康的信息，另一方面营造了健康、融洽的社区氛围。

第三，开设客服或反馈模块。该功能模块主要通过接收用户对平台的反馈与建议，不断地进行优化与改善，为用户提供更好的互动交流环境。在条件满足的前提下，可以开设客服功能模块，不仅可以接收用户对平台的建议与反馈，还可以让用户实时地与客服进行咨询、交流与沟通，因此，在优化环境的同时，还可以让用户获得存在感。

总之，在前面研究成果的基础上，从用户、环境与信息三个视角下提出了一系列激励措施。在用户视角下，主要通过提升用户的学习动机、利他、社会价值与成就感，从而促进用户的信息使用行为。在信息视角下，通过设计积分制度、限定最小内容长度和建立信用档案等措施，从而保障了信息质量与信源可信度。在环境视角下，主要考虑环境的优化，因此，研究相关的激励措施包括加强平台安全保障、建立严格的信息审核制度、增设反馈与服务模块等。

6 网络创新社区中知识重混模式分析

本章重点阐述网络创新社区中的知识重混模式。具体以 Thingiverse 为案例展开分析。近年来，低成本 3D 打印机的出现创造了多种选择，使消费者可变身为日常用品的设计人员和生产者。在线上，3D 打印催生了活跃的“制造者”社区（Dougherty，2012；Anderson，2013），用户可在此分享自己的设计作品。在 Thingiverse 上，用户需要遵照开放许可发布其设计（“作品”），允许其他人将其重混到新作品中。此外，重混作品的用户需要标明其来源。接下来，将针对 Thingiverse 中知识产品的作用形式，提炼和描述不同的重混模式，以实现对重混复杂性的客观分类。

6.1 重混模式分析的基础概念定义

Thingiverse 上的重混是一种三维设计，它参考了所有其他的设计。在最简单的形式中，一个以前独立的作品重混成一个全新的作品。这种简单的重混形式可以称为线性演化。这样的重混以菊花链的方式出现并不罕见，其中，一个独立设计导致重混，而重混又导致另一个重混。为了便于进一步的分析，引入“代”的概念。虽然有些作品（“独立设计”）既没有“祖先”也没有“后代”，但是其他作品跨越“多代”是更大的家谱的一部分。在后者中，我们认定了 Thingiverse 中每个设计的每一代都在重混中的有相应的位置（例如，一系列相互交织的重混）。没有直系祖先的所有作品都被归为 0 代，这些作品的后续重混将呈现一个以 1 为增量的代值。对于与多个亲本的重混，这些亲本可能属于不同的“代”。在这种情况下，这种重混被归为最高的代值，反映了从 0 代至此的漫长历程（见图 6－1）。

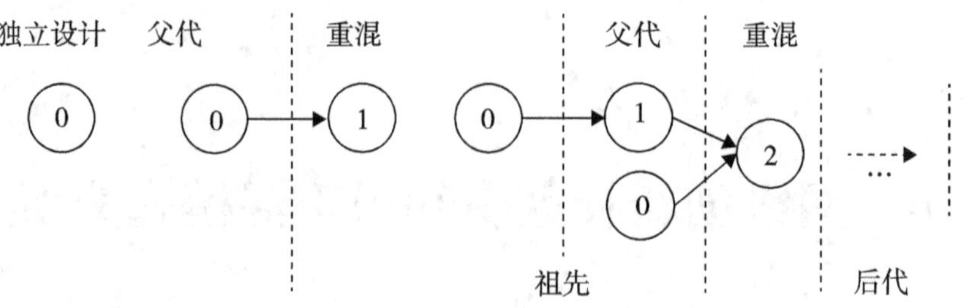

图 6-1　重混关系和代的概念

6.2　Thingiverse 社区的重混描述

Thingiverse 平台上支持两种 3D 设计文件格式：STL 和 Open SCAD。STL 文件通过将对象的完整表面指定为三维空间中的多边形网格，直接展示对象的几何信息。相反，Open SCAD 文件使用脚本语言描述 3D 模型的生成。这种编程方法促进了设计的参数化，从而简化了对其他用户的定制服务。除了实际的模型数据之外，Thingiverse 还记录作品的名称、ID、创建者、发布日期、描述性标记列表和用户评论的元信息，等等。而且，这个作品与动态数据相关，例如点赞数、浏览量、下载量和制作数。最后，设计作品之间的重混关系可以作为模型列表的直系“祖先”和“后代”，称为“亲本”和“混制”。

任何在线平台的主要目标之一是设法开展用户活动。以 Thingiverse 为例，用户的活动包括研究现有的设计、重混，以及创造出新的设计品。为支持这些活动，Thingiverse 提供了各种工具和辅助手段来帮助用户创造新作品和浏览平台的内容（类别、标签、推荐设计等）。此外，Thingiverse 采用标准化的文件格式、提供定制功能，这些都有利于重混。接下来，将分析社区中用户重混倾向的动因，并说明 Thingiverse 如何成功地为基本重混和复杂重混提供帮助。

从重混的定义可知，重混基于一个或多个“构建模块”。Thingiverse 为用户提供了几种寻找重混用的作品的方式。由于平台运营者的兴趣在于鼓励创新和运用重混，因此，了解哪些因素可增加作品成为灵感来源的可能性尤为重要。据分析[234]，适合于重混的作品的特点包括：该作品自身是否就是重混品，如果是的话，它属于哪一代，它有多少亲本，它是否创造自定制器，或者是否它本身就是定制器。除这些方面外，还包括以下可变因素：一件作品在平台上的可用时间有多久？是否已分类或加上标签？该设计是否已标为组件，目的主要用于其他设计的输入（例如装备或工具包）？该设计人员发表了多少设计作品？基于此，把影响重混可能性的主要因素归为五个方面：该作品是否是一个定制器、它是否是一个定制器重混品、它本身是否是一个重混品、在线天数和标签。

研究结果表明[234]，一件作品在平台上可用的时间越长，参与重混的可能性越大。同样地，定制器参与重混的可能性也大得多，这一点并不奇怪，因为它们对于各种经验水平的设计人员来说，都是一种简单的工具。但定制器重混品可能因为针对性过强，而不适用于成为后续重混品的输入工具。相对来说，非定制器重混品参与混合的概率较高。未分类的作品参与重混的概率较低，原因是设计人员在浏览各种类别时，可看到它们的概率较低。同样地，描述性标签的数目对重混的概率有正面影响。随着一件新作品的标签增多，它的联系也会更加广泛。平台推荐的设计会有更多显示的机会，被用于重混的次数更多。此外，兼容性好的作品，或者有多个亲本的作品，更有可能被用作新设计的基础。成为组件的作品实际上成了后续重混的平台，相应地，被用于重混的概率更高。结果还表明分类确实有效果。例如，“3D 打印”类别包括许多功能组件，它们被用作新设计的构建模块。其他被用于重混可能性较高的类别还有“玩具和游戏”“小工具”“爱好”，而“家庭”作品被用于重混的可能性较低。此外，已经创作出多个模型并将其发布在平台上的作者创造的作品，被用于重混的概率更高。总的来说，作品的联系性对它被选中用于重混的概率有明显的影响。

如上所述，重混可以有一个或多个亲本，这些亲本可能来自与重混相同的类别、来自与重混不同的类别或者来自多个亲本（如果存在多个亲本）。我们使用重混的这些特性来确定前面重混过程的复杂性。由于学者们对复杂性没有设置普遍接受的定义，因此通常使用真实世界的例子来描述复杂性（Johnson，2009）。在这些例子中，复杂性通常是从对象的相互作用和相互联系中推导出来的（Johnson，2009）。重组过程的深度（Nakamura et al.，2015；Katila & Ahuja，2002）和宽度（Majchrzak et al.，

2004；Enkel & Gassmann，2010；Kaplan & Vakili，2015）是区分组合的两个一般准则（Hwang et al.，2014）。根据以上准则，从重混源和亲本类别对重混进行区分发现，平台上同时出现了非常简单和非常复杂的重混。

最简单的混制形式就是通过定制器进行定制。设计人员可以在一些给定的参数内轻松地使定制器适应他们的个人喜好。这些调整是直接在平台上进行的，不需要计算机辅助设计知识。定制器的一个流行示例是智能手机外壳，允许用户选择手机型号并更改外壳背面的图案。定制器混制是迄今为止 Thingiverse 上最简单、最流行的重混形式。该平台通过提供在网站上直接重混所需的所有工具来实现这种形式的重混。因此，“基本定制”产生最多重混是合理的。如果定制器的重混与定制器本身的分类不同，我们称其为“转移定制”。

“深重混”，即来自不同类别的多亲本的组合。这些复杂的重组不是由平台提供的工具直接实现的。但是，它们是由控制平台上的活动的规则所实现的。所有类别的所有设计都以标准的文件格式上传。因此，它们本质上是兼容的。所有类别的设计也是在具有开放式许可证的情况下上传的，该许可证明确允许重混。如果设计人员遇到了一些激发他们灵感的作品，他们就不需要从技术或法律的角度来确定是否可以重新混制它们。

在两个极端之间，我们区分中间的复杂性级别。“浅重混”代表了中间的复杂性级别，创意门槛相对较低。也就是说，设计人员所要做的就是找到一个适应的设计。“集锦”指的是以最佳方式组合来自同一类别的多个作品的概念的重混。“转移重混”从一个类别中提取一个概念，并将其应用于另一个类别。最后，“集成重混”描述了一种重混，在这种重混中，来自一个类别的亲本组合到另一个类别中的一个作品中。该平台包括具有广泛复杂性的重混，突出了其对具有不同专业水平的用户的吸引力。例如，没有 3D 建模经验的初学者可能很容易从构建定制器重混开始。相比之下，专家可以使用他们选择的 CAD 工具从可下载的设计中创建复杂的组合。

探索重混现象的最后一个维度是个体用户的维度。为了更好地了解 Thingiverse 的用户群体，表 6 - 1[234] 提供了前十名设计人员的汇总统计数据，并根据他们的浏览量进行排名（其他指标产生的顺序非常相似）。排名前三的设计人员分别拥有超过 100 万次的设计浏览量和 140 万次的下载量。对于对应的事物类别，数据显示前十位设计人员在多个类别中都是活跃的。其中三个设计人员在所有 11 个类别中创建了设计。除了准确度量之外，还考虑设计行为。事实证明，在前十名设计人员中，混制份额在 0.04 至 0.77 之间变化很大。这表明，成功的途径有根本的不同：原创设计人员和熟练的重混用户都可以成为成功的设计人员。然而，这一组很少使用定制器，这与总体用户群体形成了对比，在总体用户群体中，定制器混制是重混的主要形式。

表 6－1　顶级设计人员（按设计浏览量总数排序，突出显示最大值和最小值）

作者	设计	浏览量	DLs	点赞数	制作	评论数	分类	重混	定制器重混
MakerBot	334	3.89 M	774 k	39230	1859	2084	11	0.11	0
Emmett	64	2.05 M	433 k	20770	1601	1601	10	0.77	0.03
Tbuser	248	1.09 M	209 k	7639	568	976	9	0.56	0.14
Dutchmogul	186	0.98 M	140 k	12506	331	1244	6	0.19	0.01
Cerberus333	474	0.92 M	157 k	10634	944	1319	9	0.04	0
MakeALot	164	0.88 M	183 k	9140	490	1030	9	0.27	0.01
漂亮的小作品	56	0.80 M	148 k	6006	247	353	6	0.30	0
新业余爱好者	83	0.71 M	71 k	6282	198	372	11	0.33	0.06
Walter	125	0.70 M	112 k	13939	264	367	7	0.33	0.03
MakerBlock	172	0.70 M	147 k	3912	167	550	11	0.41	0.02

用户群细分：在确定了顶级设计人员之间以及普通人群和这一精英群体之间在设计行为上的这些基本差异之后，使用设计人员的混制份额和定制器重混份额来划分设计人员群体。大多数设计人员都属于以下两种类型：从不重混的设计人员，他们根本不利用重混的可能性；总是重混的设计人员，他们的所有设计都是基于其他设计人员的创作。在定制器使用方面，有类似的两极化情况：一个亚组没有使用任何定制器，而另一组则完全依赖于所提供的定制功能。

通过采取一种动态视角来评估 Thingiverse 的用户群结构如何随时间发生变化发现，用户群的增长阶段基本可以分为两个时期，即 2009—2012 年的渐增阶段以及自 2013 年年初以来的快速增长阶段。这种大幅度的转变与定制器进入平台的情况相吻合，即为将平台开放给没有经验的用户。如果只考虑反复发布“作品”的设计人员，以上这些结论也同样站得住脚。在一般情况下，加入率之所以不断增长，是因为随着设计量和用户量的累积，平台上的活动增多，产生了跟风效应。另外，用户群的增长还有一部分原因在于媒体的关注和宣传，定制器的引入，以及不熟练用户给 Thingiverse 带来了机遇。鉴于定制器规模的庞大，推断第二种影响确实发挥了核心作用；也就是说，定制器的引入使得 Thingiverse 接触到了此前未开发的庞大用户群。

6.3 知识产品重混的基本模式

下文将区分并描述以下两个基本不同类中的八个重混模式：①与多个亲本有重混关系的聚敛性重混；②与多个子代有重混关系的发散性重混。

6.3.1 聚敛性重混

“子代”（重混作品）与其“亲本”（重混所基于的作品）之间存在的重混关系。如果用家庭关系来描述重混关系，聚敛性重混反映子代与至少两个亲本的继承关系。因此，聚敛性重混是从子代的视角出发。聚敛性重混的最简单形式是合并，即将两种此前不相关的作品重混成一种新设计。例如，Thingiverse 分别列出了美国共和党和民主党的吉祥物设计——大象和驴。将这两个不相关的作品重混/合并到一个“辩论币”上，每一面展示其中一个吉祥物。要想通过融合来创建作品，设计人员应以多种方式合并和集成设计和概念，可使用与重混 x 及其亲本 Px 之间的相应关系来正式区分彼此。因此，总共区分了如下四种聚敛性混制模式。

①两件混制：两件不同的作品被混制成一个新作品，见图 6－2。得到的融合包含此前两种不相关作品的各个方面。

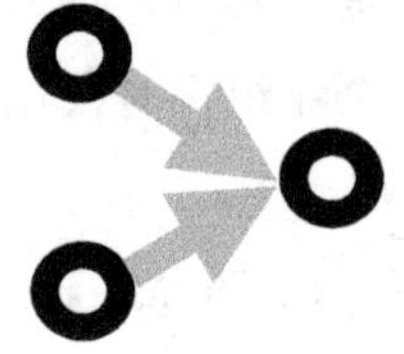

图 6－2　两件混制示意

②多件合并：一个新作品可以是此前各种不相关想法的“精选合辑”，见图6－3。因此，可以挑选大量作品合并成一个作品。在庞大的合并中，可能难以识别此前单个作品的影响。

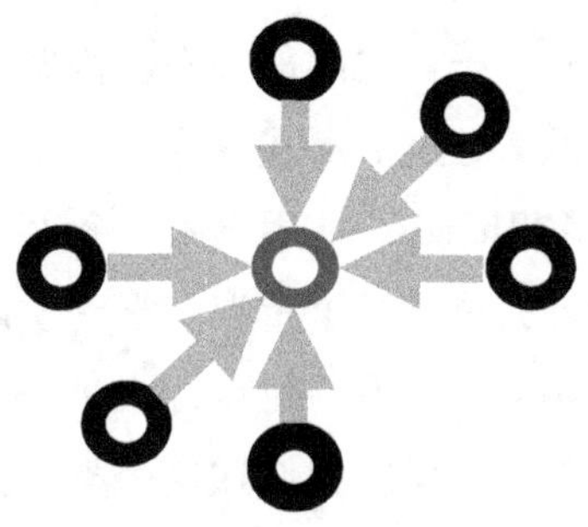

图6－3　多件合并示意

③同代多向合并：在某些情况下，一些创作者会将相同的亲本结合成一个独立的新作品，见图6－4。这些新作品之间没有直接联系，而是共享相同的祖先。这种重混模式可导致多重发现，这种情况下，不同的人会开发出类似的作品。

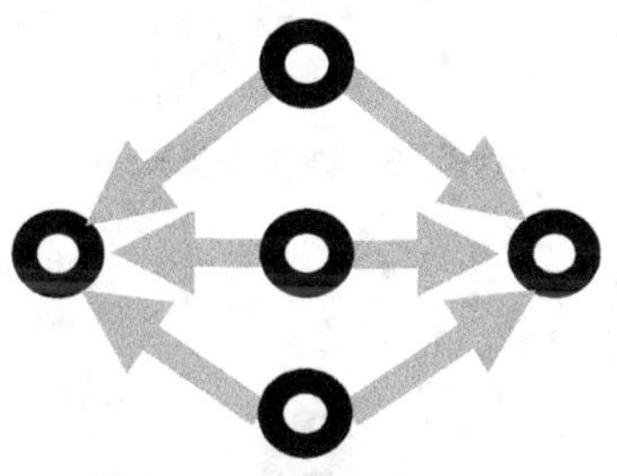

图6－4　同代多向合并示意

④回溯重混：回溯会结合几代祖先的特征，见图6－5。因此，它不仅仅是一个单一作品的混制，而是追溯到过去，创造了一个综合多代的精选合辑。要想成为回溯，重混必须至少借用两代。

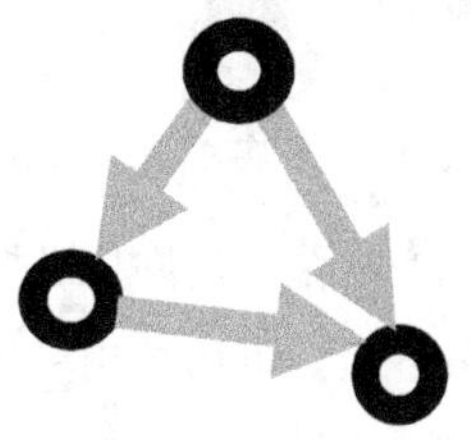

图6－5　回溯重混示意

6.3.2 发散性重混

在这种情况下，单一设计是几个新设计的来源。与聚敛性模式相反，发散性重混是受到同一来源启发的多样表现。用家庭关系来说，发散性重混就是亲本之一和至少两个子代之间的关系。因此，发散性重混是从亲本的视角出发。最简单的发散性重混形式就像是一个叉子，即一个设计发散出两个混制。例如，一名 Thingiverse 用户用一个 25 美分的硬币做了一个开瓶器，后来另外两位设计人员进行了重混。第一位设计人员修改了设计来减少打印过程中的材料用量，而另一位设计人员修改了开瓶器的形状，使其可以安装到自行车架上。同样，我们在这个类中区分了如下四种不同的重混模式。

①两类交叉：在这种模式中，一个概念到达了十字路口并分成两个新作品，见图 6-6。最初的设计似乎会导致不同的联合，这是重混的基础模式。

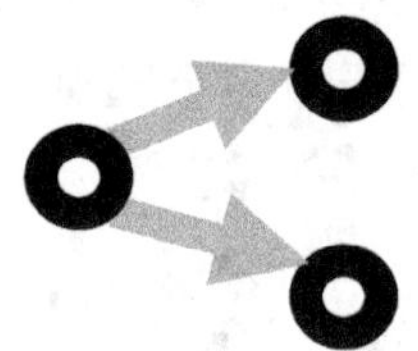

图 6-6　两类交叉示意

②多类交叉：有些作品适合重混，因此可不成比例地重混得到一组衍生品，见图 6-7。

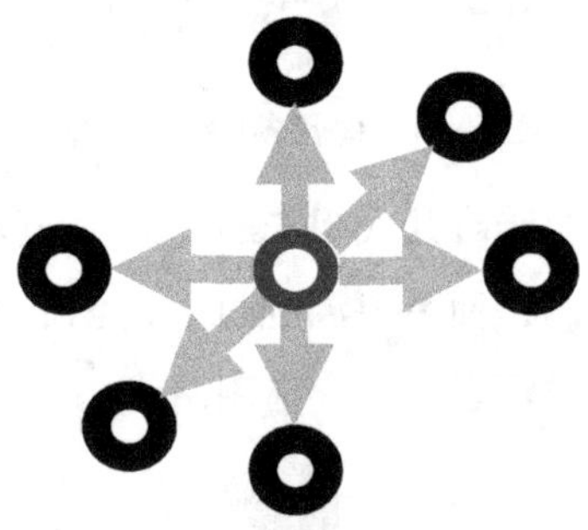

图 6-7　多类交叉示意

③定制器：一种可定制的作品，允许用户轻松地根据个人喜好进行调整，见图 6-8。在 Thingiverse 下，可以在几个给定参数的框架内调整定制器。因此，注定要进行重混。这一事实导致了定制衍生品的数量相对较多。

图6-8 定制器示意

④模板构建器：这是一种模式，其中可将不可定制的作品重混到定制器中，见图6-9。如果某个设计可以轻松定制，则由用户决定某个设计能更好地为社区服务。因此，模板构建器充当跳板并连接原始想法及其后代。

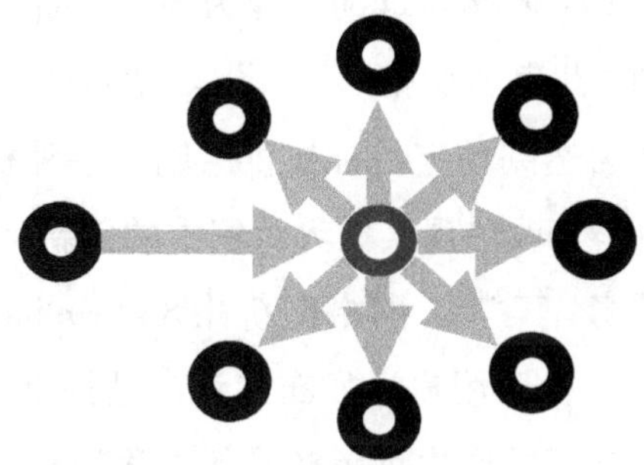

图6-9 模板构建器示意

7 基于创新扩散理论的重混创新

7.1 研究背景

知识产品是人类在改造自然和社会的实践中，通过支出脑力劳动、依靠知识、智力等要素进行创造性活动的成果，并以一定形式表现出来的一种自然科学、社会科学的成就[235]。随着互联网和知识经济的发展，自由、开放的“大众生产”（Peer Production）作为知识产品生产领域中的一种新型组织模式和创新动力机制备受推崇[236-237]。创新动力机制是推动创新实现优质、高效运行并为达到预定目标提供激励的一种机制[238]，理解创新过程及其决定因素有助于改进现实世界组织中的创新生产，并最终创造更多卓越的新产品和服务[239-240]。网络创新社区（Online Innovation Community, OIC）为生产者（社区用户）发布知识产品提供了平台，通过复制、融合、重组现有的知识产品产生创新产品的过程被称为“重混”（remixing）[241-242]。重混是知识产品的主要创新模式之一，已广泛存在于 OIC 中，如维基百科、Thingiverse、Scratch、Github 等。根据重混对象的关系可以将其划分为“继承”与“派生”两种形式。继承是指作者对产品进行改造后产生新产品；派生是指产品被其他用户改造后产生新产品[243-244]。

随着各种开放式 OIC 的快速发展，知识产品重混作为互联网协作情境下的重要创新模式受到广泛的关注[245]。Stanko 等提出重混是开放式环境下信息交换、知识分享和扩散的结果，应从动态扩散和静态属性两个层面挖掘其内在动力[246]。Hill 等则从知识贡献的原创性（Originality）和生成性（Generativity）辩证分析重混行为，并提出产品复杂性、作者声誉、知识积累对重混创新影响显著[247-248]。除此之外，OIC 创新研究工作也为理解知识产品重混提供了理论和实践依据。这些文献主要关注 OIC 创新过程中的用户参与动机、知识共享、在线交互等内容。有学者指出，求知动机[249-250]、互惠动机[251]、兴趣动机[252-253]、易用性感知[254]是影响社区用户参与产品创新的主要因素，并提出用户行为和创新绩效密切相关，而知识共享的持续性、共享意愿、共享知识水平对开放式创新有着显著影响[244,255-256]。Liu 等提出在线互动能够增强社区成员之间的亲近度和信任感，并促进知识产品重混创新[257]。

然而，本研究认为现有研究存在以下不足：

①现有研究多关注重混对开放式创新的知识贡献，试图解释重混对开放式创新的促进机制，但缺乏对具体实践过程中影响因素的深入探讨。

②现有研究多选择以用户、平台、知识等为研究对象，重点关注其对创新绩效的贡献和影响，但很少关注知识产品在创新过程中的作用机制。

实际上，OIC 中不同知识产品的重混创新贡献存在显著的差异，大部分知识产品无人问津，仅少部分知识产品经过不断重混、繁衍形成“谱系化”的产品。

基于此，本研究拟从三个方面分析此现象：

①知识产品属性对重混创新贡献的影响。

②生产者（平台用户）交互行为对重混创新贡献的影响。

③知识产品延续效应对重混创新贡献的影响。

首先，提出知识产品重混影响因素的分析模型，其次设计爬虫获取 OIC 网站的公开数据（知识产品及其属性数据），并提出基于深度学习的虚假产品属性数据识别方法，筛选出有效的知识产品属性数据，最后，利用筛选后的数据开展实证研究。

7.2 研究理论和假设

7.2.1 研究模型

重混的本质是 OIC 中用户基于兴趣、求知、实用等动机对现有产品不断改进完善并持续创造新产品的行为。有别于传统创新模式，重混是一个各种创新要素互动、整合、协同的动态过程，并具有自由、开放、流通的基本特征。Roger 认为：“创新是一种被个人或其他采用单位视为新颖的观念、实践或事物；创新扩散是一种基本社会过程，在这个过程中，主观感受到的关于某个新语音的信息被传播。通过一个社会构建过程，某创新的意义逐渐显现。”[246] 从知识分享和创新扩散的角度来看，重混可以视为创新对象（知识产品）在开放性互联网空间分享、扩散、重组的往复过程。在创新研究理论中，Roger 的创新扩散理论从相对优势、兼容性、复杂性、可试验性、可认知性、思维可变性六个维度提出了创新对象的属性特征，较为全面地解释了影响创新作品被识别、认知、接纳、传播的要素。各要素的具体内涵解释如下：相对优势代表创新作品相较于已有产品的新颖程度；兼容性反映某项创新与现有价值观、以往经验、预期采用者需求的共存程度；复杂性反映某项创新被理解和运用的难易程度；可试验性反映在有限基础上可被试验的程度；可观察性反映创新作品为他人所见的程度创新；思维可变性则突出变化的思维模式对创新更具贡献价值。信息扩散渠道和受关注度也是决定创新扩散程度的关键因素。

本研究基于创新扩散理论构建理论模型，从知识复杂度、受关注度、用户交互、延续创新四个方面分析 OIC 中影响知识产品重混的关键因素，如图 7－1 所示。

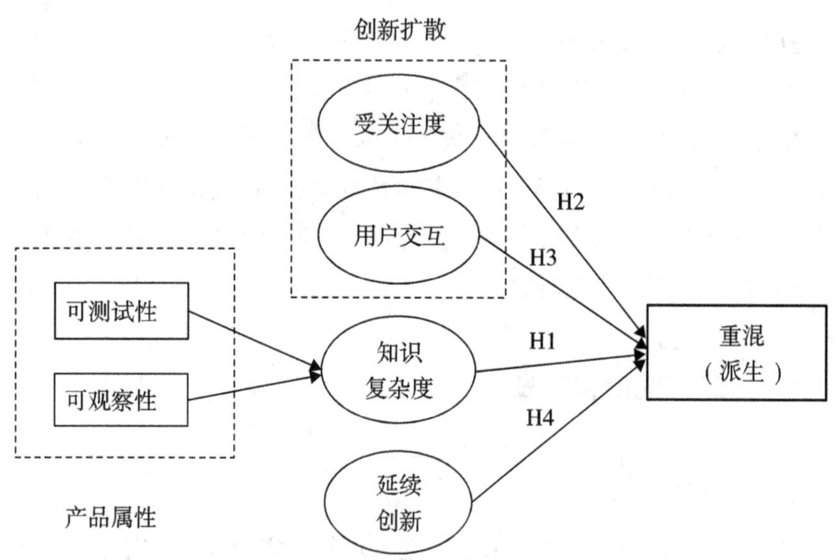

图 7－1　OIC 中知识产品重混影响因素分析模型

考虑到 OIC 中知识产品的展示形式有着较强的模板化要求，创新作品的可观察性和可试验性存在较强的同质化特征，因此知识复杂性成为产品被理解并再利用的关键因素。在特定的 OIC 内，用户点击、浏览、讨论、转发等行为是创新作品信息扩散的主要途径，由此提出受关注度和用户交互两个属性描述产品的扩散效度。再者，由于“继承”得到的创新作品相比源创新作品具有更好的兼容性，因此考虑作品的延续创新可能对其继续重混存在潜在影响。

7.2.2　研究假设

7.2.2.1　知识复杂度与重混的关系

复杂性是知识的重要特性之一。Nelson 等[258]认为可根据知识的可理解程度将之分为简单知识和复杂知识。Zander 等[259]认为知识复杂性是指知识在分享、转移过程中，因使用者能力差别而出现的结果多样性。在 OIC 中，知识获取以一种自发性体验学习的方式开展，用户通过充满辩证的观察、行动和反思的过程来汲取经验知识[260]。因此，简单知识更容易被理解和掌握，但相对于复杂知识而言其内在价值较低。复杂性高的知识具有更高的知识价值，但会变得更具缄默性、嵌入性和依赖性，因此其被理解和再利用也更为困难[261]。

OIC 中知识产品的复杂性外在表现主要包含表达形式、知识关联、产权许可等方面[247]。OIC 用户在选择产品进行重混时，会充分考虑创新过程中更好的参与体验、更高的潜在价值以及更低的行为风险。因此，尽管简单的知识产品更容易被认知和理解，但在其基础上进行再创新的潜在价值偏低。复杂度适中的产品可能提供更高的潜在价值和更好的参与体验，更易吸引用户对该产品再创新。复杂度偏高的知识产品首先在获得用户认知和理解上会存在一定阻碍，再者如果在产权许可方面及后续使用权方面设置诸多限制，或刻意隐藏设计细节，尽管产品本身的知识贡献水平很高，也难以获得用户的关注和参与。由此提出如下假设：

假设 1：产品的知识复杂度与其参与重混的活跃度呈倒 U 形关系。

7.2.2.2　受关注度与重混的关系

在信息经济时代，关注已经成为一种具有商业价值的、稀缺的资源[262]。从竞争理论来看，知识产品的受关注程度差异会影响知识贡献程度。高关注度的知识产品更可能成为优势产品。用户参与重混创新的动机之一是通过改造产品并更多地从中获益，这种务实动机驱动会刺激用户尽最大努力去挖掘优势产品并不断改进。在利益驱使下，优势产品更可能优先被用户采纳进行重混创新。考虑到 OIC 中声誉的重要性[263]，用户更倾向围绕能带来更高声誉的产品进行重混创新。

从创新的思维可变性来看，更高的关注度能够丰富创新过程中的思维注入[264]，并在用户交互过程中形成共鸣效应，进而吸引更多的用户参与对优势产品的改进创新。这种良性循环体现了重混创新对提高产品知识贡献率的重要性，并显著提升 OIC 组织的总体创新能力。由此提出如下假设：

假设 2：受关注度对知识产品重混呈正相关影响。

7.2.2.3 用户交互与重混的关系

知识产品重混是 OIC 中用户知识分享行为的一种结果形式。OIC 的知识分享以互惠性、共同愿景、感知乐趣等要素为基础，并通过用户交互实现[265]。社会认知理论认为，观察同伴在工作中展现出的创造力可能导致个体自身也积极投入到创造性工作中[266]。用户交互过程就是个体学习、知识传播、转移和创新的过程，是刺激知识产品创新的关键因素。

OIC 用户的交互话题多围绕如何设计更好的产品或解决具体的设计问题等展开。用户不断地通过在线评论提供创新思维或创意，并持续形成对 OIC 的知识贡献，持续提升组织的创新能力和绩效水平[267]。在交互过程中，部分创意直接被吸纳并付诸实践，用户借此对产品进行改造后得到创新产品，这就是知识产品重混的具体过程。部分交互行为可能并没有提出可用的解决方案，但其引发的话题性会吸引更多用户的关注，并为产品发布者赢得更高的声誉。这种激励会给用户带来成就感、归属感并提升自我效能，从而激励更多的创新作品产生。由此提出如下假设：

假设 3：用户交互对知识产品重混呈正相关影响。

7.2.2.4 延续创新与重混的关系

OIC 中继承产生的创新作品的再次重混是一种典型的延续创新行为。延续创新赋予了创新作品与已有知识更好的兼容性[268]。从创新扩散理论来看，与既有经验和价值更为契合的创意更符合 OIC 成员现有的认知模式和思维范式[269]，能够获得用户认知、接纳并相对轻松地提出对改进现有产品更为有利的创新设计。

另外，考虑到延续创新过程中对知识产品进行了多次加工和迭代，知识产品的设计缺陷不断得到修补，各方面逐渐趋于完善，可以再次改造的空间不断压缩，反而降低了知识产品再次参与重混的概率。例如，Linux等开源软件早期阶段发布的版本形式简单，细节不完善，反而更容易被理解，这些早期的、不完整的作品的不足为改进创新提供了空间[247]。

延续创新可能促进 OIC 中知识产品的"多代"谱系繁殖。这种创新产品几乎都继承或传递了上一代知识产品的部分属性或功能。知识产品重混的核心价值之一就是改善现有知识产品缺陷、针对特定应用优化知识产品[270]。因此，在延续创新过程中，如果继承行为对知识产品缺陷的优化和改善属于对源产品的重要优化和完善，那么会得到更多用户关注并进一步延续；反之，如果继承过程中对产品注入的创新思维不属于关键优化范畴，相关知识产品的重新延续则可能中止。由此提出如下假设：

假设 4：延续创新对知识产品重混的影响不显著。

7.3 虚假产品属性数据识别

本章通过 OIC 中知识产品的属性数据来研究影响知识产品重混的关键因素。然而，在开放式的互联网环境下，每位 OIC 平台用户都可以对某一知识产品进行浏览、点赞、收藏、下载、评论等操作，产品生产者为了获得更高的声誉，可能会雇用其他用户对产品进行虚假评论，平台用户也可能故意发表与产品内容无关或无意义的虚假评论，这将导致知识产品属性数据的真实性降低，进而影响分析结论的准确性。

基于此问题，本章提出基于深度学习的虚假产品属性数据识别方法。该方法利用深度学习技术分析理解平台用户发表的评论内容，以识别该评论是否为欺骗性评论、无关性评论和真实性评论。如判断结果为后者，则记录该用户对当前产品的相关操作均为有效，反之，则记录该用户对当前产品的相关操作为无效。通过此方法对所有知识产品属性数据进行筛选后，再利用上一节提出的模型分析影响知识产品重混的关键因素。

7.3.1 深度学习技术原理

深度学习技术是机器学习的一个分支，它是由人工神经网络发展而来的。目前，卷积神经网络（Convolutional Neural Networks，CNN）和循环神经网络（Recurrent Neural Networks，RNN）已广泛地应用于计算机视觉领域和自然语言处理领域，取得了许多优秀的成绩。

在自然语言处理领域，CNN 模型[271]可以处理文本分类任务。首先，将文本转换为词向量进行表示，作为模型的输入；其次，利用卷积层提取若干特征，卷积核大小设置为 $k \times h$，其中 k 为词向量的维度，h 设置卷积操作单词的个数；接着将提取的特征输入到池化层进行特征筛选，此过程可以解决不定长文本的输入问题；最后，将筛选后的特征向量进行全连接操作，再输入到 Softmax 分类器中预测类别概率。基于 CNN 的文本分类模型结构示例如图 7－2 所示。

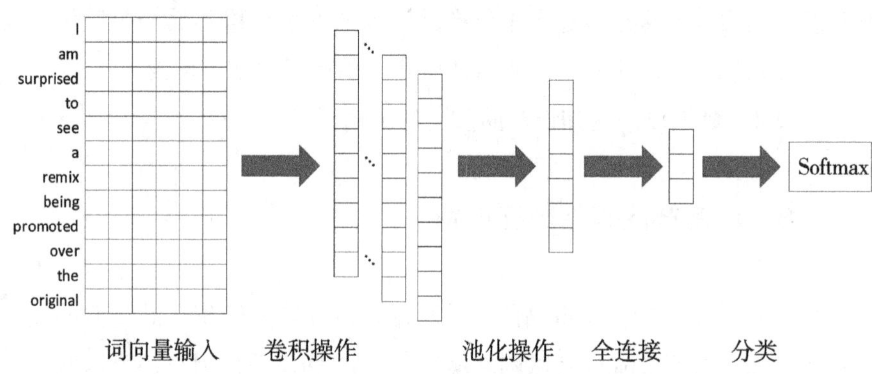

图 7－2　基于 CNN 的文本分类模型结构示例

CNN 模型采用了类似生物神经中的权值共享网络结构，大幅减少了网络中的权值数量，降低了模型的复杂度，计算速度更快。然而，文本信息是一种前后关联的序列数据，CNN 模型在处理文本信息过程中没有考虑文本信息中输入单词的前后关系，这会影响模型最终的分类准确性。

RNN 模型内部引入了定向循环，可以处理输入前后关联的序列数据，已广泛应用于机器翻译等自然语言处理领域。然而，RNN 在训练时采用反向传播（Back Propagation Through Time，BPTT）的优化算法，存在梯度消失或梯度爆炸问题，将导致 RNN 模型不能处理长时间间隔信息之间的依赖关系。长短时记忆网络（Long Short Term Memory networks，LSTM）[272－273]是基于 RNN 模型的一种改进方法，其在处理序列数据上有很强的学习能力。LSTM 改进了 RNN 模型的隐藏单元的计算方式，设计了“遗忘门”

"输入门"和"输出门"来控制记忆单元对数据的删除、保留或者增加的能力。LSTM 的隐藏单元计算流程如图 7-3 所示。

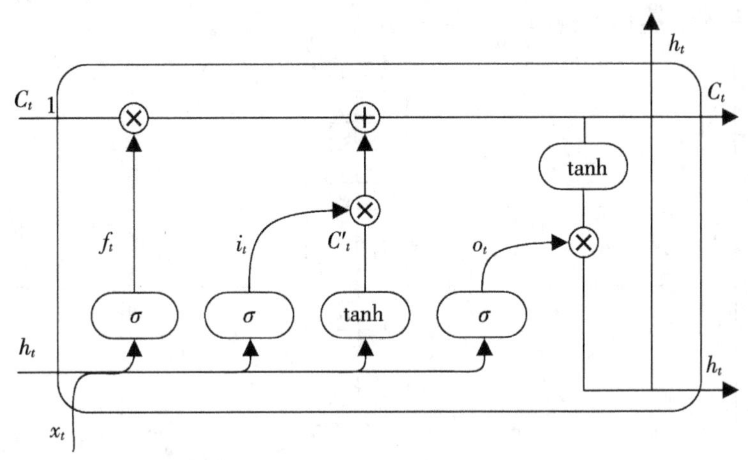

图 7-3 LSTM 隐藏单元计算流程

图 7-3 中，x 是输入数据，C 是记忆单元信息，h 是隐藏单元信息，f 是遗忘门，i 是输入门，o 是输出门。

在 t 时刻，临时记忆单元信息 $C_t^{'}$ 的计算公式如下：

$$C_t^{'} = \tanh(W_c x_t + U_c h_{t-1} + b_c),$$

式中，W_c 和 U_c 分别为权重参数矩阵，b_c 为偏置向量，x_t 为输入的数据，h_{t-1} 为上一时刻的隐藏单元信息，tanh 为激活函数。

遗忘门、输入门和输出门的计算公式如下：

$$f_t = \sigma(W_f x_t + U_f h_{t-1} + b_f),$$

$$i_t = \sigma(W_i x_t + U_i h_{t-1} + b_i),$$

$$o_t = \sigma(W_o x_t + U_o h_{t-1} + b_o),$$

式中，W 和 U 分别表示每个控制门的权重参数矩阵，b 为每个控制门的偏置向量，x_t 为输入的数据，h_{t-1} 为上一时刻的隐藏单元信息，σ 为激活函数。

更新当前记忆单元信息的计算公式如下：

$$C_t = i_t \otimes C_t^{'} + f_t \otimes C_{t-1},$$

当前隐藏单元的输出计算公式如下：

$$h_t = o_t \otimes \tanh(C_t).$$

7.3.2 基于 CNN + LSTM 的虚假评论识别方法

本研究借鉴 CNN 和 LSTM 的优点，设计了基于 CNN + LSTM 的虚假评论识别模型，整体架构如图 7 – 4 所示。

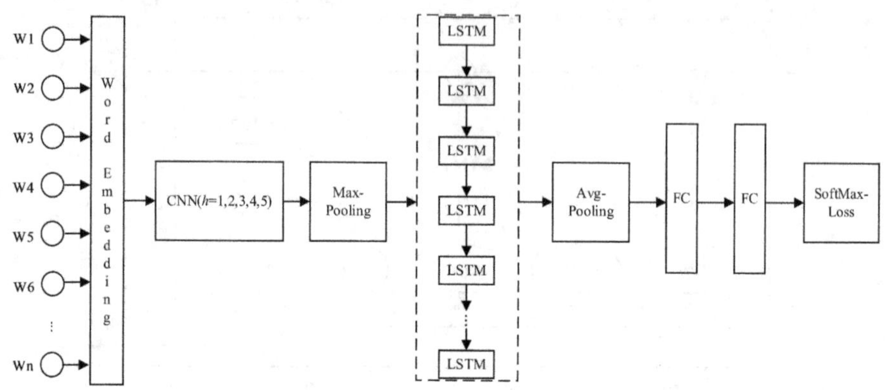

图 7 – 4 基于 CNN + LSTM 的虚假评论识别模型

本章提出的虚假评论识别模型主要由词向量输入层、CNN 特征提取层、LSTM 编码层、池化层和分类输出层组成。在输入层，本章使用开源预训练的 GloVe（Global Vectors for Word Representation）[36] 词向量模型将评论信息中的每个单词转化为 300 维的词向量表示。在 CNN 特征提取层，分别设置五种卷积核大小 $h = 1,2,3,4,5$ ，卷积步长设置为 1，设置每种卷积核的通道数量 k 为 300 个。输入的词向量经过 CNN 层后，每种卷积核都提取 300 个特征向量，然后，将这些特征向量输入池化层进行最大池化操作，筛选出响应值最大的特征向量。接着，将筛选后的特征向量输入 LSTM 编码层，学习特征向量之间的依赖关系，再将特征向量输入平均池化层。池化层可以看作对特征向量进行降维的操作，同时，它还能处理评论信息长度不定的问题。最后，将提取的特征向量输入全连接层进行表达，第一个全连接层设置 128 个神经元，第二个全连接层设置 3 个神经元，再输入到 Softmax 损失函数中计算损失值，以训练整个网络。

Softmax 损失函数的计算方式如下：

$$L_{\text{Softmax}} = -\ln \frac{e^{W_{y_i}^T x_i + b_{y_i}}}{\sum_{j}^{M} e^{W_j^T x_i + b_j}} ,$$

式中，W 表示权重参数矩阵，b 表示偏置向量，x_i 表示第 i 条评论的特征向量，M 表示分类类别数量。在本章方法中，$M=3$，即欺骗性评论、无关性评论和真实性评论。

7.4 实验验证

7.4.1 数据来源

本研究数据取自 Thingiverse 网站。Thingiverse 网站是全球最大的以 3D 打印模型设计产品为主题的 OIC，整个网站现共有 70 余万件设计产品。网站通过统一的网页样式展示用户发布的创新作品，产品属性数据包括：点赞次数、下载次数、浏览次数、收藏次数、产品描述图片、产品设计文件、评论数量、评论内容。该 OIC 强调重混创新对社区创新的贡献，因此建立了网站内知识产品的重混管理机制，设定了 remix from 标签记录该产品从哪些产品继承而来，remixes 标签记录该产品被其他用户吸收改进后再创新的情况（派生）。

从 thingiverse 网站上提取了 55310 条存在重混（派生）的发布产品（remixes 标签 >0），并从产品的描述标签中解析出 9 个属性作为观测变量并进行统计描述分析。为了研究结论的准确性，本研究先使用提出的基于 CNN + LSTM 的虚假评论识别模型对提取的产品评论进行识别，共识别出 3000 条非真实性评论。表 7 – 1 为经过本章模型筛选后的每个变量的含义和统计描述。结合本章的分析模型和研究假设，设定 remixes 为因变量，其他 8 个变量为自变量。

表 7 – 1　模型的观测变量含义说明和统计描述

	变量名	含义	属性	最小值	最大值	均值	标准差
1	like_ cnt	点赞次数	自变量	20	20 327	1 431	2 049. 6
2	download_ cnt	下载次数		47	259 029	12 073. 8	19 542. 4
3	Views_ cnt	浏览次数		202	948 230	50 316. 7	73 264. 6
4	collect_ cnt	收藏次数		20	22 749	1 743. 4	2 343. 4
5	images_ cnt	图像数量		1	627	12. 65	21. 2
6	files_ cnt	文件数量		1	483	8. 47	18. 3

续表

	变量名	含义	属性	最小值	最大值	均值	标准差
7	comment_ cnt	评论数量	自变量	0	2 633	38.86	84.3
8	remix from_ cnt	重混（继承）		0	10	0.4	0.97
9	remixes_ cnt	重混（派生）	因变量	1	233	7.5	18.8

7.4.2 因子分析

为验证本研究假设，采用因子分析法对观测变量进行主因子分析建模。因子分析法是综合评价中的一种常用方法，其基本思想是根据相关性大小把变量分组。根据本文提出的分析模型，考虑从 8 个自变量中提取 4 个因子。本章采用 SPSS25.0 软件进行因子分析，采用降维因子分析模块得到分析结果如表 7 – 2 所示。从表中结果来看，KMO 统计量取值 0.685 大于最低标准，Bartlet 球形检验取值 $p<0.001$，表明提取的 8 个观测变量适合做因子分析；从载荷平方比中的方差百分比来看，4 个因子对所有变量的解释程度达到了 93% 以上，表明设定的 4 个因子可以较为完整的概括变量总体特征；每个观测变量的公因子方差都在 0.9 以上，说明这 4 个公因子能够很好地反映原始观测变量的绝大部分内容。

表 7 – 2　知识产品属性变量因子分析结果

自变量	公因子方差	旋转后的成分矩阵			
		因子 1	因子 2	因子 3	因子 4
点赞次数	0.936	0.966	0.015	0.041	–0.029
下载次数	0.913	0.855	0.077	0.274	0.027
浏览次数	0.906	0.876	0.049	0.368	0.018
收藏次数	0.942	0.969	0.001	0.051	–0.027
图片数量	0.964	0.035	0.979	0.088	0.052
文件数量	0.966	0.038	0.976	0.065	0.050
评论数量	0.971	0.300	0.133	0.929	0.013
重混（继承）	0.999	–0.011	0.080	0.012	0.996
总方差解释					
方差百分比（%）		48.011	24.555	12.060	9.093
累计（%）		48.011	72.566	84.627	93.720
变量分组及因子解释		受关注度	知识复杂度	用户互动	延续创新

注：提取方法：主成分分析法；旋转方法：凯撒正态化最大方差法。

结合分析结果对观测变量和主因子之间的关系内涵解释如下：与因子1关联性最强的是浏览次数、点赞次数、下载次数、收藏次数4个变量，这4个变量是对OIC中用户对该产品关注程度的记录，因此可用于表示分析模型中的受关注度；与因子2关联系数最大的是图片数量和文件数量，由于网站上传的与发布作品相关的图片和文件是具体的用户生成内容，因此产品数量和文件数量反映了创新作品的知识复杂度；评论数量、重混（继承）两个变量分别与因子3、因子4单独强相关，说明这两个变量具有一定的相对独立性，可单独表示解释关系。评论数量反映了知识产品在OIC成员中讨论的充分性和话题活跃程度；知识产品是源创新还是在原有知识产品上继承发展生成，可以反映延续创新对重混创新的影响程度。通过因子分析得到的知识产品观测变量和主因子的具体关系如图7－5所示。

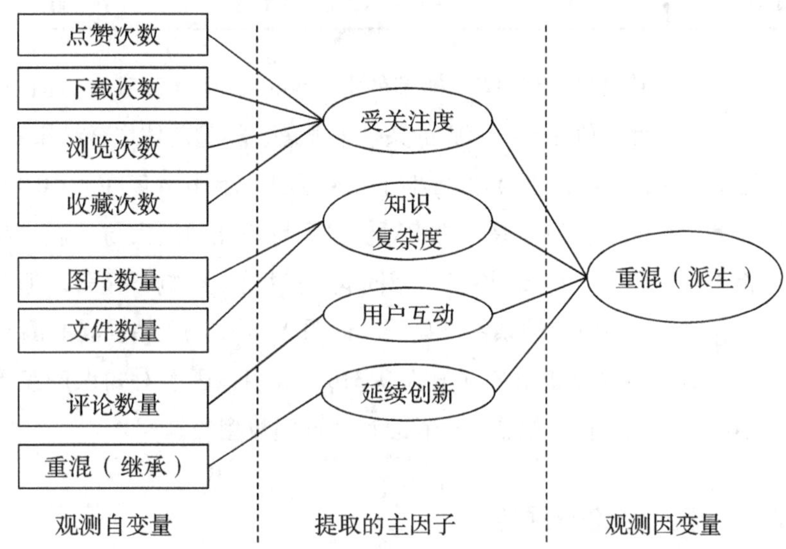

图7－5　知识产品观测变量与主因子对应关系

7.4.3　主成分回归分析

在上述主因子分析的基础上，通过分析主成分因子和因变量之间的相关性来验证本章研究假设。首先对因变量重混（派生）向量进行归一化处理。然后根据本章建立的研究模型定义4个自变量，分别为：X_1——受关注度、X_2——知识复杂度、X_3——用户互动、X_4——延续创新，以及1个因变量Y——知识产品重混。通过建立线性回归模型分析影响关系，同时为了验证知识复杂度与重混的倒 U 形关系，在线性回归模型上增加 1 个 X_2 的二次项。回归分析结果如表 7－3 所示。

表 7－3　主成分回归因子分析结果

变量	标准化系数 Beta	t	显著性
X_1	0.217	12.202	0.000
X_2	−0.045	−1.479	0.139
X_2的二次项	0.087	2.875	0.004
X_3	0.292	16.196	0.000
X_4	0.018	1.016	0.310

模型摘要

R	R^2	调整后 R^2	F	显著性
0.762[a]	0.580	0.578	82.686	0.000[b]

从表 7－3 的结果来看，整个模型的 R－Square 值为 0.578，具有较高的拟合度。显著性 p 值在 $p<0.05$ 的条件下显著，模型总体拟合结果有效。从因素影响分析来看，X_1和 X_3的标准下系数为正，且其 p 值在 $p<0.05$ 的条件下显著，验证了模型中提出的相对优势和用户互动因素与知识产品重混的正相关假设成立。X_2知识复杂度因素本身对模型影响不显著，但其二次项变量 p 值在 $p<0.05$ 的条件下显著，说明 X_2与知识产品重混的倒 U 形关系成立。X_4继承效应变量的 p 值为 0.310，说明该因子对知识产品重混的影响不显著。上述检验结果完全符合前述研究模型假设。

7.5　研究结论与展望

7.5.1　研究结论

本研究基于创新扩散理论探讨了 OIC 中知识产品重混创新的影响因素，不仅发现受关注度和用户交互频率对知识重混呈正向影响，产品的知识复度与之呈倒 U 形影响关系。同时通过实证研究论证了知识产品兼容性和创新可变性之间的作用效应，发现延续创新特征对重混创新不存在明显的正向激励作用。鉴于知识重混是 OIC 的重要创新动力，本研究成果对于更好的激发开放式创新动能具有重要的实践指导意义。结合研究结论提出以下建议。

①OIC 平台、用户要注重挖掘具有高关注度的优势产品来激励创新。对用户而言，可以倾向于选择高关注度的知识产品进行观察学习和改进创新，这样才有可能产出更有价值的重混作品，同时为个人赢得更好的声誉。对创新平台的管理者而言，可以构建知识产品的受关注量、作品声誉、重混创新三位一体的联合激励机制，引导用户围绕优势产品提供更多的优质创新。

②OIC 平台要注重对用户贡献内容复杂性的精细化管理。由于知识复杂度低的产品贡献率低，高复杂度的产品难以被认知理解。对用户而言，必须提升创新过程中的知识意识，综合考虑知识产品的可理解性和知识贡献水平，以使创新工作能发挥其价值。对 OIC 管理者而言，一方面通过设计更为精细化的分享机制提升知识产品的可理解性，另一方面对知识复杂度适中的典型产品以精品方式进行推介，通过提升产品的可利用性来促进重混创新。

③OIC 平台必须重视营造更为活跃、多元的交互环境和氛围来促进创新。通过在 OIC 建立推行创意讨论积分制，对参与他人创意讨论并对知识产品改进做出贡献的用户给予积分奖励，鼓励用户与同伴之间的多方交互。OIC 依据重混创新作品对平台的知识贡献率，区别资深用户和普通用户，针对不同用户采取有所侧重的交互策略。例如，鼓励普通用户直接参与交互；鼓励资深用户和同伴积极参与用户创意讨论，为资深用户营造积极的、支持性的创新氛围。

7.5.2 研究展望

本研究严格遵照研究规划进行设计，力求以客观分析和科学方法验证研究模型与假设。但是，仍然存在一些局限性，具体分析如下：第一，本章仅仅以 3D 打印产品这一 IT 产品为研究样本，未能广泛采纳其他产品领域的 OIC 社区信息和知识产品样本，因此，该研究结果是否具有普遍意义还有待进一步检验。第二，本章未能考虑不同重混模式等深层复杂因素对知识产品重混的影响作用。因此，多样本探究 OIC 中知识产品重混的影响因素并对其进行实证分析，以及不同重混模式等深层复杂因素对知识产品重混有何影响是未来的研究方向。

8 重混创新中的元模型效应

8.1 研究背景

三维打印技术可以通过转换数字文件来创建物理对象。这项技术有可能彻底改变供应链，因为专家和初学者等均可在本地设计、定制和制造产品供自己使用（Balka et al.，2009；Kuk & Kirilova，2013；West & Kuk，2016）。相比之下，传统的制造工艺相对缺乏灵活性并且比较浪费，因为许多相同的物体在偏远地带生产，以高成本运输到仓库，分销到零售店，才能被消费者购买（Gebler et al.，2014；Gershenfeld，2008；Raasch et al.，2009）。

3D 打印技术向消费者传播的一个重要方式是重用以前创建的设计。3D 打印社区很像开源软件社区：有一种通过编辑数字文件来共享和修改设计的文化（Fischer & Giaccardi，2006）。现有的理论哪些可以应用于这些社区？以前的信息系统研究人员已经研究过知识重用（Allen & Parsons，2010；Markus，2001），并且区分了复制重用和创新重用（Majchrzak et al.，2004）。然而，3D 打印中特别突出的是顾客定制化服务，它具有复制和创新的特性。具体来说，在 3D 打印社区中，不仅可以构建模型，还可以构建更多抽象的模型，称为元模型；每个抽象模型都可以生成许多具体模型。在实践中，社区成员通过交互修改每一个元模型产生许多不同的 3D 模型。这些 3D 模型是完整的规格，可以发送到 3D 打印机。

定制化、开源资源库和 3D 打印，它们自身并不是新现象。但这些技术和工艺的结合是新颖的。虽然多年来可以定制汽车或计算机，但选择一直受到限制。消费者很少（如果有的话）能够操纵设计的连续参数；相反，他们从少量预定义选项中选择，在我们讨论的此情境下，社区成员可以生成真正定制的物理对象。正如在计算机辅助软件工程工具的研究中所学到的（Banker & Kauffman，1991），元级工具的引入可以为初学者提供支持。在社区中，专家可以创建初学者可以操作的工具（Fischer & Giaccardi，2006）。因此，更多的人可以参与设计活动，并且随着他们的参与，他们变得更加专业；最终，他们不再消耗其他设计，而是生成自己的设计。这些工具还可以降低产品变化的成本，因为设计空间和操纵空间的工具可以构建为精简探查（Yumer et al.，2015）。我们建议对3D打印环境中的元模型进行系统检查，可以增加我们对数字创新如何改变设计流程、制造流程和供应链的理解。

基于对Thingiverse的考察，通过对该社区中共享的数字工件—文件和评论的分析，展示了对允许修改元模型以创建定制化设计技术重用的影响，发现元模型被高度重用，但随后由元模型生成的模型不会被如此重用。由专家创建的元模型比初学者创建的模型更多地被重用[274]。

8.2 研究假设

知识重用是先前创建的知识被重新利用、修改和重新组合的过程（Alavi & Leidner，2001；Markus，2001）。Majchrzak等（2004）确定了两种类型的重用。复制重用是一种知识获取方式：一个特定的问题需要解决，知识被重用来解决这个问题。不需要更广泛的整合，也没有新颖的结果。相比之下，创新重用涉及将新知识与其他新旧知识相结合，从而产生新颖的东西。在开源环境中，知识与社区共享以进一步重用（Howison & Crowston，2014），并且两种类型的重用都会发生。

是否有迹象指导重用选择？需要关注的一个地方是结构、流程和称为元知识的数据。元知识是关于知识的知识（Aiello et al.，1986），并且已被证明会影响重用（Evans & Foster，2011；Majchrzak et al.，2004）。

在开放设计领域，元知识边缘的某些变种在元模型中被正式实例化。元模型提供了一种语言来定义另一种语言，从而它可以代表什么（Jarke et al.，2009）；元模型的根源在于逻辑研究（Tarski，1983）。它们在工程、建筑、制造和计算方面有广泛的应用，因为它们描述的模型种类繁多

(Frazer，2016；Kelly & Tolvanen，2008；Simpson et al.，2001)。

在工程环境中，元模型包含足够的信息来生成一系列相关模型、一系列设计，在打印时会生成一系列产品或零件。实际上，可重构的、细胞及增材制造鼓励利用元模型进行设计的过程，并不是仅仅关注设计一个对象，而是设计一系列相关对象（Koren & Shpitalni2010；Tseng et al.，1996)。这些元模型有时被称为配置器、工具包和协同设计平台（Franke，2016；Jeppesen，2005；Piller & Salvador，2016)。Thingiverse 社区将这些元模型称为定制器。

在开放设计环境中，3D 元模型允许设计人员生成3D 模型，3D 模型是对象表面几何形状的描述（Woodbury，2010)。这些模型表示为数据文件，可以自动转换为 3D 打印机的指令，反过来生成物理对象，如口哨。3D 元模型是一种通常在软件设计中实践的特定领域建模形式（Kelly & Tolvanen，2008)；3D 元模型用于生成新的 3D 模型，就像特定领域的编程语言可用于生成新的软件程序一样。我们将 3D 元模型称为元模型，将 3D 模型称为模型。

设计实践中使用的元模型由几个集成组件组成。第一个组件是一组参数：这些参数可以控制将要生成的各种设计的种类。这些参数绑定到第二个组件，即具有命名参数的模型，这是模板。第三个组件是一个界面，允许设计人员通过拖动滑动条或键入文本信息来操纵参数，这是一种从人机交互研究元模型中产生的技术。用户可以为一组参数赋值；这导致了模型的产生，用户可以看到并通过修改参数值进一步调整。通过迭代，用户可以系统地探索设计空间。

从信息系统理论的角度来看，元模型通过数字工件的三个属性成为可能。数字工件具有可塑性，这意味着它们可以轻松被编辑和重新组合(Henfridsson & Bygstad，2013)。它们也是交互式的，这意味着数字工具可以让用户实时看到编辑的效果（Henfridsson & Bygstad，2013)。此外，它们是自反的，这样它们可以参照自己（Kallinikos et al.，2013)。

从实际角度来看，元模型在许多消费者情境中已经证明有效。例如，阿迪达斯在应用程序中嵌入了关于运动鞋类的知识，允许消费者使用网站上的图形用户界面设计他们自己的个性化运动鞋等（Piller et al.，2004)。

这是消费者共同创造的一个例子。通常，元模型提供了一种解决异质偏好的方法；它们为消费者提供了由主导设计策略创造的产品的替代品（Abernathy & Utterback，1978）。

在开放设计的情境中，元模型可以以两种方式重用。首先，可以选择参数，元模型输出新模型；这就是我们所说的重用于定制化服务。其次，元模型的源代码本身可以与另一个元模型的源代码进行修改或重新组合，创建一个新的元模型，与其前身相比，可以生成扩展的或不同的模型族。相比之下，模型本身代表单一设计，而不是设计家族，因此可能没有那么广泛的吸引力。此外，关于创新扩散的研究（Davis，1989；Rogers，2010）表明，结合到元模型界面中的易用性将提高采用率。明确创建元模型的目的是定制化重用，而模型则不然（Tseng et al.，1996）。这导致出现元模型假设 H1。

H1：元模型比普通模型更可能被重用。

运行元模型时，它们会生成模型，这些模型是元模型参数的特定实例。这些已生成模型可能令其设计人员感到满意，但对于不具有相同特定需求的社区其他成员而言则不令人满意。例如，用某人首字母定制的表带固有的对几乎所有人来说都是无趣的。即使定制设计接近其他人想要的设计，人们也更有可能使用元模型而不是已生成模型。他们会发现更容易操作元模型并放入自己的首字母缩写，删除这些首字母，并将自己的首字母放入其中，而不是使用其他人的首字母定制的表带。相比之下，当面对没有关联元模型的模型时，设计人员将重用该模型，因为他们没有办法依靠元模型。

定制理论发现，易用性和享乐动机使元模型对用户具有吸引力（Fogliatto et al.，2012）。更改元模型上的滑块可能比将已生成模型加载到编辑工具中更容易。考虑到能够找到精确匹配的可能性很低，所以寻找元模型可能比通过粗略搜索去找更容易些。

总之，一个正在成长中的初学者更有可能回到元模型来生成新模型，而不是从一个已经生成模型中入手。而专业的设计人员更愿意去完成元模型的源代码，对其进行扩展，而不是将自己困在已生成模型中。换句话说，没有元模型的设计将被重新拿来使用，因为没有其他选择。元模型将被重新编辑，因为这样的编辑效率很高，能够影响整个设计。但是所生成的设计不能被编辑，因为元模型是一个充满吸引力的起始点。这导致出现已生成模型假设 H2。

H2：相比其他设计，由元模型生成的设计不可能被重新使用。

在社区中分享成果往往是专家，因为他们往往能够有效地在反思中磨炼其实践技能（Schon，1983）。社区还有正在寻求或构建专业知识的初学者（Markus，2001）。经验是开源社区活动中重要的驱动力：专家创建可重用组件，初学者把它们重新利用（Lim，1994）。经验多少会影响某些编程语言的过程和技术的使用，以及整体的工作效率（Haefliger et al.，2008；Malla - pragada et al.，2012；von Krogh & von Hippel，2006）。

元模型假设 H1 表明，元模型的可用性与设计重用的可能性呈正相关，因为元模型为设计人员（初学者和专家）提供了一种方法，通过将其编码为可塑的形式来了解以前设计人员的知识。尽管元模型支持重用现有的知识，但是重用背后的另一个驱动力可能是来自设计人员对知识本身的掌握程度。因此，元模型中嵌入的知识质量越高，对用户的吸引力就越大。这表明了一种调节效应：元模型使专家设计人员的知识更容易被社区重用。因此，我们希望以前的社区经验能够对调节元模型和设计重用之间的关系起到积极的作用。

这会使设计人员的性格特点与所选择的设计形式之间产生交互作用，如设计人员体验假说所述 H3。

H3：当具有较高社区经验的成员创建元模型时，元模型将会最大化地被重用。

将创新概念化是对设计空间的一种探索，这是一个由来已久的传统，在这个空间中，维度的变化产生新的设计，并在大维度空间中产生新的点（Brooks，2010；Frenken，2006；Simon，1996）。例如，口哨的设计人员可以选择口哨的整体形状和口哨开口的形状。

虽然在这两个维度上有无限的选择，但在实践中，只有特定的选择组合才能产生合理的结果；设计人员对口哨进行造型、测试，然后再进行造型、测试……有无限的探索空间。一个独立的设计人员在改变形式和测试功能之间不断摸索（Frenken，2006）。

开放设计社区的参与者可以共同探索设计空间，从而加速创新。因为所有的设计都是可见的，并且所有的知识经验都是可用的，可以监控设计的演变过程。我们也理解设计之间的相互影响，一个设计相对于之前的设计是模仿还是创新，我们都很清楚。这意味着设计人员可以更好地选择追求什么样的创新。与母设计相同的设计不太可能被重用，因为其中嵌入的知识已经可用。与之相反，与母设计不同的设计可能会进一步探索设计空间，但可能被认为是边缘的，也可能被忽视。在这种概念化中，复制表现为相同的点，增量创新表现为接近的点，而激进创新表现为设计空间中的远点。

因此，对复制流程的重用所产生的设计比对创新流程的重用所产生的设计更类似于母设计。当元模型将共应变重用到由其参数定义的特定设计空间时，我们期望它们能生成与之类似的设计。这就导致出现了设计相似性假设 H4。

H4：元模型比模型更有可能导致类似于自身的设计，因此不太可能导致出现不同的设计。

9　重混创新与“大众生产”

知识产品是人类在改造自然和社会的实践中，通过支出脑力劳动，依靠知识、智力等要素进行创造性活动的成果，并以一定形式表现出来的一种自然科学、社会科学的成就。随着 Web 2.0 信息技术和知识经济的发展，自由、开放的“大众生产”（Peer Production）作为知识产品生产领域中的一种新型组织模式和创新动力机制备受推崇。创新动力机制是推动创新实现优质、高效运行并为达到预定目标提供激励的一种机制，理解创新过程及其决定因素有助于改进现实世界组织中的创新生产，并最终创造更多卓越的新产品和服务。网络创新社区（Online Innovation Community，OIC）为生产者（社区用户）自由发布知识产品提供了开放空间。重混是知识产品在广泛分享、转移过程中通过复制、融合、重组等作用方式实现产品创新的过程。重混作为大众生产过程中知识产品的主要创新模式之一广泛存在于 OIC 中，如维基百科、Thingiverse、Scratch、软件开源社区 Github 等。

9.1　研究背景

在过去十年里，计算机支持合作领域的研究人员和理论家们提出将 FLOSS、维基百科，以及重混社区的产品作为经由互联网推动的大规模协同合作的出色实例——即“大众生产”——并创作出了具有巨大价值和高质量的诸多成果作品。在前人作品的基础上进行创造性产品构建，通常涉及适用图像和声音对代码进行重组和再加工。Benkler 认为，重混是大众生产的一种重要方式。在他的同名书籍中就曾指出，互联网上广泛流行的重混代表着一种重要的文化转变，一种更加合作协同的文化。从广义上讲，以重混为核心的间接重用模式是大众生产和大量基于互联网的协作工作的主要特点。

另一些人反驳说，大众生产的作品——尤其是重混社区的作品——是业余的且质量很差。Benkler 认同 GNU/Linux 和维基百科的成功案例，并提出了一个微妙的论点，即大众生产可能特别适合于功能性作品的创建，比如操作系统软件，“因为软件是一种功能性很好、质量可测量的产品”。另外，近年来，我们也见证了高质量的大众协作艺术作品，包括获得格莱美提名的 Johnny Cash 项目音乐视频。

平均而言，重混作品的创作质量是否比单独创作者的作品更高？对运用于类似艺术创作类产品而言，重新混制手法是否更适用于代码这样的功能性作品？尽管这些问题是关于大众生产、相关价值和局限性的探讨核心，但是在很大程度上缺乏相应的经验证据。基于互联网的重混平台通常将代码和艺术的生产结合在一起，因此非常适合回答这些问题。下面将从辩证的视角阐述该问题答案。

9.2 理论框架

诸如 FLOSS 和维基百科这样的高质量产品的可能性或者前景一直是大众生产领域的关注焦点。Benkler 认为，大众生产会带来高质量的项目作品，这是因为互联网能够降低与贡献相关的成本，因此吸引了许多原本动机不高的贡献者。通过对 FLOSS 的讨论，Raymond 认为，不同的贡献者将能够发现并修复缺陷，从而开发出优于个人或公司开发的替代方案的软件产品。此外还有相关经验证据支持这样一种观点，即协同合作情况的增加会使大众生产出更高质量的产品。例如，对维基百科的研究表明，该平台能够在几分钟或几秒钟内发现并消除恶意破坏行为，并且从几个方面来看，维基百科上的高质量文章往往是通过更紧密的协同合作而产生的。

但是，协同合作并不始终是更好的选择方案。在这里仅举一个非常有影响力的例子，关于头脑风暴的丰富文献表明，在许多情况下与单独工作的人数相同的人相比，团体产生的创作想法更少、质量更低。在一次毕业演讲中，耶鲁大学校长 A Whitney Griswold 这样说过：“《哈姆雷特》是由一个剧作家委员会创作出来的吗？还是说《蒙娜丽莎》是由一个画家俱乐部创作的？《新约全书》是一部会议报告吗？创意并不是从群体中产生的，它们来自个体。神圣的火花是从上帝的指尖跳跃到了亚当的手指上。”

在关于大众生产和重混的文献中，一些人对协同合作程度的增加会产生更好的作品这一论点表示怀疑——这是一类最强烈的批评并对此类现象的基本前景提出了严重质疑。Keen 认为，大众生产的开放和对参与的重混导致了产品的业余性和低质量。在对所谓的“在线集体主义”的批评中，Lanier 指出了大众生产的几大缺点，并指出维基百科是一种贫瘠的、缺乏单一声音的产物：“某种声音应该作为一个整体来感知。你必须有机会去感知个性，这样语言才能有它的全部意义。个人网页可以做到这一点，期刊和书籍也可以。”[275]与 Griswold 的观点相呼应，Lanier 指出即使是在成功的集体创作过程中比如在科学研究中，“个体学者才是重要的，而不仅仅是过程或集体参与”。有关重混的先前研究表明，导致项目重混程度增加的因素与“更便宜”和更容易的工作形式相关，这可能是通过降低成本和吸引那些贡献较少复杂性及工作量的参与者所致[276]。

尽管重混和大众生产一直是一个日益热门的研究主题，但很少有研究者对重混作品质量进行比较，也没有人质疑这样一个假设，即以重混的形式进行合作可以获得更高质量的作品，而这正是大众生产中诸多关注点的基础所在。这也就引出了我们的第一个研究问题，即假设 1。

假设 1：平均而言，重混作品的品质是否优于单一创作作品?

对于 Keen、Lanier 以及 Griswold 的批评，一种回应是认为大众生产可以产生高质量的作品，但仅限于特定类型的创造性产品。毕竟，Griswold 所说的那些无法由集体完成的作品原型均来自艺术。

当然，也有许多伟大的作品是由多个作者创作的。《詹姆斯国王钦定版英译圣经》就是由一个委员会编写的。即使是像 T S Eliot 与 Raymond Carver 的诗歌及故事集这样独特的作品，也需要与有影响力的编辑们进行深入合作才能问世。心理学文献对创造力的研究表明，创造力是高度内含于社会环境中的。

虽然经由大众生产的功能性产品更广为人知，但大众生产也能创作出高质量的艺术作品。在 Johnny Cash 项目中，由成千上万的大众生产片段共同汇集创作出了一段获得格莱美提名的音乐录影带。Luther 作品集则展示了艺术作品是如何在充满活力的重混社区中产生的。最近有关虚拟对象设计的研究表明，与个人单独工作相比，重混样式的协作方式可以产生出更好的设计作品。如果艺术作品在大众生产和重新混制中不那么明显，那可能是因为从发展历史来看在互联网上进行协作所需的工具更适合于生成编程代码等技术产品。不过近年来产生的新型协作媒体和设计工具则改变了这一现状。

但是不可否认的是，与 Griswold 的原型艺术作品相比，经由大众生产产出的典型作品更加“实用”。例如，在《自然》杂志中广泛引用的相关研究能够通过统计事实错误对维基百科的质量进行评估。Raymond 谈到了其他贡献者的披露和“漏洞”修复。人们对艺术作品的接受存在或多或少的积极性差异，但对它们的评价则更为主观。计算机领域的研究人员认为，在设计或艺术等创造性任务中提供团队支持工作仍然是一个重大挑战，也是一个开放的研究领域。

总的来说，众包系统倾向于专注“缺乏创造性”的任务，这些任务可以很容易地进行划分和客观评估——这些品质往往是媒体和电影等创造性作品所缺乏的。这会使艺术创作更难管理。即使是像绵羊市场（Sheep Market）和 Johnny Cash 项目这样成功的群众艺术，也要求参与者从个人广阔的视野中贡献一份有明确定义的作品。Fischer 的研究表明，在制定市场价格等方面，集体比个人更有效，但在其他方面却不那么有效[277]。Keen 也对集体创作和设计持怀疑态度，他问道：“通过整合业余爱好者的声音能创造出权威、连贯的虚构叙事吗?”他的回答是：“我表示怀疑。”[278]

也就是说，以前的作品一直在努力比较单一环境或社区中的艺术和更加功能性的产品。大众生产可能能够创造高质量的艺术，但表现却不如那些具有功能性更强的目标的生产方式。此外，重混用户可能能够创作出伟大的艺术作品，但在合作时更多地表现出对功能性任务的兴趣，因为它可以带来更顺畅的社交互动。这一相互矛盾的证据引出了第二个研究问题，即假设 2。

假设 2：平均而言，代码密集型重混比媒体密集型重混的质量更高吗?

当然，将质量进行操作化和量化是困难且有争议的，尤其是与艺术等主观产品相关的质量。一些关于大众生产的研究表明，简单的流行度指标，如浏览量或下载，可以作为质量的代表。其他的则利用同侪评量系统来帮助对内容进行评估和评量。我们将遵循后者，即基于同侪评量的方法。也就是说，在此处没有给出的结果中，我们使用基于流行度的质量度量方法进行类似的分析，并发现了实质上类似的结果。

10　基于社会承认理论的领先用户行为与重混创新

本章所做的探讨未将网络创新社区与开放式创新社区进行区分，二者视为同一概念。开放式创新社区（Open Innovation Community，OIC）是在互联网背景下，企业为适应社会发展需要而创建的一种大众创新平台，对企业创新产生深刻影响。在全球竞争环境中，OIC 为外部用户参与企业内部创新提供了重要渠道。越来越多的企业将 OIC 应用于开放式创新的实践中，比如 Makerbot 的 Thingivers、戴尔的 IdeaStorm、星巴克的 MyStarbucks Idea、英特尔的 Open Port IT Community、海尔的众创意与 Hope、美的的美创平台等。

10.1　研究背景

霍耐特通过吸收早期黑格尔的承认学说中"为承认而斗争"的思想，并借鉴米德关于"承认"的社会心理学，提出社会承认理论，认为作为主体的人，内心有渴望、有诉求，希望得到他人和社会的承认，希望人与人之间互相理解、关心、爱护，希望成为真正意义上的人。在开放式创新社区中，用户通过感知别人对自己创新行为的认可，可以增强自我概念。因此，社会承认理论有助于我们识别开放式创新社区中用户互动行为的特定认知因素。

人的本质是一切社会关系的总和，人的社会性存在决定在实践的基础上人与人的交往是必需与一定的。主体间交往首先是建立在主体存在的基础上，承认是构成交往的前提，没有首先对交往主体的承认就没有交往主体的存在，进而没有主体间互动，就没有交往的产生。人只有在以承认为前提的实践自我关系的交往中，才能实现自身同一性。霍耐特“承认”概念特点：一是承认的主体是具体的人，二是承认围绕主体实践自我同一性关系铺展开，三是承认是主体之间的互动活动，不是单方面的认识或主观意愿。主体不能在自身中成为自我，总是通过在与他者进行交往中获得自我的认知。

霍耐特认为“承认”反映出一个社会的交往结构和人的存在状态，自我通过与共同体内其他主体“斗争”获得“承认”，进而在社会关系上实现自我存在。霍耐特把主体之间获得承认的方式划分为爱、法律和团结，通过这三种方式主体相应地获得自信、自尊、自重，以此形成承认关系结构。

“爱”是相互间承认的第一阶段。“爱”的承认侧重于人与人之间的关系，强调彼此之间的相互关爱。爱不是指狭义上的男女之间的爱恋，而是泛指一切少数人彼此间的强烈的情感表现，包括父母与子女的关系、情侣之间的关系及友谊关系等，如同孔子的“大爱”思想。在爱的承认中，主体双方均认为自身在相互依赖和需要中相依为命。由于需要和情感主要通过相互满足或者直接给予，承认本身就必须具有鼓励和认可性。在社会群体中，儿童通过与其他人建立情感关系，学会成为独立的个体，并且在成长过程中不断地从母亲的关怀中获得自信。因此，把爱的承认形式称为承认的基础形式，代表的不仅是儿童走向成熟的情感需要，而且是与母亲、外界环境及社会群体的交流行为能力的成熟。这种爱在男女间就是爱情和婚姻，使男女间的承认形式相互独立，原因在于两性在相互爱恋的过程中会逐步相互分离。因而，无论是母子之间还是男女之间，主体都会在承认过程中得到自信。

“法律”是第二种承认形式。法律行为模式调整的是人与社会之间的关系，法律关系存在于承认的互动领域中，并将承认的社会性作为其本质属性。法律是社会中单独个体的相互承认行为，原因在于他们认为在主体意识到只有对他人承担义务时，才能使自己成为权利的个体。主体在拥有了社会地位和荣誉的基础上，才能够合法地支配自身的法律权利。在法律承认经验中，主体获得与共同体其他成员共有的品质，使主体间交往具有可能性，这种可能性的实现基础就是“自尊”，主体被赋予权利与获得自尊，两者之间有着重要的联系。“在法律上被承认的同时，不仅个人面对道德规范自我导向的抽象能力得到了尊重，而且个人为占有必要社会生活水平应当具备的具体人性特征也得到了尊重”，主体在法律承认中也会感受到社会和他人的尊重。法律行为模式调整的是人与社会之间的关系，然而，法律承认形式具有它自身的内在逻辑和结构特性。因此，法律承认形式的真正合理性在于它的普遍主义道德前提。霍耐特认为，主体在现代社会中的权利应与自身相分离，原因在于其权利的属性并不归属于社会群体，而是处于自由状态下的每个主体。

霍耐特将团结称为第三种承认形式。“团结”的行为模式调整了人与共同体之间的关系，强调人对共同体价值观的认同，同时也强调共同体应当通过共同价值目标的确立，来保障人的个性化的实现。当主体成为社会群体的一员，也就意味着他的共同体成员资格的成熟。在社会群体中，当主体获得他人的肯定时，其被承认和社会价值也就相对地获得了满足。当主体在社会群体与其他成员的利益和价值观达到一致时，他们便构成了社会共同体，社会团结的关系也随之形成。在他们树立了一致的目标后，他们在社会中的行为也会表现为为此目标的实现不断努力。霍耐特认为，承认理论中团结承认是一种互动的承认关系，主体通过相互理解和尊重达到团结承认的目的。团结承认强调的是主体的特性和能力，而不是普遍的特征。由于主体是社会群体承认的一部分，因而其承认的获得就来自他者的肯定。在主体的能力得到他者的肯定时，其自身也就得到了自我存在感和社会价值的实现。在“价值共同体”内，主体为获得社会尊严实施的行为为共同体所认可，对共同体做出贡献，同时又具有个体特质和能力，主体就将获得团结承认形式下的自重。

总之，霍耐特承认理论的形式结构不是对爱、法律和团结的简单归纳，三种方式之间是相互联系、相辅相成的，每一种方式都具有过渡性，是对上一种方式的延伸，同时又是对下一种方式的开启。爱是承认理论中最基本的承认形式，提供的情感支持是进行其他社会活动的基础；法律，是第一种承认方式的延续，确保了个体的权利和利益的有效性，为主体进行自为的活动提供了保障；团结，是对前两者的综合和超越，在社会伦理共同体内，为主体实现自为存在指出了价值目标。与爱、法律和团结三种承认方式对应的自信、自尊和自重，使主体在不同交往结构中得到的承认，主体仅仅获得自信，还不能满足自为交往；需要通过法律体系赋予的权利去获得自尊，实现交往的平等；需要在共同体价值目标的指向下赢得社会威望、获得自重，实现积极的交往。“从整体上说，爱、法律、团结，这三种承认形式构成了人类主体发展出肯定的自我观念的条件。因为，三种承认形式相继提供了基本的自信、自尊和自重，有了它们一个人才能无条件地把自己看作独立的个体存在，认同他或她的目标和理想。”有些研究（例如，Amabile & Gryskiewicz，1989；Ghosh，2005；Honneth，1996；Lakhani & Wolf，2005；Lerner & Tirole，2005；Raymond，2001）已经证明了获得承认对创新者的重要性。因而，本章把这三种承认形式应用于开放式创新社区中领先用户与普通用户间的相互影响、相互作用与相互交往。

10.2 研究假设

在社会承认理论研究领域，有关爱、法律和团结的主体之间承认方式及对应的自信、自尊、自重的研究已经取得了相对丰富的研究成果。基于已有研究文献成果，结合本研究的开放式创新社区特定环境，选取关爱、法律和团结这三个研究变量进行演绎分析。我们认为创新绩效是维持和管理开放式创新社区的关键因素，而社区领先用户与普通用户间相互承认的程度又是影响创新绩效的关键因素。来自社区的社会承认越大，越能满足领先用户的自我实现需求，从而提高创新绩效。根据社会承认理论，来自他人的关爱和认可，可能为实现自我概念和发展团结提供机会。将该理论用于开放式创新社区情境中，我们认为领先用户收到社区其他成员的积极反馈越多，其创新绩效可能越高。

关爱作为相互间承认的第一阶段，在开放式创新社区环境下，来自其他用户对领先用户本身及其作品的关注、喜爱和评论，能够使领先用户感受到关爱、增强领先用户信心，让领先用户认为自己的作品是个人技能水平和能力的体现。在此激励下，领先用户的创新绩效得以提升。许多研究文献显示在开放式创新社区平台环境中，用户之间的认可与反馈是一种非常有效的激励用户提高创新绩效的因素。个体往往需要得到某些外部认可来作为他们行为的汇报，这种来自外部的认可会诱导个体内在信息性或动机性需求，对于个体来说具有显著价值。因此，提出以下六个假设。

H1a：领先用户越受关注，创新绩效越好；

H1b：领先用户的作品越受关注，创新绩效越好；

H1c：领先用户的作品越受喜爱，创新绩效越好；

H1d：领先用户的作品被评论次数越多，创新绩效越好；

H1e：领先用户的作品被重混次数越多，创新绩效越好；

H1f：领先用户的作品被分享次数越多，创新绩效越好。

“法律承认”是第二种承认形式，在开放式创新社区环境下的法律承认经验中，领先用户获得与其他用户共有的品质，使用户之间交往具有可能性，这种可能性的实现基础就是“自尊”，领先用户被赋予权利与获得自尊。社区规范是社区中用户之间的相互承认行为，只有领先用户承担社区建设义务时，如发布作品、提高技能水平、完备个人信息等，才能使自己成为权利的个体。通常情况下，人们被激励去做贡献是因为他们想赢得所期望的名誉和尊重。领先用户有想成为被自己和他人喜爱和尊重的愿望，在拥有了社区地位和荣誉的基础上，才能够合法地支配自身的权利。实证研究也显示，被团队和集体授予更高地位的个体成员，相比以前会更加努力工作，为团队做出更多的努力和贡献。因此，提出以下四种假设。

H2a：领先用户越具有主动贡献行为，创新绩效越好；

H2b：领先用户对其发布作品的授权程度越大，创新绩效越好；

H2c：领先用户的技能水平越高，创新绩效越好；

H2d：领先用户的个人信息越完备，创新绩效越好。

团结是第三种承认形式，团结承认是一种互动的承认关系，主体通过相互理解和尊重达到团结承认的目的。开放式创新社区环境下，“团结”的行为模式调整了领先用户与社区之间的关系，强调领先用户对社区价值观的认同，同时也强调社区应当通过共同价值目标的确立，来保障领先用户的个性化的实现。当领先用户在社区中与其他用户的利益和价值观达到一致时，他们便构成了共同体，社会团结的关系也随之形成。在他们树立了一致的目标后，他们在社区中的行为也会表现为为此目标的实现不断努力。人们总会不自觉地将自己与同辈人群或团队成员进行比较。为了避免落后于平均或者提升某方面特性，个体愿意付出更高成本的努力和拓展资源，不是因为他们非常重视那个特性，而是因为他们想在感知到的同辈群体中有更高的地位。参与者也会跟对手进行对比，当感知到其他人都在参与贡献时，人们则会更加愿意表现出积极的贡献行为。开放式创新社区中，一方面领先用户感知到的其他用户贡献，会激励其更加积极的贡献行为，从而提高创新绩效；另一方面，领先用户对社区其他用户及其作品所呈现的关注、喜欢和支持等互动行为，能够使其他用户获得尊重，从而更愿意积极参与社区建设，进而也激励领先用户积极做出贡献，提高创新绩效。因此，提出以下五种假设。

H3a：领先用户越关注其他用户，创新绩效越好；

H3b：领先用户越喜爱其他用户的作品，创新绩效越好；

H3c：领先用户越关注其他用户的作品，创新绩效越好；

H3d：领先用户越支持其他用户的贡献，创新绩效越好；

H3e：领先用户越具有团队精神，创新绩效越好。

11 基于社会资本理论用户重混创新的贡献行为

11.1 研究背景

本章聚焦于分析网络创新社区所属的一类社区，即开放协作社区。开放协作社区（Open collaboration communities，OCC）是一个以目标为导向但关系松散协调的参与者构成的创新或生产系统，参与者们相互作用为贡献者和非贡献者提供了具有经济价值的产品或服务（Levine & Prietula，2014）。其作为一种对开放式创新形成有力支持的分散式组织，近年来取得了飞速发展，从开源软件、开放百科全书、在线预测市场到各类企业基于不同商业模式运营的在线协作社区日益盛行。又如，makerbot 企业旗下的为用户自主设计 3D 作品提供支持的 Thingivers 社区，Airbnb 和 uber 运营的“共享经济”式交易社区，小米和星巴克的用户参与产品或服务创新社区，等等。企业通过开放协作社区，吸引更多用户关注其产品或服务，并鼓励、激发用户参与创新，建立忠诚用户网络，进而使用户产生对企业产品的购买需求，增强企业竞争优势；同时也使具有不同知识和动机的用户聚集在一起，在社区中分享个人的专业知识和实践中的经验技能，使思想沿着不同的切线、方向、学科进化，用户在发布原始内容或基于他人的内容创造衍生品的过程中，使个人表达、建立社交关系或个性化社区实践等需求得以满足。

学界普遍认同开放协作社区生存与发展的关键在于用户的积极参与和贡献行为[279]。已有研究多聚焦于用户贡献行为的影响因素和贡献行为的深层多维度内涵两个方面的探讨。社会资本理论常被应用于诠释前者，学者认为用户贡献行为嵌入在社区结构之中，很大程度受其构建社会资本目标的影响[280]。对于后者的探讨，学者更多探讨贡献行为的呈现形式，如主动与被动贡献行为[281]、复制型和创作型贡献行为[282]，但对不同水平贡献行为的理解存在局限性。处于 Web 2.0 虚拟情境下，一方面，在线用户贡献行为存在参与度低、缺乏持续性行为和有价值的贡献等问题（Min Qin et al.，2018）；另一方面，用户贡献行为的质量和数量参差不齐，应运而生了许多“搭便车”行为。为此，本章关注开放协作社区中个体用户社会资本对其贡献行为的影响机制，重点阐释用户社会资本对用户不同水平贡献行为的影响路径，探讨不同类型社会资本在影响过程中的作用机制。

已有研究揭示了在线协同社区中用户社会资本对知识贡献行为及水平存在显著影响[280]。目前学界主流的观点仍然是根据 Nahapiet 和 Ghoshal（1989）提出的社会资本理论，从开放协作社区用户的结构资本、关系资本和认知资本三个维度考察用户社会资本与知识贡献之间的关系[280]。社会资本影响着个体与他人的行为方式，并促进网络内知识的创造和贡献（Samer，2005），社会网络连接提供了对外资源访问的机会（Nahapiet 和 Ghoshal，1998），方便用户能够在社区中进行协作以共同创建共同的产品和服务。在社区互动中，参与者可以主动或被动地向他人学习知识、技能和实践准则，这将改变用户的认知资本，激发用户在社区中分享知识的欲望（Jie Yan et al.，2019）。信任是关系资本的重要属性，当成员信任集体中的其他成员，便更乐意与他人沟通并讨论相关经验（蔡俊君，2020）。已有实证研究表明，结构资本和认知资本是关系资本的前因变量（Tsai & Ghoshal，1998；van Den Hooff & Huysman，2009）。信任通常是通过个人之间的反复互动来发展的。它可以促使人们共同努力，并获得其他人的支持，以实现在没有信任的情况下不可能实现的目标（Tsai et al.，1998）。因而，在本章中，我们精细化了社会资本理论的经典分析框架，既把关系资本、结构资本和认知资本作为影响用户知识贡献的前因变量进行考察，又将验证认知资本作为结构资本影响用户知识贡献的中介效应，以及关系资本作为结构资本、认知资本影响用户知识贡献的中介效应。同时，网络社区用户贡献水平可从数量和质量两个维度进行衡量[280]。为此，本章将基于社会资本理论视角，详细诠释开放协作社区用户社会资本与不同水平维度的知识贡献之间的关系。

11.2 理论基础

11.2.1 重要概念界定

(1) 开放协作社区

传统观点认为社区是具有一定相同属性人群的聚集地，以人们行为活动整合而成的空间系统[283]。网络技术的快速发展，在线用户社区的形成能够突破时间和空间制约，因而基于互联网的开放协作社区的概念孕育而生[284]。开放协作社区作为虚拟用户社区的一种，强调用户之间具有共同的目标或利益，能够承担较高的利益/负担比，从而能够进行有效协作[285]，是一个具有平等、对等、共享、连接松散的虚拟组织，它完全依赖于个体自发性地参与知识贡献和共享活动。参与协作的虚拟社群成员没有用户身份、数量的限制，也不需要对资格进行审查，甚至匿名用户也可以在一定权限范围内参与协作（张薇薇，2012），用户通过频繁的交互形成了较强的社会网络连接。由于个体资源和知识的有限性，社区跨越时间和空间的限制，将不同的用户聚集在一起进行异步的交流协作，建立信任与互惠关系（傅诗轩，2019），不断为社区提供持续的贡献，使社区持有最新的信息（Mauch，1991；Kane & Alavi，2007），吸引更多的参与者创建新的内容与知识。用户还可以参与知识创新的全部过程，实现个性化需求（张克永，2017），不同知识储备和实践技能的用户交互协作，形成社区的不断发展的知识和资源（Shirky，2008）。

按照在线社区的构建对象划分，开放协作社区有三种不同类型：外部协作型社区、内部协作型社区和混合型协作社区。外部协作型社区是指企业针对组织外部客户和利益相关者进行协作生产、评价和交易等活动的在线社区，如星巴克（Gallaugher & Ransbotham，2010）、小米社区；内部协作型社区是指企业针对内部员工建立的跨职能部门、跨区域的协作社区，多见于技术公司，如 EMC（Davenport & Manville，2012）；混合型协作社区是包含企业员工、顾客、合作者和其他利益相关者在内，所有利益相关者全员参与的协作生产、创新等活动，如 Thingivers、MITRE（Kane，2014）。外部型的开放协作社区颇受市场营销研究领域学者青睐，研究成果颇为丰富。内部型的开放协作社区较多受到组织研究领域学者的关注。在国内外企业开放式创新领域与信息系统研究领域，研究者较为关注混合型开放协作创新社区。

本章开放协作社区特指混合型的开放协作社区，即企业构建的、包含客户、同伴、管理者，以及普通的网络大众等所有利益相关者全员参与协作生产、评论、交易、创新等活动的在线协作社区。开放协作社区的产品展示板块可以根据产品的不同属性（如类别、知识复杂度、同行评价度等）进行搜索、关注，且提供基于该产品迭代创新的技术支持；用户属性板块首先基于用户兴趣爱好分属于不同群组，并可获取用户的爱好、经验、专业特长等用户属性信息。开放协作社区成员主要由产品忠实粉丝、产品使用者、潜在购买者、产品利益相关者等组成，他们在社区里进行作品分享、信息交流和资源协作。

（2）用户知识贡献行为

在线用户频繁、持续的知识贡献行为是开放式创新平台进行知识发现、创意转化和价值生成的重要保障[286]。目前，学界对于知识贡献的概念界定尚未形成一致观点。一部分学者将在线社区知识贡献等同于知识转移或分享[287-288]，认为只要提供了信息就是知识贡献。有的学者则认为，用户知识贡献行为应该包括交换现有知识和创造新知识两种活动[289]。而另一部分学者则强调，知识贡献是个体创造新知识的行为，如 Cummings 等（2004）认为在线知识贡献是指用户通过社区平台，为他人提供问题解决方法及发展新理念；关培兰等[290]也认为，只有创造并提供了新知识才是进行了知识贡献。本章所探讨的用户知识贡献行为属于后者，即只关注开放协作社区中用户所创造新知识的行为，结合已有研究成果，结合 OCC 平台经营实践，将用户知识贡献行为定义为：在线用户在 OCC 平台中围绕产品开展的，提供关于产品的新创意、新设计、新概念，并与其他用户进行交流互动的行为活动。

为深入研究知识贡献行为，学者们对知识贡献行为进行分类。Holtham 等[291]基于知识转移渠道，将知识贡献分为正式型和非正式型。Wang 等[292]基于任务特征的不同，将知识贡献分为挑战型知识贡献和无聊型知识贡献。施涛等[282]基于用户知识互动特征，将知识贡献分为复制型和创作型。Mahr 等[293]基于用户知识贡献动机，将知识贡献分为主动型和被动型。还有不少学者基于用户知识贡献水平，从质量和数量两个维度对知识贡献行为进行分析（Trusov et al.，2010；Yan et al.，2019），分别探讨其影响因素（Wei et al.，2015）和形成机制[294]，本章也沿用这一研究成果。

11.2.2 社会资本理论

最早对社会资本概念进行系统描述的为法国社会学家 Bourdieu，他认为社会资本是“与人们认可或熟知的制度化网络相伴的实际或潜在资源的集合”[295]。Nahapiet 和 Ghoshal（1998）根据功能属性的不同，将社会资本分为结构资本、关系资本和认知资本三个维度[283,296]，得到广泛认可。结构资本维度指参与者之间的联系的整体模式，即参与者能够接触到的人和参与者如何进行接触。关系资本维度强调组织内部个体之间是通过何种方式来维持彼此之间的关系，具体的连接形式包括信任、规范、期望、认同等。认知维度的社会资本是在共同的社会关系中所形成的价值观相似度和使用语言的普遍使用程度等，因此更为主观[297-298]。

随着互联网的迅猛发展，尤其是 Web 2.0 时代的到来，改变了人们的工作、消费、社交等的方式，已从单独的线下扩展到线上和线下同步进行，为社会资本的研究赋予了新的形式和内涵[297]。在线社区中社会资本理论的研究，Nahapiet 和 Ghoshal 的三维度模型仍然得到最为广泛的应用。结构资本被认为是在线社区中用户之间通过交互形成了较为复杂的社会关系网络。认知资本被认为是用户对社区任务的共同理解以及进行交互时理解和应用知识的能力[299]，指用户之间彼此提供的共享知识、实践技能和专业话语等；关系资本是个人与他人通过反复互动所形成的关系[300]，其中关系资本中的信任是维系社区的重要因素[301]。开放协作社区的特征使应用社会资本理论解释用户知识贡献行为是合适的。社会资本已经被认为是促进在线社区知识共享的重要因素（Chiu et al.，2006；Lesser & Prusak，2000；Wasko & Faraj，2005；Xu et al.，2009）[302]。Wiertz 等考察了关系社会资本对用户贡献知识的影响[303]。Chiu 等结合社会资本理论和社会认知理论考察了用户共享知识的质量和数量[304]。为此，本章从开放协作社区用户的结构资本、关系资本和认知资本三个维度，探究其对用户知识贡献质量和数量的影响路径，挖掘各维度之间的内在作用机制。

11.2.3 开放协作社区中社会资本与知识贡献行为

正如前文所述，开放协作社区中用户社会资本对其知识贡献形成重要影响。学者们借鉴 Nahapiet 和 Ghoshal 的经典三维度模型，即将社会资本划分为结构、认知和关系资本，积累了 OCC 用户知识贡献的丰富的研究成果。结构资本指网络中个体之间通过社会互动而产生的联系或结构联系[296]。OCC 对社会资本结构方面的研究倾向于关于用户的结构位置以及它如何影响社区中的知识交流[305-306]，如 Whelan 提出，个人在社区中的核心/外围结构和连通性网络会影响他们的知识贡献[307]。Dahlander 和 Frederiksen's 的实证研究发现，用户在 OCC 核心/外围结构中的位置对知识贡献有重要影响[308]。

相反，关系资本是指植根于信任、相互尊重和广义互惠等关系中的资产[296]。比如说信任，往往是通过个人之间的反复互动发展起来的。它可以引起共同努力，并获得他人支持，以达成在缺乏信任情况下无法实现的目标。有些关于 OCC 的研究发现，对其他社区成员的信任（或合作规范）会同时影响用户与同伴、社区所属企业的知识分享意愿[309-310]。并且，建立互惠规范对知识贡献的质量和数量有显著影响[31,311]。

最后，认知资本体现在一些属性上，被视为有助于对集体目标达成共识，形成社会系统中具有合法性的行为方式[296,312]。如在组织研究中，通过评估个人层面上的共同语言[295]和共同愿景[312]来评估认知资本。在互联网环境中，认知资本被认为是用户对社区任务的共识，以及在相互联系时理解和应用知识的能力[299]。然而，在 OCC 情境中，认知资本通常与用户期望参与社区活动所获得的认知收益（如提升专业能力和社区学习）相关[313]。为了获得这种认知收益，开放协作社区将促使用户理解社区目标，并增强用户在相互交流时理解和应用知识的能力[314]。

11.3 研究假设

在已有研究[304,315]的基础上，本研究采用社会互动关系作为结构资本的变量，用专业知识水平和实践技能作为认知资本的变量，用信任来衡量关系资本。因此，我们可以验证这些嵌入式资源如何影响 OCC 社区的运营。具体而言，社会互动关系被用来检验用户网络连接的效果，用户的专业知识水平和实践技能被用来检验用户之间的理解程度，信任代表了用户网络关系的质量。

11.3.1 社会交互关系与知识贡献

社会资本理论指出个体之间的联系或者通过社会交互所建立的结构连接是集体行动和个体之间合作行为发生的重要前因变量[299]，个体之间建立的社会交互关系为信息和资源的流动提供了通路，换句话说，个体之间的社会交互越频繁，建立的社交连接越多，则信息交换的通路越多。每个社会网络中的成员在网络中开展知识贡献行为都可以被认定为一种集体性行为，而每个个体产生这种集体性行为的频数取决于其社会交互的频次。如果个体在社会网络中与他人的联系越频繁，其所处的位置越高，受到他人尊重与认可的程度越高，那么个体产生知识贡献这一集体性行为的可能性越大。此外，网络相关的社会关系提供了减少收集信息所需时间和精力的信息渠道。当网络成员之间直接相连并联系紧密时，知识贡献变得相对容易实现和持续。

Chiu 等认为虚拟社区用户间的社会交互关系为成员提供了一个更加经济、有效接触知识资源的途径。这些社会交互构建得越多，知识交换的强度和范围越大、频数越高[304]。Wasko 等的研究也证明[299]网络社区中用户之间的社会交互是用户作为个体参与贡献知识的主要动机。刘人境等[316]的研究表明当个体间建立紧密的社交联系时，会模糊个体对知识资源的私有感，从而强化个体对知识贡献行为的积极态度。因此，我们假设社会交互关系可以增强 OCC 用户知识贡献行为。由于 OCC 社区中用户的知识贡献除了数量上存在显著差异，质量上也良莠不齐，本章将根据用户所贡献知识的实用性和衍生性[317]考察其质量水平。

基于以上分析，我们提出以下假设：

H1：用户参与社会交互关系与知识贡献数量正相关；

H2：用户参与社会交互关系与知识贡献质量正相关。

其中，H2 包括：

H2a：用户参与社会交互关系与知识贡献的实用性正相关；

H2b：用户参与社会交互关系与知识贡献的衍生性正相关。

11.3.2 共同语言与知识贡献

认知资本涉及社会成员之间的共同理解，如拥有共同语言和符号的成员之间能增进相互理解[315]。共同语言不仅指“语言”本身，还包括术语行话、缩略词以及对字面表达以外、潜在表达的共同认识和理解（如专业知识和技能、条款、规范、基本假设、交流方式、语言习惯等），是合作双方共同目标形成的基础[318]。Nahapiet 和 Ghoshal（1998）认为共同语言能通过各种方式影响到知识的结合和交换，首先，它可以提高个体接近他人并获取其知识的能力；其次，它为知识结合和交换中可能获得的利益提供了一个共同的概念化评估工具；最后，成员之间共同的语言加强了不同成员整合自己在社会交换过程中获得知识的能力[95,319]。

共同语言对于 OCC 知识贡献非常重要，是社区用户之间开展深入交流的前提，有助于提高沟通效率和促进社区成员达成一致的集体性目标[120]。Chiu 等（2006）认为共同语言对于提高相似背景和实践经验相似的成员之间交流的效率很有帮助。共同语言为 OCC 用户提供了相互理解对方，建立他们所属领域的共同词汇的一个途径和方法。OCC 内共同语言的建立，代表了社区用户之间知识的重叠[120]。这能有效减少知识贡献者在回答他人问题和贡献个人创意构思时所需的时间和努力，降低了知识编译的成本，当贡献者知道知识接受者的理解程度，相信接受者能够理解其所贡献的知识时，其参与知识贡献的动机增强、在 OCC 中进行知识贡献的数量和质量可能也越高[320]。

基于以上分析，我们提出以下假设：

H3：共同语言与知识贡献数量正相关；

H4：共同语言与知识贡献质量正相关。

其中，H4 包括：

H4a：共同语言与知识贡献的实用性正相关；

H4b：共同语言与知识贡献的衍生性正相关。

11.3.3 信任与知识贡献

关系资本是个体关系间情感特征的社会资本维度，有利于知识交流[315]。Wasko 和 Faraj 认为当虚拟社区成员有强烈的信任感与认同感时就存在关系资本。在以往的研究中，信任经常作为虚拟社区中合作行为、资源获取和知识共享的重要前因变量[95]。当个体之间建立较高的信任时会更愿意参与社会交往和合作互动。组织内知识共享的研究已经证实信任是团队内知识共享氛围建立的关键。Zhao 等（2011）的研究表明信任也是虚拟社区成功的重要因素，个体通过网络技术建立社交连接，当社区成员之间开始相互信任，他们更愿意分享他们的资源和主动贡献知识，也更可能相信其他成员提供的信息和知识是有用的、可信的，从而增强其从社区中获取知识的意愿[321]。

由于开放协作社区具有高度匿名性，当个人对社区具有强烈的认同和信任时，则更愿意参与互动协作，提供更多的想法和创意。研究发现在 OCC 中社区成员间的信任关系会影响他们的知识共享意愿[280]，更高的信任度将导致知识共享的增加[317]。用户之间建立的信任维护了社区中的交换关系，这反过来又可能导致用户贡献更高质量的知识。信任在创建开发协作社区知识共享的氛围中起到关键的作用，在知识贡献者和接受者之间如果没有信任，知识共享不可能发生。只有建立信任，用户才具有更强的意愿从社区中获取和贡献更多、更高质量的知识，减少投机行为。

基于以上分析，我们提出以下假设：

H5：信任与知识贡献数量正相关；

H6：信任与知识贡献质量正相关。

其中，H6 包括：

H6a：信任与知识贡献的实用性正相关；

H6b：信任与知识贡献的衍生性正相关。

11.3.4 社会资本三个维度之间的关系

前人研究将社会资本分为三个维度，并分别研究它们对知识贡献行为的影响。但社会资本的不同维度并不是割裂的三个概念，而是存在相互作用关系。Tsai 等[312]最先提出了社会资本三维度之间的关系模型，并通过实证研究确认了企业层面结构资本和认知资本对关系资本的正向影响。金辉等[322]构建了社会资本间以及社会资本与个体知识共享的理论模型，模型还包括了知识隐性程度的调节效应，但是缺乏实证数据对模型各变量之间关系的检验。袁留亮揭示了在线社区不同维度社会资本的结构关系及它们对关系利用的影响方式[323]。

现有关于信任的研究提到，社会互动是个体之间信任建立和维持的重要因素[324]。个体之间通过长时间沟通交流，产生了积极情感，相互间的信任关系也会变得越来越强。这种关系在虚拟社区环境下则更为明显。这是因为社区成员最初往往是地理距离较远且社会联系较弱、较为陌生的个体。通过一段时间观察社区成员的行为，参与成员间交流与互动，逐步了解彼此，形成双方的情感依附，进而削弱了个体对风险和不确定性的感知，产生信任[325]。有研究表明，在线社区用户的结构资本对关系资本有正向影响[326]。在开放式协作社区中，用户参与社会交互的数量越多，分享更多的信息或共同的观点，将增强彼此之间的信任。信任是社会互动的结果[326]，随着时间的推移，参与者之间的紧密的联系和频繁的互动有助于用户之间建立联系与信任。相反，松散的关系和较少的互动会阻碍用户之间信任的建立[327]。

基于此，我们提出以下假设：

H7：社会交互关系与用户间信任呈正相关。

社会互动在组织成员之间共享和塑造共同的目标和价值观方面起着至关重要的作用[328]，增加了用户的认知资本。已有研究表明，结构资本对认知资本有显著影响[323]。共同语言作为认知资本最基本的方面，它超越了语言本身，能够提高社区成员间的共同理解。Lu 等（2016）认为，社会交互连接对共同语言有显著的正向影响。在开放式协作社区中，结构社会资本和认知社会资本的联系，依赖于社区成员愿意与其他成员交流互动，并且能够准确理解相互之间的表达，形成共同语言和叙事方式这一前提假设。正如实际当中，用户间进行的交互越多，彼此间相互了解的意愿越强，从而更加积极使用社区内的共同语言，甚至创造出独有的词汇、表情和符号，进行交流协作，达成共识。用户们通过社会互动，实现与其他社区成员使用共同语言进行无障碍的有效交流。社会交互越多，产生的信息量越多，使用专业术语和行话的用户增多，用户间的共同语言增加。

基于此，我们提出以下假设：

H8：社会交互关系与用户间的共同语言呈正相关。

共同语言中的“语言”是指个体讨论、提问、与人交流和交换信息的方式。Nahapiet 等认为共同语言能够影响个体感知，促进人际间接触[296]。

当 OCC 社区成员感知与其他个体拥有共同语言时，会认同对方社区成员的身份。换句话说，他们会将社区其他成员视为“圈内人”。这种由共同语言产生的身份认同，使成员相信他们会遵守社区准则，不会伤害社区同辈的利益。另外，共同语言帮助社区成员用一种彼此能够理解的方式贡献知识，避免了由于叙事方式不同产生的误解，提高了沟通交流的效率，增加了个体交互过程中积极情绪的出现，进而增强了社区成员间的信任[320]。

基于此，我们提出以下假设：

H9：用户间的共同语言与信任呈正相关。

基于上述理论分析，本章构建了结构资本、关系资本和认知资本之间，以及这三个维度对开放式协作社区用户知识贡献行为影响的实证模型，整体模型框架如图 11－1 所示。

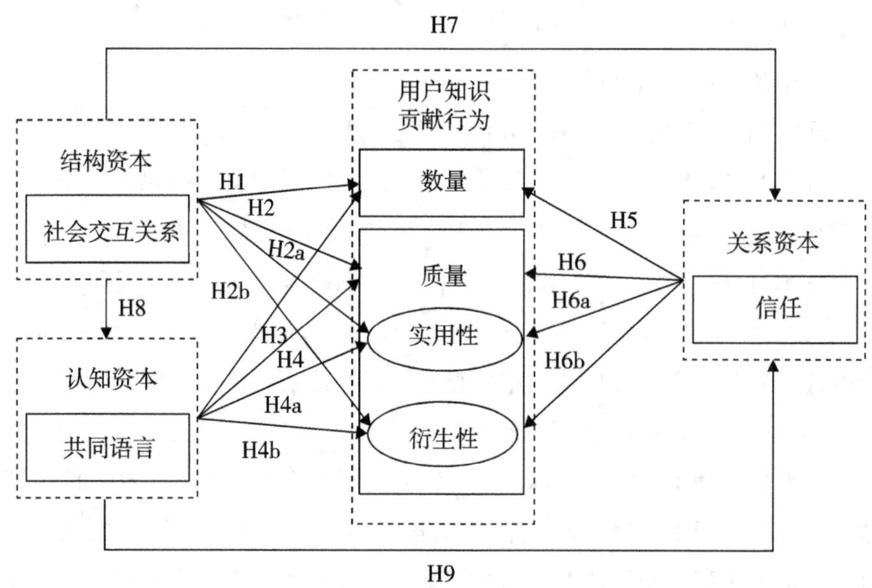

图 11－1　网络创新社区用户知识贡献研究模型

12 用户知识异质性对重混创新的影响

12.1 研究背景

随着 Web 2.0 和知识经济的发展，OCC（本章探讨的开放协作社区是一类重要的网络创新社区）逐渐成为帮助用户分享个人知识促进产品创新的平台。重混创新作为互联网情境下的重要创新方式而得到学者广泛关注[234]。重混创新（remixing）描述了“通过获取他人的想法并对其产品进行重组、修改或混制”从而实现知识创新的过程[321]。用户在 OCC 中不仅可以被动消费他人的创新成果，而且有权通过重混他人创新成果的方式来形成自己的创新[241]。在 OCC 中，越来越多的用户可以重混其他人贡献的知识[329-330]，发挥个人创造力，设计和创建以前只局限于批量生产的产品，推动了创新效率和共同创造活动[244]。

知识特征作为当前研究 OCC 中重混创新的重要视角之一，积累了较为丰富的研究成果，但仍未能清晰揭示重混创新变化的内在作用机制。已有的研究主要致力于构建知识类别[234]和知识流动方式，但未能有效揭示用户知识异质性对重混创新的内在作用机理。其有两个方面的原因：第一，知识类别的研究仅聚焦于 OCC 中的用户生成内容，专注于区分用户生成内容不同属性[246-247]，以及分析知识异质性对重混创新绩效的影响[234-244,247,331]，但未能解释用户的不同知识水平是如何影响重混创新的。第二，知识流动的研究关注了 OIC 知识的扩散[15,246]、迁移[234]和溢出[269]特征，虽能解释重混创新优势来源于异质性知识流动，但未能有效揭示知识异质性促进重混创新的过程。根据 Faraj 等（2011）的描述，OCC 是知识协作创新的即时生成空间。OCC 发展的动力之源在于其用户为他人提供自身知识或整合他人所贡献的知识，这是为了围绕某个创新性难题提供多样的解决方案，并为了创新性问题进行整体协作。因此，有必要从知识协作的角度审视用户知识异质性与重混创新的内在关系。

用户之间知识异质性能够为 OCC 带来丰富的创新资源，用户在社区中积极参与“知识开发”，进行知识交流与创新，产生知识协同交互过程，促进社区中不同用户群体之间知识的流动，实现创新互惠，并产生“1 +1 >2”的协同效应[332]。而且，在 OCC 中海量用户所拥有的专业知识、逻辑思考、方法和经验等都存在差异，依据知识分类的方式（Polanyi，1958），其所具有的容易辨别的显性知识和不易辨别的隐性知识方面的差异性二者共同构成了用户知识异质性的核心维度。同时，作为可以整合知识资源，有序化知识要素，弥补知识需求，促进知识创新的用户知识协作行为可以为我们理解知识异质性和知识创新的关系提供坚实的理论框架[333]，从而可以深入揭示知识异质性对重混创新的内在作用机理。

针对上述研究缺口和讨论，本章从用户显性知识异质性和隐性知识异质性视角，探索性地提出以知识协作为中介的用户知识异质性影响重混创新的假设模型，并利用从 OCC 案例社区 Thingiverse 获得的 3004 条客观数据对其核心构念及其主要构成维度间的关系假设进行了实证检验。

本章创新性主要体现在以下三个方面：第一，完善了重混创新概念，丰富了其内涵，并将其应用到协同创新中的知识管理领域，有利于加深对互联网环境下重混创新本质的认识。第二，通过对知识协作中介效应的理论论证和实证检验，将知识协作和协作冲突纳入用户知识协同行为，验证了知识协作所起的中介作用，揭示了 OCC 中知识异质性促进重混创新的内在作用机理。第三，以知识管理为基础，全面考察知识异质性不同维度和知识协作对重混创新的共同影响，发现重混创新的发展和改变存在复杂的知识活动过程，需要经历“异质性—知识协作—重混创新”等过程，在用户协同创新的视角下考察了影响重混创新的知识活动前因。

12.2 理论基础

12.2.1 知识异质性：概念、构成及其对重混创新的影响

12.2.1.1 知识异质性概念

知识异质性最早由 Amabile 等（1996）在借鉴团队异质性概念的基础

上提出，后经 Jehn[334]和 Tsai 等（2014）学者的发展，逐渐应用于组织行为学、知识管理等领域。知识异质性是指在现有产品惯性思维约束的情景下，有效利用成员之间差异化知识来摆脱创新规则约束，探索产品开发新机遇的关键资源（Tsai et al.，2014）。不同于传统实体企业用户知识异质性研究，关于开放协作社区用户知识异质性研究具有以下特征：第一，开放协作社区倡导人人参与的 UGC 协同创作模式而非精英式知识生产的 PGC 编写模式，社区用户在专业知识、逻辑思考、方法和经验等都存在显著差异，形成异质性知识群体[335]，社区可以通过汇集个体智慧去创造集体知识。第二，开放协作社区用户知识异质性更为隐匿而不容易辨别，OCC 用户间互动不再是面对面进行，而是通过计算机媒介沟通，弱化用户社会临场感和自我意识，增加抑制解除行为，易导致群体极化，激化用户冲突（Sia et al.，2002）。第三，开放协作社区中用户间知识异质性的核心是资源共享而非依赖信任，OCC 内用户流动性较强（Kane，2009）且成员之间关系松散（Luo et al.，2012），知识异质性引发的情绪情感类的冲突和矛盾可能会随着部分用户的离开而消散，在协同信息环境下形成用户间的弱关系网络，用户间以资源共享为核心。

12.2.1.2 显性知识异质性、隐性知识异质性与重混创新

依据知识分类的方式（Polanyi，1958），知识异质性可以分为显性知识异质性和隐性知识异质性，前者为不同背景下的用户所拥有的专业知识、方法等方面的差异，后者为不同背景下的用户在工作经验、逻辑思考等方面的差异。显性知识较为明显辨别，而隐性知识不易辨别。二者已成为当今研究创新绩效的两大主要视角。

显性知识是指可以编码和度量，能以系统的文字、语言等编码符号加以描述的知识（Gopalakrishnan，2001），主要表现为用户在专业知识、专业技能上的差异。在有关知识异质性文献中，学者们也用其他标签指代显性知识异质性，如教育背景异质性、职能背景异质性、专业水平异质性等。越来越多的研究认识到显性知识异质性对创新有积极的正向影响，其原因在于，用户拥有不同专业知识和技能，其知识储备差异使彼此的知识重叠度较小，这些异质性知识成为其交流的素材（董欣等，2015），可以促进用户之间的协同沟通。Bantel 等（1989）等发现银行高管团队中的教

育背景异质性和职能背景异质性对创新绩效产生正向影响。吴岩（2014）认为用户专业技能、工作经验互补，有利于新创企业获取机会和更大范围的市场融入。然而，并非所有的显性知识异质性都能带来创新绩效的提升，Ensley 等（2006）通过研究发现显性知识异质性会造成成员之间的认知冲突和情感冲突，用户的教育背景异质性和职能经验异质性负向影响创新回报。古家军等（2008）发现高管团队的职能背景异质性对创新绩效没有明显影响。因而需要突破传统企业对显性知识异质性研究的局限，探索知识异质性对重混创新的影响。

隐性知识是难以被表达出来、基于长期经验的、高度个人化的，并且很难规范化的知识（Gopalakrishnan，2001），不能进行直接编码且不容易沟通或与他人分享。用户间隐性知识异质性是社区提高创新绩效，更好地获取产品知识的重要前提（Tasi et al.，2019；Bacon et al.，2019），是促使企业建立和保持竞争优势、实现产品创新的重要资源之一（曹勇等，2020）。然而关于隐性知识异质性影响创新的研究却存在争议。例如，孙金花等[336]从知识重构视角分析知识型团队创造力时发现，用户间的隐性知识异质性对团队创新有显著正向影响。赵息等（2016）发现由于隐性知识是通过用户长期经验积累而获得的，嵌入于个体的经验之中，是具有特定性和专用性的知识，需要用户在实践中转化，用户间的隐性知识异质性对突破性创新的影响不显著。学者研究结论的不同说明隐性知识异质性对创新绩效的作用是复杂的，因此有必要从不同视角对隐性知识异质性与创新重混的关系进行进一步研究。

12.2.1.3 知识异质性对重混创新的影响

综上，无论是显性知识异质性，还是隐性知识异质性，二者对于重混创新的影响效应还存在争论，影响机理仍然模糊。其原因主要在于：第一，二者对重混创新的影响过多地局限于企业层面考察其影响机制，未能从社区用户层面考察其影响机制，研究必然有局限性；第二，未能充分考虑重混创新过程的复杂性，仅从知识的获取和投入的角度考察创新的前因，忽略了创新过程中用户对于社区变化的感知作用，必然难以清晰解释二者对重混创新的作用。

知识异质性视角可以综合显性知识异质性和隐性知识异质性的各自的

优势，同时克服其缺点，实现二者在创新领域的整合。从知识分类角度界定知识异质性，涵盖了显性知识异质性和隐性知识异质性的核心内容，可以全面解释知识异质性（吴岩，2014）。同时，进一步考察知识异质性与重混创新关系中用户协同的重要作用，有助于清晰解释二者影响重混创新的复杂机理。

12.2.2 知识协同对重混创新与知识异质性的中介作用

知识协同是以知识创新为目标的创新活动，通过识别、整合、吸收、学习等知识资源达到知识主体、知识客体、知识环境等要素在时间、空间上的有效协同（曹洲涛，杨佳颖；2015）。OCC 中用户的知识异质性可以为社区带来丰富的知识资源，弥补社区知识“缺口”，构建起协同创新的网络结构，促进社区重混创新知识的融合。在知识协同机制方面，向晋乾等[337]认为知识协同过程包括知识共享、转移、替代、互补、学习、冲突消解和创造七种。由于这些过程并非必然同时发生，替代、互补、冲突消解等机制往往蕴含在知识整合机制过程中。本章借鉴曹洲涛等（2015）学者关于知识协同机制的分类，将 OCC 中知识协同过程分为知识共享和知识冲突阶段。

当前关于个体知识异质性与知识协同关系的研究观点包括：知识异质性可以使知识主体获得更高的创造力，并能促进其创新想法的实现[338]，产生知识协作；然而当知识要素过于多样化时，会使要素组合的方式产生不确定性，可能带来思维的突破，有可能影响知识协同绩效及结果，产生知识冲突（Alvat, 2006）。Heyden 等（2012）认为知识异质性程度越高，产生协同创新的可能性越高。据此，本章推测在 OCC 中用户的显隐性知识异质性可以提供丰富的知识资源，促进用户间的知识交流，成员通过知识共享机制实现知识创新。同时，显隐性知识异质性可能导致用户间彼此不认同，从而产生情绪冲突，降低创新绩效。

进而，知识协同又是如何影响创新绩效？已有研究证实，知识协同可以促进知识的交流与共享，从而提升创新绩效。知识协同是增强组织创新能力、提升创新水平的重要方式[339]，通过知识协同，可以更好地利用知识，促进知识的有效流动，进而为创新提供多种可能（Crimpe, 2010）。但是，类似上述研究结论大多数基于组织实体情境得出，少有对虚拟情境下知识协同与创新绩效的关系进行探讨。据此，本章推测在 OCC 中知识协同可以在一定程度上促进社区重混创新绩效。综上所述，知识协同可以看成 OCC 中知识异质性和重混创新关系间的“阀口”，即知识协同在知识异质性与重混创新间存在中介作用。本章还将知识协同过程分为知识共享和知识冲突两个阶段，以此揭示知识异质性—知识协同—重混创新的内在作用机理。

12.3 研究假设

12.3.1 知识异质性对重混创新的影响

李义刚等（2016）在分析创新社区时发现，知识异质性可满足用户的求知欲，用户对知识异质性的感知越强，对获取新知识的预期越高，则越倾向于分享知识，参与创新。OCC 是开放的知识协作社区，会吸引众多异质性用户参与其中，协作规模比线下组织大很多，所以知识异质性拓宽了知识来源的广度和深度，增加了其可获得知识 、技能和观点，使其在处理问题的时候拥有更丰富的资源。由此可见，知识异质性是社区重混创新的重要动力。

OCC 内用户的显性知识异质性主要体现为用户专业水平、专业技能等的差异。在重混创新过程中，用户拥有的显性知识可以帮助用户在重混创新过程中快速找到需要重混的源知识，并评估、发展这些知识（Majchrzak et al.，2004），从而产出更多的重混创新知识。此外，这些重混创新的知识在 OCC 中一般以音乐、动画或 3D 模型等显性的方式呈现，异质性认知程度高的用户一般更能掌握这些显性知识，综合重混到自身的认知之中，产出更多的重混创新知识。OCC 内用户不仅会重混自己的知识产品，更多的是重混其他用户的知识产品。重混创新的核心价值之一就是改善现有创新的缺陷，针对特定应用优化创新（Stanko，2016），而 OCC 社区中拥有高异质显性知识的用户越多，越有可能产生知识产品的不断迭代创新，提高知识产品创新质量。因此提出假设：

H1a：显性知识异质性对重混创新数量存在正向影响；

H1b：显性知识异质性对重混创新质量存在正向影响。

由于隐性知识不易辨别，OCC 中用户的隐性知识可以由用户在社区内积攒的经验知识、原创能力等衡量。OCC 内用户积累的经验知识越多、原创能力差别越大，意味着知识异质性越大。一般而言，OCC 社区涉及多个领域的知识，用户很少在没有经验的知识领域创建新知识（Friesike，2019），但是为了参与社区知识贡献，用户必须寻找可以重混的知识内容，这可能会促使用户进入他们以前没有参与过的知识领域，并基于此开展重混创新。此外，从知识流动的视角看，知识在不同领域之间流动，可以激发用户更多创造性，不相关的知识和多样化的知识的重混可以促成突破性创新（Schoenmakers，2010；Kaplan，2015），提高重混创新质量。用户在社区内不仅会重混，而且也会发布原创。对专家级用户而言，原创知识往往可以为他们积累经验，并在生产力导向的重混过程中，不断反思和优化自己的技能（Friesike，2019）。与专家级用户相比，新手们创造经验不足，相关的专业技能水平较低，则会更多地依赖社区的存量知识进行重混创新（Flath，2017）。OCC 社区有利于知识重混的天然属性，降低了用户参与知识贡献的门槛，从而有可能激发大量重混创新行为。由此提出假设：

H2a：隐性知识异质性对重混创新数量存在正向影响；

H2b：隐性知识异质性对重混创新质量存在正向影响。

12.3.2 知识协同在知识异质性与重混创新关系中的中介作用

资源基础观认为，知识是提升创新绩效的基础资源，知识创造是创新的实质所在[340-341]。在创新社区中最重要的构成元素就是“知识”，通过整合内外部知识资源，产生新的知识，进而加速知识创新（Chesbrough，2003）。而知识协同是实现知识高效创新的最有效方式（樊治平，2008），在协同方式下，知识主体通过挖掘知识间的关联性，弥补知识缺口，实现多主体间的“1 +1 >2”的知识协同效应。因此社区知识创新不仅需要异质性知识，还需要用户强大的知识协同能力。

知识共享是用户的知识系统相互作用、协调，从而形成一个新的知识网络，促成知识创造的过程[342]。知识资源多样化有利于促使用户间的积极讨论，有利于用户开展探索性学习，提升创新速度和质量，增强知识溢出和创新效应。用户知识异质性是知识资源多样化的重要来源，面对同一认知对象时，社区成员之间的知识可能是不重合、互补的，持有不同经验、技能、偏好的用户会形成多样化的认知态度和观点，由此激发社区成员分享自身认知和充实知识内容。与此同时，个体认知和周围群体的认知会产生相互影响，受群体认知的影响，用户个体有可能改变自身认知，或者产生群体认同或者整合个体与群体认知，由此也将促进社区内的知识协作。由此提出假设：

H3a：显性知识异质性对知识共享存在显著的正向影响；

H3b：隐性知识异质性对知识共享存在显著的正向影响。

知识冲突可以看作用户在协同过程中因知识异质性产生的意见分歧所引发的冲突（邱夏，2010）。受到用户知识异质性的影响，用户会差异化地看待同一项认知任务，由此产生观点和行为上的冲突，解决同一认知问题时的逻辑思维也会产生差异，从而引发争论、冲突。依据认知发展理论（Jehn et al.，1997），异质的用户拥有不同的知识背景和思维方式，对同样的认知任务普遍存在认知区别，当用户无法同化和顺应认知差异时，认知平衡被打破，从而引发冲突。此外，依据社会分类理论，知识异质性会使用户之间形成多个不同群体，阻碍整体的知识交流。同时，即使社区用户成员间拥有知识共享意愿，但知识差异造成的表达、理解障碍也会阻碍知识的有效转移，造成成员之间的知识冲突（古家军，胡蓓；2008）。因此提出假设：

H4a：显性知识异质性对知识冲突存在显著的正向影响；

H4b：隐性知识异质性对知识冲突存在显著的正向影响。

强互惠理论对理性人的假设做出突破，指出人类可以超越“自利”行为，对理解社区内广泛的协作互惠关系提供了重要的理论支持（Gintis，2000）。根据强互惠理论，某些个体在合作型任务中愿意主动做出贡献，采取利他性的行为。在 OCC 内，用户主动做出贡献的方式是参与知识共享。同时根据互惠原理，受到共享的用户会以相同或类似的方式回报他人。具体而言，当某个用户在社区内分享设计产品（有可能是原创，也有可能是重混创作）时，其他用户可能出于互惠原理，使其创新动机得以激发，持续围绕该产品进行重混创新，或者也有可能受此影响产生灵感、发布原创作品供其他用户重混利用。从互动认知的视角出发，用户认知结果很大程度上取决于用户交互过程。OCC 中用户的重混创新活动不仅是单个用户知识的整合，更需要与包括其他用户在内的周围环境进行交互（Cooke et al.，2013），而知识协同的过程就是用户交互的过程[343]。在 OCC 中，用户通过知识共享贡献自己的知识，有利于社区内知识交流和信息交换。知识共享过程也有利于用户保留注意力并主动学习，通过再创造产生凝聚更多知识的衍生知识，并提升衍生知识被利用的机会。因此提出假设：

H5a：知识共享对重混创新数量存在显著的正向影响；

H5b：知识共享对重混创新质量存在显著的正向影响。

OCC 中用户对自己发布的产品投入了时间和精力，因而对自己的产品有一种强烈的归属感（Kim et al.，2015）。重混创新是通过对亲本产品进行复制和修改后的再创作。因此，归属感强的用户可能一开始就会与寻求重混的用户发生知识冲突（Kim et al.，2015），这种知识冲突使得寻求重混的用户转移注意力，重新寻求目标对象。依据社会认同理论，个体加入某群体后，会努力实现和保持自己在所属群体中的社会身份认同[344]。因此，与寻求重混的用户产生知识冲突的用户为了实现和保持社区的身份认同，会积极采取行动，通过增加设计作品产出为社区知识增长做出贡献，此过程中，有可能提高重混其他用户产品的概率，从而有利于社区整体重混创新数量的增加。OCC 中重混创新质量代表重混产品被消费的情况（Friesike et al.，2017；Stanko & Michael，2016）。如果某用户已经有了可以满足其要求的产品，那么就不太需要重混创新产品，这种情况下将会有更多的亲本产品被消费，此时知识冲突并不重要。但如果亲本产品不能满足用户的消费需求，便会有用户（包括消费者本身）试图改善产品缺陷，对亲本产品进行优化，从而重混创新产品被消费的概率也大大提升。此时知识冲突对重混创新产品的消费影响是负向的。因此提出以下假设：

H6a：知识冲突对重混创新数量存在显著的正向影响；

H6b：知识冲突对重混创新质量存在显著的负向影响。

综上所述，本章提出的研究模型如图 12－1 所示。

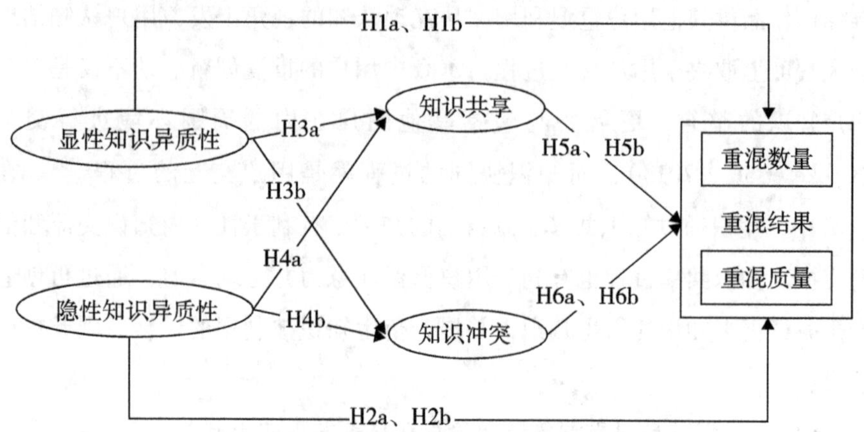

图 12－1　知识异质性对重混的影响模型

13 基于多时序感知网络参与重混创新用户画像标签化建模方法

13.1 研究背景

随着知识产品网络创新社区的快速发展，社区中知识产品的数量爆炸式增长，造成用户在浏览使用时遭受产品筛选困难、效率低下的困扰，社区无法感知用户偏好的变化，从而造成好感度下降，社区用户流失。因此，如何及时掌握用户喜好变化，引导和激发用户进行知识产品创新，增强社区用户黏性，对网络创新社区有着重要的商业价值。

本章主要研究网络创新社区用户画像标签化建模方法，利用用户的多种行为信息预测用户标签，此标签即是社区内多种知识产品的类别，从而实现自动感知用户偏好变化，为用户推荐符合偏好的产品。

现有的用户画像标签化方法大多是针对电商平台商品推荐[345]和新闻娱乐信息推荐[346]所设计，利用用户最近几次的行为，按照某种时间粒度进行划分，组成时序信息，再利用 XGBoost[347]等方法预测用户标签。对预测多个用户标签的问题，现有方法大多采用两阶段的方式进行预测，即先针对不同类型的用户行为数据分别训练多个模型进行预测用户标签，再利用投票法对多个模型的预测结果进行筛选，得到最终的预测结果。

然而，现有方法应用于网络创新社区的用户画像标签建模时，还存在以下三个方面的不足。

①网络创新社区中，不同类型的用户行为发生的频次不同，不能使用同一种时间粒度进行分析和处理。以 Thingiverse 社区为例，该社区的功能是共享 3D 打印模型，用户可对他人产品执行 Like 和 Collect 行为，更重要的是，用户可以组合多个不同类别的产品 Design 新的 3D 打印模型。在

Thingiverse 社区中，用户的 Like 行为频次较高，一天内有可能 Like 很多类知识产品，Collect 行为次之，以月度为间隔进行分析较为合适，Design 行为相对较少，需要按年度统计。

②常见的电商平台商品推荐和新闻娱乐信息推荐方法中，用户行为间隔时间较短，相邻行为之间的相关性较强。然而，网络创新社区中，发生时间较远的 Design 行为也可能会对用户当前的偏好类别产生影响，用户行为具有一定的时效性，导致非相邻行为之间也存在一定的相关性。

③现有的两阶段式多标签预测方法没有考虑不同类型的用户行为之间的相关性，对用户行为特征的利用程度不足，导致预测结果准确性不高。

为了解决以上不足，我们提出了一种端到端的多时序感知网络（Multi - Time Sequence Aware Network，MTSAN），其本质上是利用多行为协同感知的方式对多种尺度的多维时序特征进行建模，并执行多标签分类的模型。首先，将不同类型的用户行为按照日、月、年的不同时间粒度进行统计，将每个时间区间中所有时间间隔内发生的用户行为作为 MTSAN 每个分支的输入；然后，设计多个 BiLSTM 对输入的用户行为信息分别进行特征提取，学习不同时刻的时序信息之间的相关性；最后，利用全连接网络将多种尺度下的时序特征进行融合，输入多标签分类器中得到最终预测的用户标签，即用户偏好的产品类别。

本研究的创新贡献有以下三个方面：

①多行为协同感知：MTSAN 采用日、月、年三种时间粒度分别统计用户的 Likes、Collections 和 Designs 行为，得到多种尺度的多维时序信息，从而利用用户的多种行为信息协同感知用户偏好变化。

②多尺度时序特征建模：MTSAN 先利用多个 Bi - LSTM 分别提取不同尺度时序信息的特征，再采用全连接网络融合不同尺度的时序特征，不仅考虑了同一行为内不同时刻特征之间的相关性，还考虑了不同行为之间时序特征的相关性。

③端到端的多标签预测模型：得益于深度学习强大的学习能力，MTSAN 能够同时预测用户对多个类别产品的偏好概率，构建了端到端的多标签预测模型，从而提升了用户画像标签预测的性能。

13.2 研究综述

目前，用户画像标签化建模技术被广泛地应用于各个领域，极大提高了用户获取偏好信息的效率。针对用户画像标签化建模技术，学者们广泛采用多种机器学习方法进行建模。Li 等[348]提出了一种基于大规模用户行为日志，采用集成决策树模型进行分类预测“线上线下”（O2O）物品下一日购买行为的方法。Zhong 等[349]基于大量的用户档案数据根据用户特性构建了用户行为标签库，并使用 k - means 算法对集群进行标签分类。Chen 等[350]和 Liu 等[351]分别提出了利用基于聚类的协同过滤推荐算法来刻画用户画像，提高推荐精度的方法。Yu 等[352]通过对用户肖像的分析来选择案例，建立了 XGBoost 集成的 Bagging 模型，以预测商务旅行的客户，从而有效识别和分析商务旅行业务的态势感知。Yao 等[353]提出了一种在用户的兴趣标签和浏览行为使用 Word2Vec 算法计算电影之间的相似度，向用户推荐最相似的电影的方法。Subramaniyaswamy[354]等提出了一种基于自适应 KNN 的推荐生成算法，将用户的偏好和物品的特征关联起来，挖掘用户的偏好信息。然而，基于传统机器学习方法对用户画像建模的方法在提取用户行为特征方面存在一定的局限性，对用户行为信息的挖掘和利用程度有限，难以获取利于分类预测的高维特征。

随着深度学习方法的快速发展，由于深度神经网络在复杂特征表示学习上的强大功能，诸多学者将其运用于用户行为信息的提取和挖掘。Gan 等[355]提出了名为最近递归神经网络（R - RNN）的模型，用于自适应地从用户的历史点击序列化行为中学习用户兴趣的表示。Beutel 等[356]提出了一种基于 RNN 实现的推荐系统，利用潜在交叉（Latent Cross）技术将用户上下文特征合并到 RNN 中，提高模型理解和利用上下文信息的能力。Zhu 等[357]提出了一种基于 LSTM 变体来建模用户相邻行为之间的时间间隔，从而预测用户的短期和长期兴趣。Chen 等[358]提出使用基于注意力机制 Transformer 模型来捕捉用户行为序列下的序列信号，用于预测用户对电商产品的喜爱程度。Zhong 等[359]提出了一种基于多方面注意力图神经网络（Multiple - aspect Attentional Graph Neural Networks，MAGNN）对用户社交网络信息特征进行提取，用于生成用户地理信息标签的方法。Mahato N K[360]提出一种基于深层信念网络和极端学习机（DBN - ELM）混合模型分析电力用户消费行为的方法。

深度学习方法在用户行为信息的提取上能取得良好的效果，但针对用户多行为感知，并没有形成端到端模型。同时，现有的深度学习方法对于不同类型用户的多细粒度时序信息没有进行有效的处理，因此用户非相邻行为之间的相关性信息难以得到有效利用。此外，现有的端到端序列化方法模型输出往往是单一化标签的预测结果，忽略了用户兴趣偏好的搭配问题。本章提出的多时序感知网络是一种通过多种行为信息协同感知用户偏好变化的端到端方法，该方法可以提取不同类型用户行为的多时序信息特征，利用融合后的特征为每名用户预测出用户画像标签，同时用户画像标签考虑了用户偏好的搭配问题，输出结果采用多类标签的方式，对用户偏好特点能够实现更为精准的协同输出。

13.3 研究方法

本节中，我们首先介绍网络创新社区用户画像标签预测的整体架构，然后详细阐述所提出的多时序感知网络的内部结构，最后，给出模型的训练方式。

13.3.1 Preliminarys

在本章中，对于网络创新社区用户画像标签化建模问题，我们将其变换为利用用户历史行为信息预测该用户对每类知识产品是否存在偏好的概率预测问题，模型整体框架如图 13 - 1 所示。

在网络创新社区中，对于一个用户 u，P^u 、Q^u 和 X^u 分别记作用户 u 一段时间内的 Designs、Collections 和 Likes 行为的集合，集合中的每个元素都是 C 维向量，C 表示社区内知识产品的类别总数。$P^u = \{p_1^u, p_2^u, \cdots, p_Y^u\}$ 表示用户 u 在 Y 年内每年 Design 每类产品的数量；$Q^u = \{q_1^u, q_2^u, \cdots, q_M^u\}$ 表示用户 u 在 M 月内每月 Collect 每类产品的次数；$X^u = \{x_1^u, x_2^u, \cdots, x_D^u\}$ 表示用户 u 在 D 天内每天 Like 每类产品的次数。模型输出使用 C 维向量 L^u 来表示，其中每个元素表示用户 u 是否偏好该类别的知识产品。最后，将模型的预测结果 L^u 映射成知识产品类别名称，即可得到用户标签。

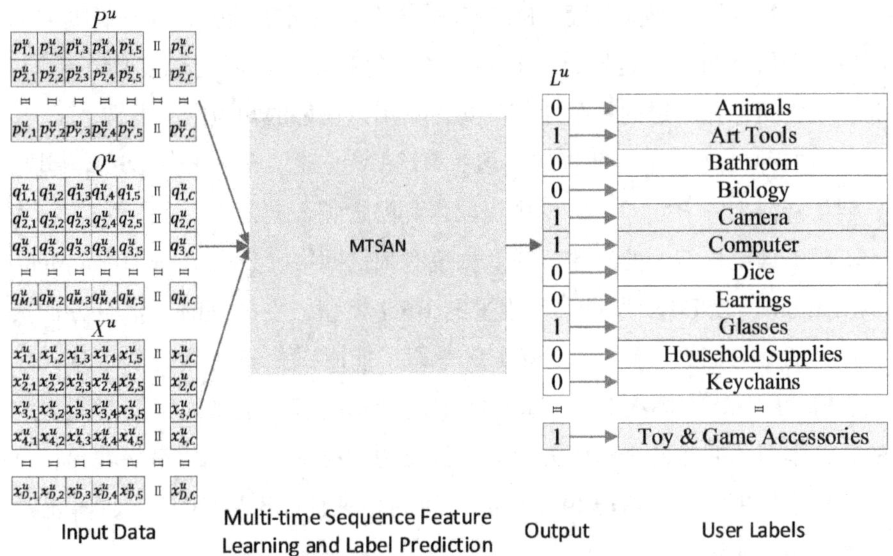

图 13－1　网络创新社区用户画像标签预测模型总体框架

13.3.2　MTSAN

MTSAN 的网络结构如图 13－2 所示，共分为 4 个阶段：多行为协同感知、多种尺度时序特征提取、多时序特征融合、用户标签预测。

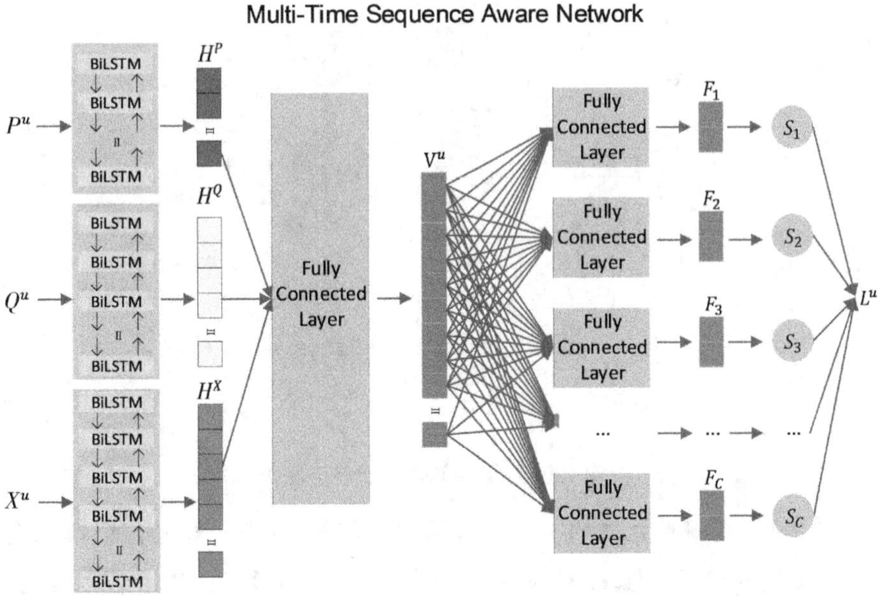

图 13－2　MTSAN 网络结构

在多行为协同感知阶段，MTSAN 的 3 个分支分别接受 3 种不同类型的用户行为信息构造的矩阵 P^u 、Q^u 和 X^u ，每种矩阵的时间粒度均不相同，但相互之间存在一定的相关性，共同影响用户偏好的知识产品类别。

在多种尺度时序特征提取阶段，MTSAN 设计了 3 种 Bi－LSTM 模块，分别从特征矩阵 P^u 、Q^u 和 X^u 中提取得到隐含特征向量 H^P 、H^Q 和 H^X ，表示不同类型用户行为的时序特征。长短时记忆网络（Long Short Term Memory networks，LSTM）[361]是一种改进的 RNN 模型，在处理时序信息方面具有强大的学习能力。然而，LSTM 只考虑了前时刻信息对后时刻信息的影响。Bi－LSTM[362]则在 LSTM 单时间方向计算的基础上增加了反时间方向的特征学习，并将两个时间方向的计算结果组合到一起作为最终输出，从而使模型能更好地学习非相邻特征之间的相关性。Bi－LSTM 的计算流程如图 13－3 所示。

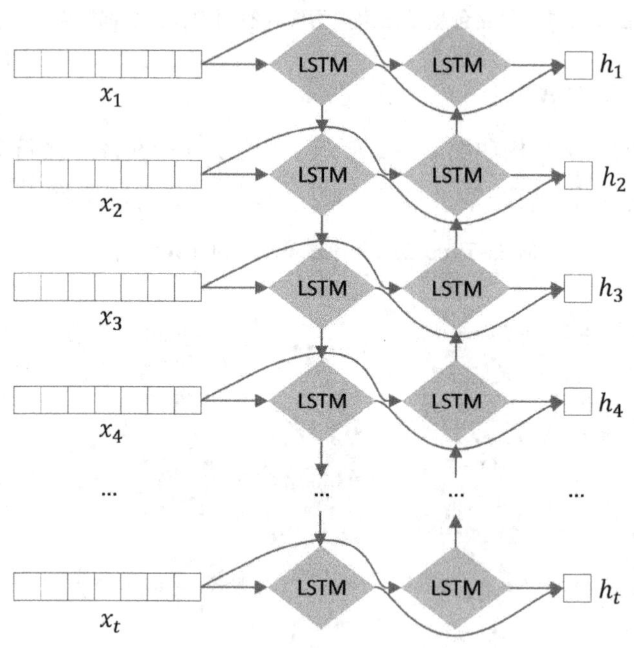

图 13－3　Bi－LSTM 计算流程

LSTM 的隐藏单元如图 13－4 所示。x 是输入数据，C 是记忆单元信息，h 是隐藏单元信息，f 是遗忘门，i 是输入门，o 是输出门。在 t 时刻，临时记忆单元信息 $C_t^{'}$ 的计算公式如下：

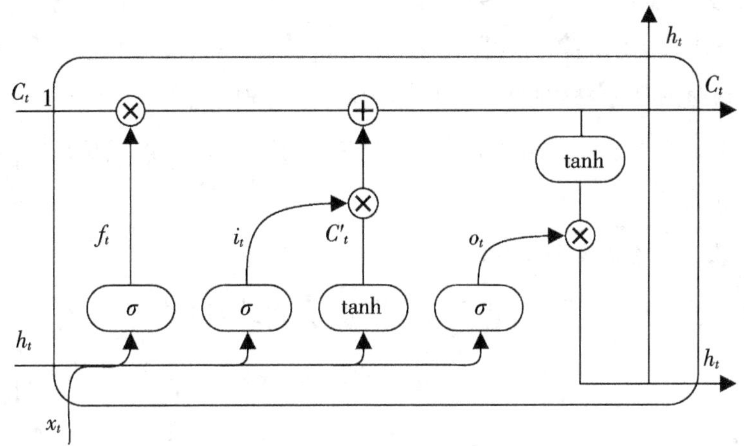

图 13－4　LSTM 隐藏单元示例

$C_t^{'} = \tanh(W_c x_t + U_c h_{t-1} + b_c)$

式中，W_c和U_c分别为权重参数矩阵，b_c为偏置向量，x_t为输入的数据，h_{t-1}为上一时刻的隐藏单元信息，tanh 为激活函数。

f、i 和 o 的计算公式如下：

$f_t = \sigma(W_f x_t + U_f h_{t-1} + b_f)$，

$i_t = \sigma(W_i x_t + U_i h_{t-1} + b_i)$，

$o_t = \sigma(W_o x_t + U_o h_{t-1} + b_o)$，

式中，W 和 U 分别表示每个控制门的权重参数矩阵，b 为每个控制门的偏置向量，x_t为输入的数据，h_{t-1}为上一时刻的隐藏单元信息，σ 为激活函数。

更新当前记忆单元信息和计算当前隐藏单元输出的公式如下：

$C_t = i_t \otimes C_t^{'} + f_t \otimes C_{t-1}$

$h_t = o_t \otimes \tanh(C_t)$

在多时序特征融合阶段，MTSAN 使用一层包含 256 个神经元的全连接层对 3 种不同类型的隐含特征向量H^P、H^Q和H^X进行融合，得到 256 维的特征向量V^u。需要注意的是，在全连接层之后，增加了 Dropout 策略[363]来随机地将某些神经元的输出置“0”，防止网络模型过拟合。

为了预测用户对多个类别知识产品的偏好概率，MTSAN 使用 C 层包含

2 个神经元的全连接层将V^u转换为 2 维的特征向量F^u = $\{F_1, F_2, F_3, \cdots, F_C,\}$，再输入多标签分类器 $S = \{S_1, S_2, S_3, \cdots, S_C,\}$ 中，利用 Sigmoid 函数将特征向量F^u映射为用户 u 对每个类别知识产品的偏好概率值，最后，选择每个分类器的输出结果中概率值较大的一项组成L^u，作为网络的最终输出。

13.3.3 Model Training

对于 MTSAN 的训练，我们定义目标损失函数如下：

$$Loss = -\frac{1}{N}\sum_{i}^{N}\frac{1}{C}\sum_{j}^{C}\{Y_j^{u_i}\times\ln[f(F_j^{u_i})]\}+\{(1-Y_j^{u_i})\times\ln[1-f(F_j^{u_i})]\},$$

式中，N 为训练样本总数，C 为知识产品类别总数，$Y_j^{u_i}$表示第 i 个用户对第 j 类产品是否偏好，取值为 0 或 1，$f(\cdot)$是 Sigmoid 函数，$f(F_j^{u_i})$表示分类器S_j输出的第 i 个用户对第 j 类产品的偏好概率值。

在 MTSAN 的训练过程中，我们采用随机梯度下降算法（SGD）迭代优化模型各层的权重参数。动量（momentum）设置为 0.9，权重衰减因子设置为 0.0005，各层的权重参数采用 KaiMing – Norm[364]进行初始化，激活函数选择 PRelu[364]，全连接层的 Dropout 置 0 概率值设置为 0.3。我们设置初始学习率为 0.01，在训练至 20th，40th，60th 和 90th 的 epoch 时，将学习率降低 10 倍，最大训练 epochs 为 100。

13.4 实证分析

在本节中，我们通过对比实验来证明 MSTAN 在网络创新社区用户画像标签化建模任务中的有效性。首先，我们介绍实验数据集。其次，我们将本章提出的 MSTAN 与一些时序数据感知处理方法进行比较，并报告对比实验结果。最后，我们通过对比实验讨论模型超参数对预测结果的影响。

13.4.1 数据

为了评估所提出的 MSTAN 模型在用户画像标签预测的有效性，我们使用网络爬虫技术从 Thingiverse 社区获取了大量的真实用户行为信息数据，构建了一个用户行为信息数据集。数据集通过针对每位用户最典型的三种操作行为中的作品进行爬取，分别为 Likes、Collections、Designs。Likes 包含了用户点赞表示喜爱的作品，该行为反映用户对他人产品具有价值认同的倾向性，表现作品给用户带来的正面情绪。Collections 包含了用户收藏至收藏夹内的作品，偏向工具化属性，此类属性作品表示用户以后可能会反复查看其内容，对用户的知识获取具有帮助作用。用户的 Designs 中包含用户设计作品，是用户从事擅长领域的直观表现。每件作品分配有单一具体的类别标签，类别涵盖 80 个类别。数据集包含近 12 年来随机选取的 4000 名用户对 80 类知识产品的 3 种行为数据记录，共计 176458 条 Like、65078 条 Collections、22363 条 Designs。

针对每名用户的历史行为记录，我们按 timestamps 选择某一时间之前的 3 种行为信息作为训练输入数据，并使用该时间后的行为信息所对应的知识产品类别作为训练标签数据。例如，设置网络模型的 timestamps$T=(7, 3, 2)$，表示使用一名用户在某一时间前 7 天的 Likes 行为、前 3 月的 Collections 行为和前 2 年 Designs 行为作为训练输入数据，使用该时间之后最近的 7 次 Like、3 次 Collect 和 2 次 Design 行为所对应的知识产品类别作为训练标签数据。对于整个数据集，我们采用前 90% 的数据进行模型训练，后 10% 的数据用于评估模型性能。

13.4.2 结果分析

为了验证我们提出的 MTSAN 的有效性，在本节实验中我们通过对比实验的方式进行评估。但是，迄今为止，还没有具体的端到端方法能够利用用户的多种行为预测用户标签。因此，我们选择在用户标签预测和推荐系统中比较流行的时序数据感知处理方法 XGBoost[352]，DBN[360]，RNN[355] 和 LSTM[357]，并按照特定的设置进行对比实验。具体来说，在 XGBoost 和 DBN 的实验中，我们先将 3 种类型的行为信息分别输入模型得到预测结果，再采用投票法统计最终的用户标签。为了实验的公平性，在 RNN 和 LSTM 的实验中，采用与 MTSAN 相同的 timestamps$T=(12, 5, 3)$，并使用端到端的架构进行训练。

本节实验中，评估指标采用广泛使用的召回率，F1 - Score 和平均精度均值（Mean Average Precision，MAP）。表 13 - 1 展示了 MTSAN 与其他比较方法的性能比较结果。

表 13－1　MTSAN 与其他比较方法的性能比较结果

Method	MAP@ 5	Recall@ 5	F1 － Score@ 5	MAP@ 10	Recall@ 10	F1 － Score@ 10
XGBoost[352]	0.3261	0.3776	0.3500	0.3141	0.3776	0.3429
DBN[360]	0.4366	0.4969	0.4648	0.5374	0.5799	0.5578
RNN[355]	0.4828	0.5449	0.5120	0.5831	0.6137	0.5980
LSTM[357]	0.6932	0.7804	0.7342	0.8369	0.8862	0.8608
MTSAN	0.7648	0.8235	0.7931	0.8895	0.9249	0.9069

注：表 13－1 中，@ k 表示模型输出的每名用户 80 类预测标签与真实标签之间的误差项≤k，即视作预测正确。

根据实验结果可知，相较于 XGBoost 和 DBN 方法，使用端到端框架训练的 RNN、LSTM 和本章提出的 MTSAN 方法大幅提升了模型性能，这表明，利用用户的多种行为进行协同感知能够有效地提升用户画像标签预测的准确性。与 RNN 相比，LSTM 的各项性能指标均提升了近 20 个百分点，这表明，LSTM 能够更好地学习不同时刻序列特征之间的相关性，所提取的多尺度时序特征更有利于预测用户画像标签。在所有方法中，我们提出的 MTSAN 在所有指标上都大大优于其他比较方法。与 RNN 相比，MSTAN 的 MAP@ 5、MAP @ 10、Recall @ 5、Recall @ 10 和 F1 － Score @ 5、F1 － Score@ 10 的增长率分别为 58.4% 、52.5% 、51.1% 、50.7% 、54.9% 和 51.7% ；与 LSTM 相比，以上各项指标增长率分别为 10.3% 、6.3% 、5.5% 、4.4% 、8.0% 和 5.4% 。这些改进表明，本章方法通过 Bi－LSTM 进行多时序特征学习能够更充分地学习到多种尺度时序特征之间的相关性，能够更准确地预测用户画像标签，证明了本章方法的有效性。

13.4.3　讨论

为了研究 MTSAN 中超参数 timestamps 和全连接层神经元个数 d 对模型结果的影响，我们分别使用不同取值的 timestamps 和神经元个数进行对比实验。具体来说，我们分别设置 5 种超参数 timestamps 的选取方案，MTSAN－1：$T=(7,3,2)$；MTSAN －2：$T=(7,4,2)$；MTSAN －3：$T=(12,5,3)$以及 MTSAN － 4：$T=(15,5,3)$；MTSAN － 5：$T=(20,6,4)$，设置全连接层神经元个数 d 分别为 32、64、128、256 和 384。对比实验结果如图 13－5 所示。

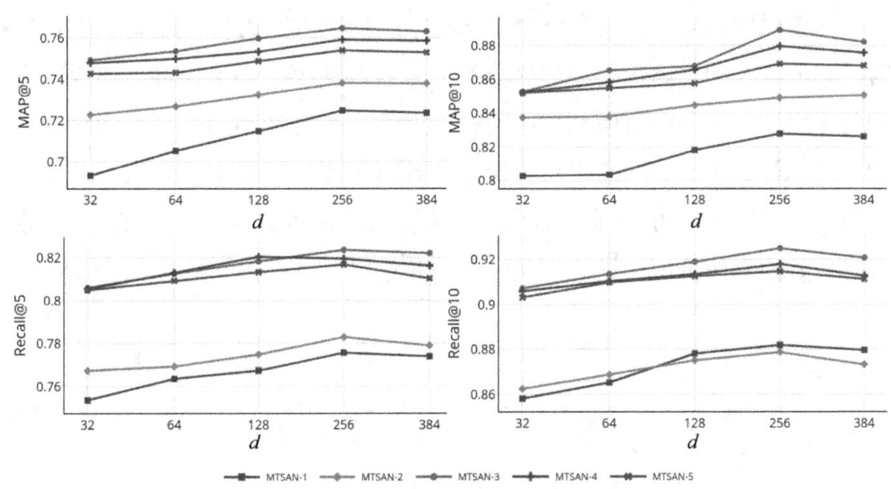

图 13－5　不同超参数设置下 MTSAN 性能对比实验结果

根据实验结果可知，MTSAN－2 仅比 MTSAN－1 多使用了 1 月的 Collections 行为信息，但显著提升了 MTSAN 的 MAP 和 Recall 指标，这说明用户的 Collections 行为对用户的偏好产生较大的影响。相比与前 2 种超参数方案，得益于使用了更长时间的用户行为信息，后 3 种方案大幅提升了 MTSAN 模型的整体性能，其中，在第 3 种方案时 MTSAN 的性能达到最优。此外，第 4 和第 5 种方案虽然使用了更多的用户行为信息，但模型预测性能并没有大幅改善，这表明用户行为具有一定的时效性，间隔时间较长的用户行为对用户当前偏好产生的影响较小。

不同的全连接层神经元个数 d 可以为用户行为产生不同维度的特征向量，表示 MTSAN 对多时序特征的融合程度。从实验结果可知，MTSAN 的性能指标与 d 的大小正相关，并在 d＝256 时达到最优。这表明，多时序特征的融合程度一定程度上影响 MTSAN 的预测结果，合适的融合程度能够显著提升模型的性能，但过多的特征维度可能会造成模型过拟合，从而导致性能下降。因此，实际应用时，应根据用户行为的复杂程度，灵活选取全连接层的神经元个数。

13.5　结论

本章针对网络创新社区用户画像标签化建模问题，提出了一种新的方法，即多时序感知网络（MTSAN）。该方法利用多行为协同感知、多尺度时序特征建模和端到端的多标签分类的方式预测用户画像标签，不仅充分利用了用户的多种行为信息，还同时考虑不同时刻和不同类型行为之间的相关性，构建了端到端的用户画像标签预测模型。在真实数据集上的实验结果表明，MTSAN 的性能显著优于现有方法，证明了方法的有效性，不仅具有较好的实用价值和理论意义，还为其他同类型任务提供了解决思路。

参考文献

[1] 张舒．网络创新社区中用户参与创新的影响因素研究［D］．沈阳：东北大学，2012：14.

[2] 王佑镁，叶爱敏．从创客空间到众创空间：基于创新2.0的功能模型与服务路径［J］．电化教育研究，2015，36（11）：5－12.

[3] TROXLER P. Commons－based peer－production of physical goods：isthere Room for a hybrid innovation ecology？［EB/OL］．（2010－10－08）［2018－02－03］．https：//wikis. fu－berlin. de/pages/viewpage. action？pageId＝59080767&preview＝/59080767/79003649/Troxler－Paper. pdf.

[4] CHRIS A. Makers：the new industrial revolution ［M］．New York：Crown Business，2012：10－12.

[5] 黄世芳．众创空间与区域创新系统的构建：基于欠发达地区的视角［J］．广西民族大学学报（哲学社会科学版），2016，38（1）：156－160.

[6] 单晓红，王春稳，刘晓燕，杨娟．基于知识网络的开放式创新社区知识发现研究［J］．复杂系统与复杂性科学，2020，17（1）：62－70，94.

[7] 陈晓君．基于SNA的IdeaStorm众包创新社区网络结构特征研究［J］．价值工程，2019，38（14）：58－61.

[8] 李立峰．基于社会网络理论的顾客创新社区研究—成员角色、网络结构和网络演化［D］．北京：北京交通大学，2017：32.

[9] 王姝文．开放式创新网络社区成员动态信任机制研究［D］．北京：北京理工大学，2015：5.

[10] 钟炜，蒲岳，杜泽超．开放式创新社区网络平台知识共享系统动力学模型构建［J］．价值工程，2017，36（1）：239－243.

[11] 夏恩君，张明，朱怀佳．开放式创新社区网络的系统动力学模型［J］．科技进步与对策，2013，30（8）：14－19.

[12] 王永贵，姚山季，来尧静．顾客参与新产品开发及其结果影响的综述［J］．科技管理研究，2011，31（7）：221－224.

[13] 任亮．开放式创新社区知识协同创新研究［D］．长春：吉林大学，2020：28.

[14] 杨磊，王子润，侯贵生．网络创新社区成员知识共享行为影响因素研究［J］．新世纪图书馆，2020（2）：55－59，86.

[15] 谭娟，谷红，苗冬青．网络创新社区知识产品重混影响因素的实证研究［J］．科技管理研究，2020，40（3）：8－13.

[16] 刘静岩，王玉，林莉．开放式创新社区中用户参与创新对企业社区创新绩效的影响——社会网络视角［J］．科技进步与对策，2020，37（6）：128－136.

[17] 唐洪婷．基于超网络的企业协同创新社区价值用户主体挖掘方法研究［D］．广州：华南理工大学，2019：20.

[18] 王莉，李沁芳，马云龙．基于改进网络志方法的开放式创新社区中领先用户识别研究［J］．科研管理，2019，40（10）：259－267.

[19] 刘德文．创新社区的协调机制研究［D］．成都：电子科技大学，2011：4.

[20] 詹湘东．基于用户创新社区的开放式创新研究［J］．中国科技论坛，2013（8）：34－39.

[21] 赵晓煜，孙福权．网络创新社区中顾客参与创新行为的影响因素［J］．技术经济，2013，32（11）：14－20，49.

[22] 张克永．开放式创新社区知识共享研究［D］．长春：吉林大学，2017：36.

[23] 刘梦婷，李海刚，祝效国．虚拟社区中用户知识共享水平与参与行为的实证研究［J］．科技管理研究，2016，36（16）：155－159.

[24] 李英姿，张硕，张晓冬．在线评价对开源设计社区成员创新绩效的影响——以 Local Motors 为例［J］．管理科学，2020，33（3）：52－62.

[25] MARTINES－TORRES M R. Application of evolutionary computation techniques for the identification of innovatorsin open innovation communities［J］. Expertsystems with applications，2013，40（7）：2503－2510.

[26] HUANG Y, SINGH P V, SRINIVASAN K. Crowdsourcing new product ideas under consumer learning [J]. Social Science Electronic Publishing, 2011, 60 (9) .

[27] JEPPESEN L B, FREDERIKSEN L. Why do users contribute to firm – hosted user communities? The case of computer – controlled music instruments [J]. Organization Science, 2006, 17 (1): 45 – 63.

[28] YUAN D, LIN Z, ZHUO R. What drives consumer knowledge sharing in online travel communities? Personal attributes or e – service factors? [J]. Computers in Human Behavior, 2016 (68): 68 – 74.

[29] 林杰，杨兆洁．用户网络行为特征与专业知识水平——基于“汽车之家”注册用户的实证研 [J/OL].（2020 – 12 – 23） [2021 – 04 – 26]. https://doi.org/10.14120/j.cnki.cn11 – 5057/f.20201223.010. 管理评论：1 – 10.

[30] ISURU DHARMASENA, MIKE DOMARATZKI, SAMAN MUTHUKUMARANA. Modeling mobile apps user behavior using Bayesian networks [J]. International Journal of Information Technology, 2021 (prepublish).

[31] WIERTZ C, DE RUYTER K. Beyond the call of duty: why customers contribute to firm – hosted commercial online communities [J]. Organization Studies, 2007, 28 (3): 347 – 376.

[32] DAHLANDER L, FREDERIKSEN L. The core and cosmopolitans: a relational view of innovation in user communities [J]. Organization Science, 2012, 23 (4): 988 – 1007.

[33] 李奕莹，戚桂杰．创新价值链视角下企业开放式创新社区管理的系统动力学研究 [J]. 商业经济与管理，2017 (6): 60 – 70.

[34] 陶晓波，徐鹏宇，樊潮，等．创新社区中新产品开发人员信息采纳行为的影响机理研究 [J]. 管理评论，2020, 32 (10): 135 – 146.

[35] 陈小卉，胡平，周奕岑．知乎问答社区回答者知识贡献行为受同伴效应影响研究 [J]. 情报学报，2020 (4): 450 – 458.

[36] 张洁，廖貅武．虚拟社区中顾客参与、知识共享与新产品开发绩效 [J]. 管理评论，2020, 32 (4): 117 – 131.

[37] 陈国青，李纪琛，邓泓舒语，等．游戏化竞争对在线学习用户行为的影响研究［J］．管理科学学报，2020（2）：89－104.

[38] RIEDL C，SEIDEL V P. Learning from mixed signals in online innovation communities［J］．Organization Science，2018，29（6）．

[39] 刘征驰，陈文武，马滔．社交机制、关系结构与社群网络知识协作［J］．管理学报，2020，17（9）：1373－1382.

[40] FARAJ S，JARVENPAA S L，MAJCHRZAK A. Knowledge collaboration in online communities［J］．Organization Science，2011，22（5）：1224－1239.

[41] 王余行．基于网络论坛数据的汽车质量问题挖掘研究［D］．大连：大连理工大学，2020.

[42] LIU X，WANG G A，FAN W，et al．. Finding useful solutions in online knowledge communities：a theory－driven design and multilevel analysis［J］．Information Systems Research. Published Online in Articles in Advance 07 May 2020. https：//doi. org/10. 1287/isre. 2019. 0911.

[43] FISHER G. Online communities and firm advantages［J］．The Academy of Management Review，2019，44（2）：279－298.

[44] SEIDEL V P，HANNIGAN T R，PHILLIPS N. Rumor communities，social media and forthcoming innovations：the shaping of technological frames in product market evolution［J］．The Academy of Management Review，2018，45（2）：3－35.

[45] 迟铭，毕新华，李金秋，等．关系质量视角下移动虚拟社区治理对组织公民行为影响研究——以知识型移动虚拟社区为例［J］．管理评论，2020，32（1）：176－186.

[46] VIVIANNA F H，PURANAM P，SHRESTHA Y R. Resolving governance disputes in communities：A study of software license decisions［J］．Strategic Management Journal，2020，41（10）：1837－1868.

[47] LEVINE S S，PRIETULA M J. Open collaboration for innovation：principles and performance［J］．Organization Science，2013（21）：1－20.

[48] JING C P，CHEN Y，LIANG F Q，et al．. Does identity disclosure help

or hurt user content generation? Social presence, inhibition and displacement effects [J/OL]. Information Systems Research. Published Online in Articles in Advance 10 Jun 2020, https://doi.org/10.1287/isre.2019.0885.

[49] 张庆强，孙新波，钱雨，等．众包社区与用户协同演化的协同激励机制案例研究 [J]. 科学学与科学技术管理，2020，41 (11)：98 - 116.

[50] 李永立，刘超，樊宁远，等．众筹平台上网络外部性的价值度量模型 [J]. 管理科学学报，2020，23 (6)：44 - 58.

[51] 史达，王乐乐，衣博文．在线评论有用性的深度数据挖掘——基于TripAdvisor的酒店评论数据 [J]. 南开管理评论，2020，23 (5)：64 - 75.

[52] 范钧，林东圣．社区支持、知识心理所有权与外向型知识共创 [J]. 科研管理，2020，41 (7)：1 - 10.

[53] 付轼辉，沈志锋，焦媛媛．开放创新社区氛围的内涵、前因与后果研究 [J]. 科学学研究，2020，38 (12)：2293 - 2304.

[54] MOLLICK E. Filthy Lucre? Innovative communities, identity and commercialization [J]. Organization Science, 2016, 27 (6): 1472 - 1487.

[55] GUO C J, KIM T H, SUSARLA A, et al. Understanding content contribution behavior in a geosegmented mobile virtual community: the context of waze [J/OL]. Information Systems Research. Published Online in Articles in Advance 12 Oct 2020 . https://doi.org/10.1287/isre.2020.0951.

[56] 郗玉娟．组织社会资本、知识创造与动态能力关系研究 [D]. 长春：吉林大学，2020：17 - 21.

[57] 王向阳，郗玉娟，齐莹．组织内部知识整合模型：基于知识演变视角 [J]. 情报理论与实践，2018，41 (2)：88 - 93.

[58] 王向阳，郗玉娟，谢静思．基于知识元的动态知识管理模型研究 [J]. 情报理论与实践，2017，40 (12)：94 - 99.

[59] 王向阳，齐莹，郗玉娟．技术兼容性、惯例兼容性对跨国并购知识转移绩效的影响研究 [J]. 科学学研究，2018 (11)：2030 - 2037，211.

[60] 王向阳，郗玉娟，谢静思．基于区域创新系统的知识转移模型研究［J］．图书情报工作，2017，61（17）：13－20.

[61] 陶兴．多源学术新媒体用户生成内容的知识聚合研究［D］．长春：吉林大学，2020：193.

[62] 赵宇翔，范哲，朱庆华．用户生成内容（UGC）概念解析及研究进展．中国图书馆学报，2012，38（5）：68－81.

[63] DARWIN C R. On the origin of species：by mean of natural selection［M］．Leipzig：Verlag Philipp Reclam，1859.

[64] WEISMANN A. Studien zur descendenz－theorie（I）ueberden saison－dimorphismus der schmetterlinge［M］．Leipzig：Verlag Philipp Reclam，1875.

[65] MCKELVEY B. Organizaiton systematics：taxonomy evolution and classification［M］．Berkeley：University of California Press，1982.

[66] 何云峰．论知识进化的要素和特征［J］．中共浙江省委党校学报，2001（5）：52－57.

[67] 张凌志．知识进化下知识变异的来源、条件与过程研究［J］．情报杂志，2011，30（8）：180－184.

[68] 赵健宇，李柏洲．对企业知识创造类生物现象及知识基因论的再思考［J］．科学学与科学技术管理，2014，35（8）：18－28.

[69] 康鑫，刘娣．农业企业知识扩散路径对知识进化的传导机制——基于知识共享的中介作用和知识基调节作用［J］．科技管理研究，2018，38（21）：184－190.

[70] 康鑫，刘强．高技术企业知识动员对知识进化的影响路径——知识隐匿中介作用及知识基的调节作用［J］．科学学研究，2016，34（12）：1856－1864.

[71] 王曰芬，丁玉飞，刘卫江．基于知识进化视角的科学文献传播网络演变研究［J］．情报资料工作，2016（2）：5－10.

[72] 丁玉飞，关鹏．知识进化视角下科学文献传播网络演化与预测研究及应用［J］．图书情报工作，2018，62（4）：72－80.

[73] 丁玉飞．知识进化视角下科学文献传播网络演变及预测研究［D］.

南京：南京理工大学，2018：49－69.

［74］肖曙光，周勃．基于进化生物学启示的企业知识创新探究［74］［J］．软科学，2007，21（1）：113－116.

［75］AHRWEILER P，PYKA A，GILBERT N. Simulating knowledge dynamics in innovation networks（SKIN）［M］// LEOMBRUNI R，RICHIARDI M. Industry and labor dynamics：the agent－based computational economics approach. Singapore：World Scientific Press，2004.

［76］SEN S K. 关于思想基因及其与情报科学关系的评价［J］．刘植惠，译．国外情报科学，1988（2）：1－6.

［77］刘植惠．知识基因理论新进展［J］情报科学，2003（21）：1243－1245.

［78］和金生，吕文娟．知识基因论的源起、内容与发展［J］．科学学研究，2011，29（10）：1454－1459.

［79］张红兵，和金生，张素平．技术联盟组织间知识转移的类生物机制研究［J］．大连理工大学学报（社会科学版），2013，34（4）：66－71.

［80］刘福林，李淑萍，宋唯一．知识基因自由组合规律［J］．科学学研究，2011，29（10）：1460－1464，1448.

［81］周可，徐玉梅．基于仿生学视角的科技型新创企业知识转化影响因素研究［J］．情报科学，2014，32（4）：63－67.

［82］孙晓玲，丁堃．基于知识基因发现的科学与技术关系研究［J］．情报理论与实践，2017（6）：23－26.

［83］刘则渊．知识图谱的若干问题思考［R］．大连：大连理工大学 WISE 实验室，2010.

［84］逯万辉，谭宗颖．基于知识基因游离与重组的领域主题演化研究［J］．情报理论与实践，2019，42（2）：101－107.

［85］李伯文．论科学的“遗传”和“变异”［J］．科学学与科学技术管理，1985（10）：21－25.

［86］赵健宇，李柏洲．对企业知识创造类生物现象及知识基因论的再思考［J］．科学学与科学技术管理，2014，35（8）：18－28.

［87］吕文娟，和金生．面向企业创新能力的组织知识基因解析研究［J］．情报杂志，2013，32（1）：154－159，172.

[88] 张红兵，和金生，张素平．技术联盟组织间知识转移的类生物机制研究［J］．大连理工大学学报（社会科学版），2013，34（4）：66－71.

[89] 吴玉浩，姜红，孙舒榆．协同视角下知识创新成果与技术标准转化的机理研究［J］．科学管理研究，2019，37（2）：7－11.

[90] 李辉，张爽，企业合作创新过程中知识整合机理研究［J］．情报杂志，2008，27（3）：54－56.

[91] 陈佳丽．社会资本视角下开放式创新平台用户网络对创新的影响研究［D］．济南：山东大学，2019：12－45.

[92] 张薇薇，蒋雪．在线健康社区用户持续参与动机的演变机理研究［J］．管理学报，2020（8）：1245－1253.

[93] FREY K, LUETHJE C, HAAG S. Whom should firms attract to open innovation platforms? The role of knowledge diversity and motivation [J]. Long Range Planning, 2011, 44 (5/6): 397－420.

[94] WIRTZ J, AMBTMAN A D, BLOEMER J, et al. Managing brands and customer engagement in online brand communities [J]. Journal of Service Management, 2013, 24 (3): 223－244.

[95] WASKO M L, FARAJ S. "It is what one does": why people participate and help others in electronic communities of practice [J]. The Journal of Strategic Information Systems , 2000, 9 (2/3): 155－173.

[96] PERRY－SMITH J E. Social yet creative: the role of social relationships in facilitating individual creativity [J]. Academy of Management Journal, 2006, 49 (1): 85－101.

[97] XU B, LI D. An empirical study of the motivations for content contribution and community participation in wikipedia [J]. Information & Management, 2015, 52 (3): 275－286.

[98] 耿瑞利，申静．不同文化视域下社交网络用户知识共享行为动机研究［J］．中国图书馆学报，2019，45（1）：60－81.

[99] GU B, JARVENPAA S. Are contributions to p2p technical forums private or public goods? An empirical investigation. In 1st Workshop on Economics of Peer－to－Peer Systems, 2003.

[100] BOCK G W, ZMUD R W, KIM Y G, et al. Behavioral intention formation in knowledge sharing: examining the roles of extrinsic motivators, social - psychological forces and organizational climate [J]. Mis Quarterly, 2005, 29 (1): 87 - 111.

[101] HE W, WEI K K. What drives continued knowledge sharing? An investigation of knowledge - contribution and - seeking beliefs [J]. Decision Support Systems, 2009, 46 (4): 826 - 838.

[102] 耿瑞利，申静．社交网络群组用户知识共享行为动机研究：以 Facebook Group 和微信群为例［J］. 情报学报，2018，37（10）：56 - 67.

[103] 涂伟．Wiki 与 Blog 在技术接受模型中的差异实证分析［J］. 武汉科技大学学报（社会科学版），2007（3）：264 - 268.

[104] CHIU C M, HSU M H, WANG E T G. Understanding knowledge sharing in virtual communities: An integration of social capital and social cognitive theories [J]. Decision support systems, 2006, 42 (3): 1872 - 1888.

[105] 沈宇飞，廖博，徐扬．社会化问答社区中声誉系统对知识分享活动的影响研究［J］. 情报学报，2018，37（11）：82 - 91.

[106] MAHR D, LIEVENS A. Virtual lead user communities: drivers of knowledge creation for innovation [J]. Research Policy, 2012, 41 (1): 167 - 177.

[107] 王海平．用户激励、用户参与产品创新及其绩效研究［D］. 北京：北方工业大学，2015.

[108] MUHDI, LOUISE, ROMAN, et al.. Motivational factors affecting participation and contribution of members in two different swiss innovation communities [J]. International Journal of Innovation Management. 2011, 15 (3): 543 - 562.

[109] 卢新元，黄梦梅，卢泉，等．基于时间特性的社交网络平台中用户消极使用行为规律分析［J］. 情报学报，2020（4）：419 - 426.

[110] 唐小飞，周磐，苏浩玄．在线印象管理视角：创新动机与创新绩效

研究［J］. 科研管理，2020，41（6）：172－180.

［111］秦敏，李若男．在线用户社区用户贡献行为形成机制研究：在线社会支持和自我决定理论视角［J］. 管理评论，2020（9）：168－178.

［112］JEPPESEN L B，FREDERIKSEN L. Why do users contribute to firm－hosted user communities? The case of computer－controlled music instruments［J］. Organization Science，2006，17（1）：45－63.

［113］WIERTZ C，RUYTER K D. Beyond the call of duty：why customers contribute to firm－hosted commercial online communities［J］. Organization Studies，2007，28（3）：347－376.

［114］LIAO X，YE G，YU J，et al.. Identifying lead users in online user innovation communities based on supernetwork［J］. Annals of Operations Research，2021（prepublish）.

［115］王楠，张士凯，赵雨柔，等．在线社区中领先用户特征对知识共享水平的影响研究—社会资本的中介作用［J］. 管理评论，2019，31（2）：82－93.

［116］NAMBISAN S，BARON R A. Different roles，different strokes：organizing virtual customer environments to promote t wo types of customer contributions［J］. Organization Science，2010，21（2）：554－572.

［117］AUTIO E，DAHLANDER L，FREDERIKSEN L. Information exposure，opportunity evaluation and entrepreneurial action：an investigation of an online user community［J］. Social Science Electronic Publishing，2013，56（5）：1348－1371.

［118］HUVILA I，HOLMBERG K，EK S，et al.. Social capital in second life［J］. Online Information Review，2010，34（2）：295－316.

［119］张宁，袁勤俭．社会资本理论在国外用户信息行为领域应用的研究进展［J］. 情报科学，2019. 37（1）：165－170.

［120］CHIU C M，HSU M H，WANG E. Understanding knowledge sharing in virtual communities：an integration of social capital and social cognitive theories［J］. Decision Support Systems，2007，42（3）：1872－1888.

［121］ZHAO L，LU Y，WANG B，et al.. Cultivating the sense of belonging and motivating user participation in virtual communities: a social capital perspective [J]. International Journal of Information Management, 2012, 32 (6): 574 -588.

[122] 段亮月. 移动端 HTML5 广告用户分享心理机制探究 [D]. 厦门: 厦门大学, 2019: 28 -29.

[123] 蒋佩真. 虚拟社群的知识分享: 认知与行为间的关系 [D]. 高雄: 台湾中山大学, 2001.

[124] WESLEY S, YU H C. Knowledge sharing investigation in social networks [C] // Proceedings of the Eighth International Conference on Information and Management Sciences. 2009.

[125] 张鼐, 周年喜. 虚拟社区知识共享行为影响因素的实证研究 [J]. 图书馆学研究, 2010 (11): 44 -48.

[126] TAMJIDYAMCHOLO A, KUMAR S, SULAIMAN A, et al.. Willingness of members to participate in professional virtual communities [J]. Quality & Quantity, 2016, 50 (6): 2515 -2534.

[127] NAMBISAN S, BARON R A. Virtual customer environments: testing a model of voluntary participation in value co - creation activities [J]. Journal of Product Innovation Management, 2009, 26 (4): 388 -406.

[128] 刘洁. 虚拟社区中用户知识共享影响因素研究 [D]. 曲阜: 曲阜师范大学, 2019: 12 -25.

[129] 陆莹, 张敏. 大学生知识付费行为影响因素研究 [J]. 杭州师范大学学报 (自然科学版), 2021, 20 (1): 13 -21.

[130] CSIKSZENTMIHALYI M, LARSON R. Validity and reliability of the experience - sampling method [J]. Journal of Nervous & Mental Disease, 2014, 175 (9): 526 -536.

[131] NOVAK T P, HOFFMAN D L, YUNG Y. Measuring online the customer experience in a structural environments: modeling approach [J]. Marketing Science, 2000, 19 (1): 22 -42.

[132] 张鼐, 唐亚欧. 大数据背景下用户生成行为影响因素的实证研究 [J]. 图书馆学研究, 2015 (3): 36 -42, 15.

[133] 冯崇军. 大学生微博沉浸体验与行为研究 [D]. 南京：南京师范大学，2014：12 -26.

[134] WEBSTER J, TREVINO L K, RYAN L. The dimensionality and correlates of flow in human - computer interactions [J]. Computers in Human Behavior, 1993, 9 (4): 411 -426.

[135] 薛杨，许正良. 微信营销环境下用户信息行为影响因素分析与模型构建——基于沉浸理论的视角 [J]. 情报理论与实践，2016，39 (6)：104 -109.

[136] 张晓亮. 虚拟社区用户持续知识共享行为研究 [D]. 杭州：浙江工商大学，2015：27 -35.

[137] 刘高勇，汪会玲，胡吉明. 基于用户聚集的虚拟社区价值提升 [J]. 情报科学，2011，29 (4)：499 -502.

[138] 郭顺利. 社会化问答社区用户生成答案知识聚合及服务研究 [D]. 长春：吉林大学，2018：25 -27.

[139] 徐顺. 基于社会认知理论的大学生数字公民素养影响因素及提升策略研究 [D]. 武汉：华中师范大学，2019：11 -30.

[140] 周军杰. 虚拟社区退休人员的知识贡献：基于社会认知理论的研究 [J]. 管理评论，2016，28 (2)：84 -92.

[141] 何丹丹，郭东强. 基于社会认知理论的移动社区个体知识贡献影响因素研究——以个人结果期望为中介 [J]. 情报理论与实践，2016，39 (9)：82 -89.

[142] JIN, JIAHUA, ZHONG, et al.. Why users contribute knowledge to online communities: An empirical study of an online social Q&A community [J]. Information & Management, 2015, 52 (7SI) : 840 - 849.

[143] SUH A, SHIN K S. Exploring the effects of online social ties on knowledge sharing: A comparative analysis of collocated vs dispersed teams [J]. Journal of Information Science, 2010, 36 (4): 443 -463.

[144] 赵希男，侯楠，刘宏涛. 企业虚拟社区价值共创环境对成员竞优行为的影响——基于社会认知理论 [J]. 技术经济，2018，37 (10)：17 -23，54.

[145] HSU M H, JU T L, YENCH, et al.. Knowledge sharing behavior invirtual communities: the relationship between trust, self – efficacy, and outcome expectations [J]. International Jouornal of Human computer Studies, 2007, 65 (2): 153 – 169.

[146] 周军杰. 虚拟社区退休人员的知识贡献：基于社会认知理论的研究[J]. 管理评论, 2016, 28 (2): 84 – 92.

[147] 周涛, 王超. 基于社会认知理论的知识型社区用户持续使用行为研究 [J]. 现代情报, 2016, 36 (9): 82 – 87.

[148] 何丹丹, 郭东强. 基于社会认知理论的移动社区个体知识贡献影响因素研究——以个人结果期望为中介 [J]. 情报理论与实践, 2016, 39 (9): 82 – 89.

[149] 尚永辉, 艾时钟, 王凤艳. 基于社会认知理论的虚拟社区成员知识共享行为实证研究 [J]. 科技进步与对策, 2012, 29 (7): 127 – 132.

[150] 赵希男, 侯楠, 刘宏涛, 企业虚拟社区价值共创环境对成员竞优行为的影响——基于社会认知理论. 技术经济, 2018, 37 (10): 17 – 23, 54.

[151] 周军杰. 社会化商务背景下的用户黏性：用户互动的间接影响及调节作用 [J]. 管理评论, 2015, 27 (7): 127 – 136.

[152] 何斌, 张韫, 李美静, 消费者在移动电商间转移的影响因素实证研究 [J]. 企业经济, 2017, 36 (4): 105 – 111.

[153] 陈羽. 基于创新倾向性的用户细分及相应设计策略研究 [J]. 装饰, 2012 (8): 84 – 85.

[154] 刘子龙. 第三代移动服务用户采纳行为研究 [D]. 大连：东北财经大学, 2011: 1 – 8.

[155] 王伟军, 甘春梅. 学术博客持续使用意愿的影响因素研究 [J]. 科研管理, 2014, 35 (10): 121 – 127.

[156] MOORE G C, BENBASAT I. Integrating diffusion of innovations and theory of reasoned action models to predict utilization of information technology by end – users [M] //Diffusion and adoption of information technology. Springer US, 1996: 132 – 146.

[157] KARAHANNA E, STRAUB D W, CHERVANY N L. Information technology adoption across time: a cross - sectional comparison of pre - adoption and post - adoption beliefs [J]. Mis Quarterly, 1999, 23 (2): 183 - 213.

[158] 钱坤，孙锐．用户参与虚拟社区中产品创新的影响因素研究——扎根理论研究方法的运用 [J]. 科技管理研究，2014，34 (6): 5 - 10.

[159] 谭春辉，李瑶．虚拟学术社区用户持续使用意愿影响因素研究 [J]. 图书馆学研究，2020 (20): 28 - 38.

[160] DAVIS F D. Perceived usefulness, perceived ease of use and user acceptance of information technology [J]. Mis Quarterly, 1989, 13 (3): 319 - 340.

[161] 杜智涛．网络知识社区中用户"知识化"行为影响因素——基于知识贡献与知识获取两个视角 [J]. 图书情报知识，2017 (2): 105 - 119.

[162] HSU C L, LU H P, HSU H H. Adoption of the mobile internet: an empirical study of multimedia message service (MMS) [J]. Omega, 2007, 35 (6): 715 - 726.

[163] LEE M C. Explaining and predicting users' continuance intention toward e - learning: an extension of the expectation confirmation model [J]. Computers & Education, 2010, 54 (2): 506 - 516.

[164] 吴士健，刘国欣，权英．基于 UTAUT 模型的学术虚拟社区知识共享行为研究——感知知识优势的调节作用 [J]. 现代情报，2019, 39 (6): 48 - 58.

[165] 王文韬，张俊婷，李晶，等．社会交换理论视角下学术社交网络用户知识贡献博弈分析及启示 [J]. 现代情报，2020，40 (5): 58 - 65.

[166] YAN Z, WANG T, CHEN Y, et al.. Knowledge sharing in online health communities: a social exchange theory perspective [J]. Information & Management, 2016: 53 (5): 643 - 653.

[167] ZHANG D, ZHANG F, LIN M, et al.. Knowledge sharing among innovative customers in a virtual innovation community [J]. Online Information

Review, 2017, 41 (5): 691 – 709.

[168] KOHN N W, SMITH S M. Collaborative fixation: effects of others' ideas on brainstorming [J]. Applied Cognitive Psychology, 2011, 25 (3): 359 – 371.

[169] YE H J, FENG Y, CHOI B . Understanding knowledge contribution in online knowledge communities: a model of community support and forum leader support [J]. Electronic Commerce Research & Applications, 2015, 14 (1): 34 – 45.

[170] CHOU E Y, LIN C Y, HUANG H C. Fairness and devotion go far: integrating online justice and value co – creation in virtual communities [J]. International Journal of Information Management, 2016, 36 (1): 60 – 72.

[171] LIN T C, HUANG C C. Withholding effort in knowledge contribution: the role of social exchange and social cognitive on project teams [J]. Information & Management, 2010, 47 (3): 188 – 196.

[172] 吴川徽，黄仕靖，袁勤俭．社会交换理论及其在信息系统领域的应用与展望［J］．情报理论与实践，2020，43（8）：70 – 76.

[173] 肖璇．基于社会影响理论的社交网络服务持续使用机理与模型研究［D］．哈尔滨：哈尔滨工业大学，2016：20 – 38.

[174] DEUTSCH M, GERARD H B. A study of normative and informational social influences upon individual judgment [J]. The Journal of Abnormal and Social Psychology, 1955, 51 (3): 629 – 636.

[175] FRENCH J R, RAVEN B. The bases of social power, in studies in social power [M], Ann Arbor: University of Michigan Institute for Social Research, 1959: 151 – 157.

[176] 黄敏学，郑仕勇，王琦缘．网络关系与口碑"爆点"识别——基于社会影响理论的实证研究［J］．南开管理评论，2019，22（2）：45 – 60.

[177] KELMAN H C. Compliance, identification and internalization: three processes of attitude change [J]. Journal of Conflict Resolution, 1958,

2 (1): 51 - 60.

[178] BURNKRANT R E, COUSINEAU A. Informational and normative social influence in buyer behavior [J]. Journal of Consumer Research, 1975, 2 (3): 206 - 215.

[179] LATANÉ B. The psychology of social impact [J]. American Psychologist, 1981, 36 (4): 343 - 356.

[180] 陈爱辉，鲁耀斌. SNS 用户活跃行为研究：集成承诺、社会支持、沉没成本和社会影响理论的观点 [J]. 南开管理评论，2014，17 (3)：30 - 39.

[181] CHEUNG C M K, LEE M K O. A theoretical model of intentional social action in online social networks [J]. Decision Support Systems, 2010, 49 (1): 24 - 30.

[182] FISHBEIN M, AJZEN I. Predicting and understanding consumer behavior: attitude - behavior correspondence. In understanding attitudes and predicting social behavior [M]. Englewood Cliffs, Prentice Hall: 1980.

[183] HSU C L, LU H P. Why do people play online games? An extended tam with social influences and flow experience [J]. Information & Management, 2004, 41 (7): 853 - 868.

[184] 周涛，鲁耀斌. 基于社会影响理论的虚拟社区用户知识共享行为研究 [J]. 研究与发展管理，2009，21 (4)：78 - 83.

[185] CHOU C H, WANG Y S, TANG T I. Exploring the determinants of knowledge adoption in virtual communities: a social influence perspective [J]. International Journal of Information Management, 2015, 35 (3): 364 - 376.

[186] TSAI H T, BAGOZZI R P. Contribution behavior in virtual communities: cognitive, emotional and social influences [J]. MIS Quarterly, 2014, 38 (1): 143 - 163.

[187] HOLAKIA U M, BAGOZZI R P, PEARO L K. A social influence model of consumer participation in network and small - group - based virtual communities [J]. International Journal of Research in Marketing, 2004,

21 (3): 241 - 263.

[188] 曹细玉，陈本松．虚拟品牌社群持续参与决策—基于社会影响理论 [J]. 技术经济，2016，35 (7): 123 - 128.

[189] TAJFEL H E . Differentiation between social groups: studies in the social psychology of intergroup relations [M]. Academic Press, 1978: 201 - 234.

[190] ELLEMERS N, KORTEKAAS P, OUWERKERK J W. Self - categorisation, commitment to the group and group self - esteem as related but distinct aspects of social identity [J]. European Journal of Social Psychology, 1999, 29 (2/3) : 371 - 389.

[191] ROCCAS S, BREWER M B. Social identity complexity [J]. Personality & Social Psychology Review, 2002, 6 (2): 88 - 106.

[192] KIM H, LEE J, OH S E . Individual characteristics influencing the sharing of knowledge on social networking services: online identity, self - efficacy and knowledge sharing intentions [J]. Behaviour and Information Technology, 2020, 39 (4) : 379 - 390.

[193] 阳长征．社交网络中用户体验效用对知识持续共享意愿影响研究 [J]. 现代情报，2020，40 (3) : 88 - 102.

[194] SHIH H P, HUANG E. Influences of web interactivity and social identity and bonds on the quality of online discussion in a virtual community [J]. Information Systems Frontiers, 2014, 16 (4) : 627 - 641.

[195] SHEN K N, YU A Y, KHALIFA M. Knowledge contribution in virtual communities: accounting for multiple dimensions of social presence through social identity [J]. Behaviour & Information Technology, 2010, 29 (4) : 337 - 348.

[196] ZHAO J, WANG T, FAN X C. Patient value co - creation in online health communities social identity effects on customer knowledge contributions and membership continuance intentions in online health communities [J]. Journal of Service Management, 2015, 26 (1) : 72 - 96.

[197] 马向阳，王宇龙，汪波，等．虚拟品牌社区成员的感知、态度和参

与行为研究［J］．管理评论，2017，29（7）：70－81.

［198］朱哲慧，袁勤俭．技术接受模型及其在信息系统研究中的应用与展望［J］．情报科学，2018. 36（12）：168－176.

［199］CHIU C M，HSU M H，WANG E T G . Understanding knowledge sharing in virtual communities：An integration of social capital and social cognitive theories［J］. Decision Support Systems，2006，42（3）：1872－1888.

［200］SHEN K N，YU A Y，KHALIFA M . Knowledge contribution in virtual communities：accounting for multiple dimensions of social presence through social identity［J］. Behaviour & Information Technology，2010，29（4）：337－348.

［201］邓胜利，周婷．网络社区用户知识贡献研究进展［J］．情报资料工作，2013（3）：35－39.

［202］LANGNER B，SEIDEL V P. Sustaining the flow of external ideas：the role of dual social identity across communities and organizations［J］. Journal of Product Innovation Management，2015，32（4）：522－538.

［203］孟韬．品牌社区中管理员支持感、社区支持感与顾客创新行为［J］．经济管理，2017，39（12）：122－135.

［204］ELDIK A，KNEER J，JANSZ J. Urban & online：social media use among adolescents and sense of belonging to a super－diverse city［J］. Media and Communication，2019（10）：1－17.

［205］虞佳玲，王瑞，袁勤俭．社会认同理论及其在信息系统研究中的应用与展望［J］．现代情报，2020，40（10）：159－167.

［206］张建民，陈雅惠，李亚玲．众创空间用户持续使用意愿形成机理：基于自我决定理论的一个研究框架［J］．科技管理研究，2020，40（4）：232－238.

［207］张博，赵一铭，乔欢．基于自我决定理论的用户参与协同知识生产的动机因素探究［J］．现代情报，2016，36（9）：95－100.

［208］秦敏，李若男．在线用户社区用户贡献行为形成机制研究：在线社会支持和自我决定理论视角［J］．管理评论，2020，32（9）：168－181.

[209] 万莉，程慧平．基于自我决定理论的虚拟知识社区用户持续知识贡献行为动机研究［J］．情报科学，2016，34（10）：15－19.

[210] 张博，赵一铭，乔欢．基于自我决定理论的用户参与协同知识生产的动机因素探究［J］．现代情报，2016，36（9）：95－100.

[211] 张敏，唐国庆，张艳．基于S－O－R范式的虚拟社区用户知识共享行为影响因素分析［J］．情报科学，2017，35（11）：149－155.

[212] GANG K，RAVICHANDRAN T. Exploring the determinants of knowledge exchange in virtual communities［J］. IEEE Transactions on Engineering Management，2015，62（1）：89－99.

[213] 张爱卿．人际归因与行为责任推断研究综述［J］．心理与行为研究，2004（2）：447－450.

[214] 张爱卿．20世纪西方动机心理研究的回顾与展望［J］．教育理论与实践，1999（6）：41－45.

[215] 张爱卿．归因理论研究的新进展［J］．教育研究与实验，2003（1）：38－41.

[216] 赵江洪．设计心理学［M］．北京：北京理工大学出版社，2003.

[217] 张大为，汪克夷．知识转移研究述评与展望［J］．科技进步与对策，2009，26（19）：196－200.

[218] 成全．基于社会资本理论的网络社区知识共享影响因素研究［J］．图书馆论坛，2012，32（3）：4－5.

[219] 胡昌平，周知．网络社区中知识转移影响因素分析［J］．图书馆学研究，2014（23）：28－29.

[220] BAUER J，FRANKE N，TUERTSCHER P. Intellectual property norms in online communities：how user－organized intellectual property regulation supports innovation［J］. Information Systems Research，2016，27（4）.

[221] FARAJ S，VON KROGH G，MONTEIRO E，et al.. Special section introduction－online community as space for knowledge flows［J］. Information Systems Research，2016，27（4）：668－684.

[222] 杨磊，王子润，侯贵生．网络创新社区成员知识共享行为影响因素研究［J］．新世纪图书馆，2020（2）：55－59.

[223] BLANCHARD A L, MARKUS M L. Sense of virtual community - maintaining the experience of belonging [R]. IEEE, 2002: 3566 - 3575.

[224] BLANCHARD A L. Developing a sense of virtual community measure. [J]. Cyber Psychology & Behavior, 2007, 10 (6): 827 - 830.

[225] TONTERI L, KOSONEN M, ELLONEN H K, et al.. Antecedents of an experienced sense of virtual community [J]. Computers in Human Behavior, 2011, 27 (6): 2215 - 2223.

[226] NCHEZ - FRANCO M J, CARBALLAR - FALC, JOS N, et al.. The influence of customer familiarity and personal innovativeness toward information technologies on the sense of virtual community and participation [C] // ifip tc 13 International Conference on Human - computer Interaction. Springer - Verlag, 2011: 265 - 279.

[227] AJZEN I. The theory of planned behavior [J]. Organizational Behavior & Human Decision Processes, 1991, 50 (2): 179 - 211.

[228] PORTER L W, LAWLER E E. Managerial attitudes and performance [M]. Dorsey: Homewood, 1968.

[229] DECI E L. Effects of externally motivated rewards on intrinsic motivation. 1971, 18 (1): 105 - 115.

[230] 金辉，吴洁，尹洁．内生和外生视角下组织激励问题的研究综述及展望 [J]. 江苏科技大学学报（社会科学版），2011，11 (3)：93 - 101.

[231] 李贺，彭丽徽，洪闯，等．内外生视角下虚拟社区用户知识创新行为激励因素研究 [J]. 图书情报工作，2019，63 (8)：45 - 56.

[232] 刘思琪．社会化问答网站 UGC 特征解读——以知乎网为例 [J]. 西部广播电视，2014 (21).

[233] 查先进，张晋朝，严亚兰．微博环境下用户学术信息搜寻行为影响因素研究——信息质量和信源可信度双路径视角 [J]. 中国图书馆学报，2015，41 (3)：71 - 86.

[234] FLATH C M, FRIESIKE S, WIRTH M, et al.. Copy, transform, combine: exploring the remix as a form of innovation [J]. Journal of Infor-

mation Technology, 2017, 32 (4): 306 – 325.

[235] 苗建军. 知识的政治经济学分析 [J]. 当代经济研究, 2000 (1): 43.

[236] BENKLER Y. Commons – based peer production and virtue [J]. The Journal of Political Philosophy, 2006, 14 (4): 394 – 419.

[237] 孟韬, 孔令柱. 社会网络理论下“大众生产”组织的网络治理研究 [J]. 经济管理, 2014, 36 (5): 70 – 79.

[238] 李正锋, 逯宇铎, 于娇. 区域创新系统中知识产权保护机制与创新动力模型研究 [J]. 科学管理研究, 2015, 33 (5): 63 – 66.

[239] 彭正龙, 蒋旭灿, 王海花. 开放式创新模式下组织间知识共享动力因素建模 [J]. 情报杂志, 2011, 30 (8): 163 – 169.

[240] FLANAGAN K, UYARRA E, LARANJA M. Reconceptualising the 'policy mix' for innovation [J]. Research Policy, 2011, 40 (5): 702 – 713.

[241] LESSIG L. Remix: making art and commerce thrive in the hybrid economy [M]. New York: Penguin, 2008: 252 – 260.

[242] NAVAS E. Remix theory: the aesthetics of sampling [M]. New York: Ambra Verlag, 2012: 57 – 63.

[243] OEHLBERG L, WILLETT W, MACKAY W E. Patterns of physical design remixing in online Maker communities [C] //ACM. CHI'15 Proceedings of the 33rd annual ACM conference on human factors in computing systems: 2015. New York: ACM, 2015: 639 – 648.

[244] KIM S, KIM S, JEON Y, et al.. Appropriate or remix? The effects of social recognition and psychological ownership on intention to share in online communities [J]. Human – Computer Interaction, 2016, 31 (2): 97 – 132.

[245] FLATH C M, FRIESIKE S, WIRTH M, et al.. Copy, transform, combine: exploring the remix as a form of innovation [J]. Journal of Information Technology, 2017, 32 (4): 306 – 325.

[246] STANKO M A. Toward a theory of remixing in online innovation communities [J]. Information Systems Research, 2016, 27 (4): 773 – 791.

[247] HILL B M, MONROY – HERNANDEZ A. The remixing dilemma: the

trade – off between generativity and originality [J]. American Behavioral Scientist, 2013, 57 (5): 643 – 663.

[248] MONROY – HERNANDEZ A, HILL B M, GONZALEZ – RIVERO J, et al.. Computers can't Give credit: how automatic attribution falls short in an online remixing community [C] //ACM. CHI'11 Proceedings of the 29th International conference on human factors in computing systems. New York: ACM, 2011: 3421 – 3430.

[249] LAKHANI K, VON HIPPEL E. How open source software works: "free" user – to – user assistance [J]. Research Policy, 2003, 32 (6): 923 – 943.

[250] HERTEL G, NIEDNER S, HERRMANN S. Motivation of software developers in open source projects: an internet – based survey of contributors to the linux kernel [J]. Research Policy, 2003, 32 (7): 1159 – 1177.

[251] STAHLBROST A, BERGVALL – KAREBORN B. Exploring users motivation in innovation communities [J]. International Journal of Entrepreneurship & Innovation Management, 2011, 14 (4): 298 – 314.

[252] JEPPESEN L B, FREDERIKSEN L. Why do users contribute to firm – hosted user communities? The case of computer – controlled music instruments [J]. Organization Science, 2006, 17 (1): 45 – 63.

[253] VON KROGH G, HAEFLIGER S, SPAETH S, et al.. Carrots and rainbows: motivation and social practice in open source software development [J]. MIS Quarterly, 2012, 36 (2): 649 – 676.

[254] 常静，杨建梅，欧瑞秋．基于 TAM 的百度百科用户参与意向的影响因素研究 [J]. 软科学，2010，24 (12): 34 – 37.

[255] BOCK G, KANKANHALLI A, SHARMA S. Are norms enough? The role of collaborative norms in promoting organizational knowledge seeking [J]. European Journal of Information Systems, 2006, 15 (4): 357 – 367.

[256] 邓卫华，易明，王伟军．虚拟社区中基于 Tag 的知识协同机制——基于豆瓣网社区的案例研究 [J]. 管理学报，2012，9 (8): 1203 – 1210.

[257] LIU C, LU K, WU L Y, et al.. The impact of peer review on creative self－efficacy and learning performance in Web 2.0 Learning activities [J]. Educational Technology & Society, 2016, 19 (2): 286－297.

[258] NELSON R R, WINTER S G. An evolutionary theory of economic change [M]. Cambridge: Belknap Press, 1985: 352－364.

[259] ZANDER U, KOGUT B. Knowledge and speed of the transfer and imitation of organizational capabilities [J]. Organization Science, 1995, 6 (1): 76－92.

[260] 王婷婷，戚桂杰，张雅琳，等．开放式创新社区用户持续性知识共享行为研究 [J]．情报科学，2018 (2): 139－145.

[261] 荣健，刘西林，佟泽华．多单元企业内部知识转移连接结构——基于知识复杂度的研发 [J]．技术经济，2015，34 (12): 1－6.

[262] 任明，张楠，马宝君．网络社区中个体受关注度的影响因素分析 [J]．情报杂志，2017，36 (7): 195－201.

[263] JEONG H, CRESS U, MOSKALIUK J, et al.. Joint interactions in large online knowledge communities [J]. International Journal of Computer－Supported Collaborative Learning, 2017 , 12 (2): 133－151.

[264] 徐美凤，叶继元．学术虚拟社区知识共享行为影响因素研究 [J]．情报理论与实践，2011，34 (11): 72－77.

[265] BANDURA A. Soical foundations of thought and action: a soical cognitive theory [M]. Englewood Cliffs: Prentice－Hall, 1986: 546－553.

[266] 刘倩，孙宝文．COI 社区在线交互对用户创意质量的影响——专业成功经验的调节效应 [J]．南开管理评论，2018，21 (2): 16－27.

[267] ORLIKOWSKI W J. Sociomaterial practices: exploring technology at work [J]. Organization Studies, 2007, 28 (9): 1435－1448.

[268] MOREAU C P, LEHMANN D R, MARKMAN A B. Entrenched knowledge structures and consumer response to new products [J]. Journal of Marketing Research, 2001, 38 (1): 14－29.

[269] KYRIAKOU H, NICKERSON J V, SABNIS G. Knowledge reuse for customization: metamodels in an open design community for 3D printin [J].

MIS Quarterly, 2017, 41 (1): 315 -332.

[270] PENNINGTON J, SOCHER R, MANNING C. Glove: global vectors for word representation [C] // Proceedings of the 2014 Conference on Empirical Methods in Natural Language Processing (EMNLP) . 2014.

[271] HU B, LU Z, LI H, et al.. Convolutional neural network architectures for matching natural language sentences [C] // Advances in Neural Information Processing Systems, 2015.

[272] GRAVES A, JAITLY N, MOHAMED A R. Hybrid speech recognition with Deep Bidirectional LSTM [C] // Automatic Speech Recognition and Understanding (ASRU), IEEE, 2013.

[273] SAINATH T N, VINYALS O, SENIOR A, et al.. Convolutional, long short - term memory, fully connected deep neural networks [C] // 2015 IEEE International Conference on Acoustics, Speech and Signal Processing (ICASSP) . IEEE, 2015.

[274] KYRIAKOU H, NICKERSON J V, SABNIS G. Knowledge reuse for customization: metamodels in an open design community for 3D Printing [J]. MIS Quarterly , 2017, 41 (1): 315 -332.

[275] LANIER J. Digital maoism: The hazards of the new online collectivism [N/OL]. Edge , [2006 -5 -29]. https: //www. edge. org/conversation/digital - maoism - the - hazards - of - the - new - online - collectivism.

[276] HILL B M, MONROY - HERNÁNDEZ A. The remixing dilemma: the trade - off between generativity and originality [J]. American Behavioral Scientist, 2013, 57 (5): 643 -663.

[277] FISCHER G. End - user development and meta - design: foundations for cultures of participation [J]. Lecture Notes in Computer Science, 2009: 3 - 14.

[278] KEEN A, MICHAEL H. The cult of the amateur: how today' s internet is killing our culture [M]. New York: Doubleday , 2007.

[279] WEI X, WEI C, ZHU K. Motivating user contributions in online knowl-

edge communities: virtual rewards and reputation [C] //IEEE, 2015 (1): 5 – 8.

[280] YAN J, LEIDNER D E, BENBYA H, et al.. Social capital and knowledge contribution in online user communities: one – way or two – way relationship? [J/OL]. Decision Support Systems, 2019. https: //? doi: 10. 1016/j. dss. 2019. 113131.

[281] 秦敏，李若男．在线用户社区用户贡献行为形成机制研究：在线社会支持和自我决定理论视角 [J]．管理评论，2020，32 (9)：168 – 181.

[282] 施涛，姜亦珂．学术虚拟社区激励政策对用户知识贡献行为的影响研究 [J]．图书馆，2017 (4)：82 – 86.

[283] 刘漫，肖瑜，李夏颖，丁铮．基于居民健康需求的社区景观空间营造 [J]．建材技术与应用，2021 (1)：29 – 31.

[284] ZHOU H L, ZHANG X D. Dynamic robustness of knowledge collaboration network of open source product development community [J/OL]. Physica: a statistical mechanics & its applications, 2017. http: //dx. doi. org/10. 1016/j. physa. 2017. 08. 092.

[285] 张薇薇．开放式协作内容生产活动的可信评估研究 [D]．南京：南京大学，2012：80 – 90.

[286] 顾美玲，迟铭，韩洁平．开放式创新社区治理机制对用户知识贡献行为的影响——虚拟社区感知的中介效应 [J]．科技进步与对策，2019，36 (20)：30 – 37.

[287] KUMAR S, THONDIKULAM G. Knowledge management in a collaborative business framework [J]. Information Knowledge Systems Management, 2006, 5 (3): 171 – 187.

[288] NOV O, YE C, KUMAR N. A social capital perspective on meta – knowledge contribution and social computing [J]. Decision Support Systems, 2012, 53 (1): 118 – 126.

[289] TAN C N, RAMAYAH T. The role of motivators in improving knowledge – sharing among academics [J]. Information Research, 2014, 19 (1):

35 -53.

[290] 关培兰，顾巍．研发人员知识贡献的影响因素及评价模型研究［J］．武汉大学学报（哲学社会科学版），2007，60（5）：652 -656.

[291] HOLTHAM C, COURTNEY N. The executive learning ladder: a knowledge creation process grounded in the strategic information systems domain [J]. Proceedings of the Fourth American, 1998, 199: 594 -597.

[292] WANG X, CLAY P F, FORSGREN N. Encouraging knowledge contribution in it support: social context and the differential effects of motivation type [J]. Journal of Knowledge Management, 2015, 19 (2): 315 -333.

[293] MAHR D, LIEVENS A. Virtual lead user communities: drivers of knowledge creation for innovation [J]. Research Policy, 2012, 41 (1): 167 -177.

[294] JIE L, KAI H L, FANG Y, et al.. Drivers of knowledge contribution quality and quantity in online question and answering communities [C] // Pacific Asia Conference on Information Systems, PACIS 2011: Quality Research in Pacific Asia, Brisbane, Queensland, Australia, 7 -11 July [DBLP]. 2011.

[295] SUN Y, FANG Y, et al.. User satisfaction with information technology service delivery: a social capital perspective [J], Information Systems Research 2012, 23 (4): 1195 -1211.

[296] NAHAPIET J, GHOSHAL S. Social capital, intellectual capital and the organizational advantage [J]. Academy of Management Review, 1998, 23 (2): 242 -266.

[297] 姜珊，胡晓寒．社会资本理论研究述评［J］．现代商贸工业，2021，42（5）：124 -125.

[298] 蔡俊君．微博医生用户社会资本与知识共享意愿相关性研究［D］．哈尔滨：哈尔滨工业大学，2020：27 -31.

[299] WASKO M L, FARAJ S. Why should I share? Examining social capital and knowledge contribution in electronic networks of practice [J]. Mis

Quarterly, 2005, 29 (1): 35 -57.

[300] LING Z, LU Y, WANG B, et al.. Cultivating the sense of belonging and motivating user participation in virtual communities: a social capital perspective [J]. International Journal of Information Management, 2012, 32 (6): 574 -588.

[301] RIDINGS C M, GEFEN D, ARINZE B. Some antecedents and effects of trust in virtual communities [J]. Journal of Strategic Information Systems, 2002, 11 (3): 271—295.

[302] YONG S H, KIM Y G. Why would online gamers share their innovation - conducive knowledge in the online game user community? Integrating individual motivations and social capital perspectives [J]. Computers in Human Behavior, 2011, 27 (2): 956 -970.

[303] WIERTZ C, RUYTER K D. Beyond the call of duty: why customers contribute to firm - hosted commercial online communities [J]. Organization Studies, 2007, 28 (3): 347 -376.

[304] CHIU C M, HSU M H, WANG E. Understanding knowledge sharing in virtual communities: an integration of social capital and social cognitive theories [J]. Decision Support Systems, 2007, 42 (3): 1872 -1888.

[305] CHEN L I, MARSDEN J R, ZHANG Z. Theory and analysis of company - sponsored value co - creation [J]. Journal of Management Information Systems, 2012, 29 (2): 141 -172.

[306] HUYSMAN M, WULF V. It to support knowledge sharing in communities, towards a social capital analysis [J]. Journal of Information Technology, 2006, 21 (1): 40 -51.

[307] WHELAN E. Exploring knowledge exchange in electronic networks of practice [J]. Journal of Information Technology, 2007, 22: 5 -12.

[308] DAHLANDER L, FREDERIKSEN L. The core and cosmopolitans: a relational view of innovation in user communities [J], Organization Science, 2012, 23.

[309] PORTER C E, DONTHU N. Cultivating trust and harvesting value in virtual

communities [J]. Management Science, 2008, 54 (1): 113 - 128.

[310] GU B, JARVENPAA S L. Online discussion boards for technical support: the effect of token recognition on customer contributions [C] //International conference on information systems. DBLP, 2003.

[311] DHOLAKIA U M, BLAZEVIC V, WIERTZ C, et al.. Communal service delivery: how customers benefit from participation in firm - hosted virtual p3 communities [J]. Journal of Service Research, 2009, 12 (2): 208 - 226.

[312] TSAI W, GHOSHAL S. Social capital and value creation: an empirical study of intrafirm networks [J]. Academy of Management Journal, 1998, 41 (4): 464 - 476.

[313] JEPPESEN L B, LAURSEN K. The role of lead users in knowledge sharing [J]. Research Policy, 2009, 38 (10): 1582 - 1589.

[314] LINDENBERG S M. Constitutionalism versus relationalism: two versions of rational choice [M]. London: Falmer Press, 1996: 299 - 312.

[315] CHANG H H, CHUANG S S. Social capital and individual motivations on knowledge sharing: participant involvement as a moderator [J]. Information & Management, 2011, 48 (1): 9 - 18.

[316] 刘人境，刘海鑫，李圭泉. 社会资本、技术有效性与知识贡献的关系研究——基于企业虚拟社区的实证研究 [J]. 管理评论，2014，26 (12): 10 - 19.

[317] 冯悦. 支持混音的 OIC 中用户贡献水平影响因素与用户分类研究 [D]. 镇江：江苏科技大学，2019: 38 - 45.

[318] KWON A. Social capital: prospects for a new concept [J]. Academy of Management Review, 2002, 27 (1): 17 - 40.

[319] 张玉红. 基于社会资本理论的虚拟社区感对用户忠诚度的影响研究 [D]. 北京：北京邮电大学，2015: 40 - 56.

[320] PAPATHANASSIOU D, ETARD O, MELLET E, et al.. A common language network for comprehension and production: a contribution to the definition of language epicenters with PET [J]. NeuroImage, 2000, 11 (4): 347 - 357.

[321] 沙振权，朱玲梅．虚拟品牌社区中知识分享对社区推广的影响研究——基于社会资本视角［J］．营销科学学报，2015，11（4）：77－90.

[322] 金辉，杨忠，冯帆．社会资本促进个体间知识共享的作用机制研究［J］．科学管理研究，2010，28（5）：51－55.

[323] 袁留亮．基于社会资本理论的虚拟学习社群成员关系利用行为研究［J］．情报探索，2019（7）：17－22.

[324] JARVENPAA S L，LEIDNER D E. Communication and trust in global virtual teams［J］. Journal of Computer－Mediated Communication，1998（4）：4.

[325] BA S. Establishing online trust through a community responsibility system［J］. Decision Support Systems，2001，31（3）：323－336.

[326] YONG L，DAN Y. Information exchange in virtual communities under extreme disaster conditions［J］. Elsevier，Decision Support Systems，2011，50（2）：529－538.

[327] TAO Z. Examining social capital on mobile sns：the effect of social support［J］. Program Electronic Library & Information Systems，2016，50（4）：367－379.

[328] GIVEN J. The wealth of networks：how social production transforms markets and freedom［J］. Information Economics and Policy，2007，19（2）：278－282.

[329] CHELIOTIS G. From open source to open content：organization，licensing and decision processes in open cultural production［J］. Decision Support Systems，2009，47（3）：229－244.

[330] CHELIOTIS G，YEW J. An analysis of the social structure of remix culture［C］. International Conference on Communities & Technologies，2009：165－174.

[331] VOIGT C. Not every remix is an innovation：a network perspective on the 3D－Printing community［C/OL］// Proceedings of the 10th ACM Conference on Web Science May. ACM，2018，153－161. https：//

doi. org/10. 1145/3201064. 3201070.

[332] 杨磊，侯贵生．联盟知识异质性、知识协同与企业创新绩效关系的实证研究——基于知识嵌入性视角［J］．预测，2020，39（4）：38－44.

[333] 曹洲涛，杨佳颖．知识异质性促进知识创新的协同路径研究［J］．科技进步与对策，2015，32（17）：134－138.

[334] JEHN K A，CHADWICK C，THATCHER S. To agree or not to agree：the effects of value congruence，individual demographic dissimilarity and conflict on workgroup outcomes［J］．International Journal of Conflict Management，1997，8（4）：287－305.

[335] 吕洁，张钢．知识异质性对知识型团队创造力的影响机制：基于互动认知的视角［J］．心理学报，2015，47（4）：533－544.

[336] 孙金花，庄万霞，胡健．隐性知识异质性对知识型团队创造力的影响——以知识重构为有调节的中介变量［J］．科技管理研究，2020，40（14）：174－183.

[337] 向晋乾，黄培清，郭玉明．企业集团内部供应链知识的协同机制研究［J］．情报科学，2005（12）：1881－1887.

[338] RODAN S，GALUNIC C. More Than network structure：how knowledge heterogeneity influences managerial performance and innovativeness［J］．Strategic Management Journal，2004，25（6）：541－562.

[339] HOHBERGER J，ALMEIDA P，PARADA P. The direction of firm innovation：the contrasting roles of strategic alliances and individual scientific collaborations［J］．Research Policy，2015，44（8）：1473－1487.

[340] ROBIN V，ROSE B，GIRARD P. Modelling collaborative knowledge to support engineering design project manager［J］．Computers in Industry，2007，58（2）：188－198.

[341] 刘娇，杨敬江．基于知识协同的联盟企业创新绩效系统动力学模型构建与分析［J］．工业工程，2020，23（5）：132－139.

[342] 雷宏振，李清，常小鑫．基于 Web 2. 0 环境的企业内部知识协同过程研究［J］．现代情报，2013，33（7）：134－137.

[343] JEONG H，CRESS U，MOSKALIUK J，et al.. Joint interactions in large

online knowledge communities: the a3c framework [J]. International Journal of Computer – Supported Collaborative Learning, 2017, 12 (2): 133 – 151.

[344] STETS J E, BURKE P J. Identity theory and social identity theory [J]. Social Psychology Quarterly, 2000, 63 (3): 224 – 237.

[345] MAO M, LU J, HAN J, et al.. Multi – objective e – commerce recommendations based on hypergraph ranking [J]. Information Sciences, 2019, 471: 269 – 287.

[346] ZHU Z, LI D, LIANG J, et al.. A Dynamic personalized news recommendation system based on BAP user profiling method [J]. IEEE Access, 2018. https://doi: 10.1109/access.2018.2858564.

[347] CHEN T, GUESTRIN C. XGBoost: a scalable tree boosting system [J]. ACM, 2016.

[348] LI D, ZHAO G, WANG Z, et al.. A method of purchase prediction based on user behavior log [C] // 2015 IEEE International Conference on Data Mining Workshop (ICDMW). IEEE, 2015.

[349] ZHONG C, SHAO J, ZHENG F, et al.. Research on electricity consumption behavior of electric power users based on tag technology and clustering algorithm [C] //2018 5th International Conference on Information Science and Control Engineering (ICISCE), 2018.

[350] CHEN J, ZHAO C, CHEN L. Collaborative filtering recommendation algorithm based on user correlation and evolutionary clustering [J]. Complex & Intelligent Systems, 2020, 6 (1): 147 – 156.

[351] LIU X. An improved clustering – based collaborative filtering recommendation algorithm [J]. Cluster Computing, 2017, 20 (2): 1281 – 1288.

[352] YU Z, LIU L, CHEN C, et al.. Research on situational perception of power grid business based on user portrait [C] //2019 IEEE International Conference on Smart Internet of Things (SmartIoT). IEEE, 2019: 350 – 355.

[353] YAO W, HOU Q, WANG J, et al.. A personalized recommendation system

based on user portrait [C] //Proceedings of the 2019 International Conference on Artificial Intelligence and Computer Science. 2019: 341 – 347.

[354] SUBRAMANIYASWAMY V, LOGESH R. Adaptive KNN based recommender system through mining of user preferences [J]. Wireless Personal Communications, 2017, 97 (2): 2229 – 2247.

[355] GAN M, XIAO K. R – RNN: Extracting user recent behavior sequence for click – through rate prediction [J]. IEEE Access, 2019 (7).

[356] BEUTEL A, COVINGTON P, JAIN S, et al.. Latent cross: making use of context in recurrent recommender systems [C] //Proceedings of the Eleventh ACM International Conference on Web Search and Data Mining. 2018: 46 – 54.

[357] ZHU Y, LI H, LIAO Y, et al.. What to do next: modeling user behaviors by time – LSTM [C] //IJCAI. 2017, 17: 3602 – 3608.

[358] CHEN Q, ZHAO H, LI W, et al.. Behavior sequence transformer for e – commerce recommendation in alibaba [C] //Proceedings of the 1st International Workshop on Deep Learning Practice for High – Dimensional Sparse Data. 2019: 1 – 4.

[359] ZHONG T, WANG T, WANG J, et al.. Multiple – aspect attentional graph neural networks for online social network user localization [J/OL]. IEEE Access, 2020 (8). https://doi: 10.1109/ACCESS.2020.2993876.

[360] MAHATO N K. Research on electricity consumption behavior of users based on deep learning [C] // 2020 IEEE/IAS Industrial and Commercial Power System Asia. IEEE, 2020.

[361] HOCHREITER S, SCHMIDHUBER J. Long short – term memory [J]. Neural Computation, 1997, 9 (8): 1735 – 1780.

[362] HUANG Z, WEI X, KAI Y. Bidirectional LSTM – CRF models for sequence tagging [J/OL]. Computer Science, 2015. https://blog.csdn.net/u012485480/article/details/80425445.

[363] SRIVASTAVA N, HINTON G, KRIZHEVSKY A, et al.. Dropout: a

simple way to prevent neural networks from overfitting [J]. The Journal of Machine Learning Research, 2014, 15 (1): 1929 – 1958.

[364] HE K, ZHANG X, REN S, et al.. Delving deep into rectifiers: surpassing human – level performance on Image Net Classification [C] //Proceedings of the IEEE International Conference on Computer Vision. 2015: 1026 – 1034.